高等学校电子信息类系列教材

现代无线电监测理论及工程实现

龙宁　曾凤　蔡方凯　**编著**

谢　韵　**参编**

U0378903

西安电子科技大学出版社

内 容 简 介

本书详细介绍了现代无线电监测理论及工程实现方法,全书共七章,主要内容包括:现代无线电监测概述,现代无线电监测总体设计技术,参数测量、调制识别和脉冲分选,现代无线电测向原理及工程实现,无线电定位中的坐标变换,卫星的运动,现代无线电监测定位体制及工程实现。本书从工程设计出发,注重基本概念、基本理论和基本方法,对现代无线电监测从技术原理到工程实现进行了深入浅出的讲解,内容涵盖了无线电监测领域最新的理论及工程成果。

本书既可作为电子工程、通信工程、无线电监测、电子侦察、电子对抗等专业的高年级本科生或研究生的教材,也可作为从事无线电监测、电子侦察、电子对抗等设备研发、管理和维护工作的相关人员的参考资料,还特别适合作为电磁频谱、电子战等部队及国家各级无线电监测站的技术人员的参考书。

图书在版编目(CIP)数据

现代无线电监测理论及工程实现/龙宁,曾凤,蔡方凯编著. -- 西安 :
西安电子科技大学出版社,2024. 12. -- ISBN 978-7-5606-7473-5

Ⅰ. TN911

中国国家版本馆 CIP 数据核字第 20249F30L0 号

策　　划　明政珠
责任编辑　孟秋黎
出版发行　西安电子科技大学出版社(西安市太白南路 2 号)
电　　话　(029) 88202421　88201467　　　邮　　编　710071
网　　址　www. xduph. com　　　　　　　电子邮箱　xdupfxb001@163. com
经　　销　新华书店
印刷单位　陕西天意印务有限责任公司
版　　次　2024 年 12 月第 1 版　　　2024 年 12 月第 1 次印刷
开　　本　787 毫米×1092 毫米　1/16　　印　张　17.5
字　　数　412 千字
定　　价　59.00 元

ISBN 978-7-5606-7473-5

XDUP 7774001-1

＊＊＊如有印装问题可调换＊＊＊

前　言

Preface

无线电监测是电磁空间安全保障的前提和基础。我国的无线电监测产业发展迅速，相关产业对无线电监测专业人才需求旺盛。然而，传统高等教育课程重理论、轻实践，导致高校毕业生上岗后相当长一段时间不能够解决工程实际问题。

2017 年 12 月，国务院办公厅发布了《国务院办公厅关于深化产教融合的若干意见》（以下简称《意见》）。《意见》指出，深化产教融合，促进教育链、人才链与产业链、创新链有机衔接，是当前推进人力资源供给侧结构性改革的迫切要求，对新形势下全面提高教育质量、扩大就业创业、推进经济转型升级、培育经济发展新动能具有重要意义。

成都工业学院作为一所始建于 1913 年的实业学校，始终以服务国家急需为己任。2018 年 5 月，在四川省人民政府决策支持下，学校与原四川省经济和信息化委员会及四川省教育厅签订协议并授牌在学校建设四川省无线电监测与大数据服务中心，重点开展无线电监测专业人才培养、科研和社会服务工作。鉴于现有无线电监测相关的教材不能满足现代无线电监测人才培养要求的现状，我们规划撰写具有产教融合背景的现代无线电监测专业人才培养系列教材，本书正是该系列教材中的一部。

笔者基于二十余年的科研工程实践工作经验，本着一名高校教师的责任感和教书育人的初心，将多年科研一线的工作经验汇聚成册。笔者认为，本书是一本鲜活的专业入门教材，具有一定的现实意义。

相对于重理论、轻实践的传统教材撰写风格，本书这种立足工程实现、理论与实践并重的教材撰写风格是笔者一种全新的尝试。笔者认为这种风格本质上践行了孔子"学以致用"的教育观。

随着半导体技术和大规模集成技术的高度发展，以前需要一个机柜才能完成的无线电监测系统功能将逐渐可以浓缩在一个机箱、一个电路板甚至一个芯片内实现。另外，现代无线电监测涉及的理论很广、很新、很深，本书介绍的内容必定不能涵盖当今所有的理论与技术，而只能帮助读者宏观、系统地了解知识梗概，更新、更系统的理论和工程实现方法需要读者在进一步查阅相关文献和投身工程实践后才能深刻领悟和掌握。

综上所述，本书以应用型人才培养为目标，从工程实现的角度，全面、系统地介绍现代无线电监测理论及工程实现方法。希望读者通过本书的学习，能掌握现代无线电监测理论及工程实现方法，较快地适应相关领域和岗位对人才的专业技能要求。

希望本书的出版能起到抛砖引玉的作用，有助于更多科技工作者结合自身工作总结出版具有产教融合背景的专业教材，为国家人才培养贡献自己的力量。这才是出版本书最大的意义所在。

本书由龙宁总体策划和统稿，第 1 章、第 2 章、第 3 章由龙宁、蔡方凯撰写，第 4 章、第 5 章由曾凤撰写，第 6 章由曾凤、谢韵撰写，第 7 章由曾凤、龙宁撰写。

由于笔者水平有限，再加上时间仓促，书中肯定有不足之处，恳请读者批评指正。

笔者

2024 年 8 月 6 日

目　　录

第 1 章

现代无线电监测概述

随着社会信息化程度的不断提高，国家安全、经济社会稳定发展和人民生活对电磁空间的依赖程度越来越高。电磁空间安全关系到国家政治、经济、文化和国防安全，因此成为国家安全战略的关键环节，是国家整体安全体系的重要组成部分。军事方面，电磁空间是目前唯一可以打通和连接海、陆、空、天多个作战域的经络和纽带，现代战争往往首先就是制电磁权的斗争，电磁空间的安全对国家领土的安全具有特别重大的意义。民用方面，电磁波是信息与能量的载体，具备拥有空间而不占有空间的特点，是实现物体无线交互的理想途径。随着现代通信、移动互联网、物联网等的快速发展，电磁空间的安全也将直接关系到连接实体和周围环境的安全。因此，在现代条件下，有必要进一步加强对无线电的监测和管理。

为了加强无线电管理，维护空中电波秩序，有效开发、利用无线电频谱资源，保证各种无线电业务的正常进行，国务院、中央军事委员会颁布了《中华人民共和国无线电管理条例》(1993 年 9 月 11 日中华人民共和国国务院、中华人民共和国中央军事委员会令第 128 号发布，2016 年 11 月 11 日中华人民共和国国务院、中华人民共和国中央军事委员会令第 672 号修订，全文见附录)。

无线电监测是电磁空间安全保障的前提和基础。为了确保电磁空间安全，需要对空中无线电信号进行全天候不间断的实时监测，如果发现存在非法使用的无线电信号，则需要对该信号进行截获、测量和定位，以便必要时采取各种执法措施。

本章主要对现代无线电监测的目的、作用和内容，典型的现代无线电监测设备和无线电监测发展背景及趋势进行阐述。通过本章的学习，读者可以对现代无线电监测的基本概念有整体的了解，对现代无线电监测工作有初步的认识，为后续具体理论和工程实现的学习奠定基础。

1.1 现代无线电监测基础

电磁频谱资源是隶属于国家的、有限的、重要的战略资源，因此国家要对电磁频谱进行管理，以确保电磁频谱资源得到高效、规范、可控的利用，而开展无线电监测是电磁空间安全保障的前提和基础。

本节介绍电磁频谱管理、现代无线电监测的目的及作用和现代无线电监测的内容。

1.1.1　电磁频谱管理

电磁频谱资源与水、土地、矿藏等资源一样，是人类共享的有限自然资源，也是关系国民经济和社会可持续发展的重要战略资源。合理、有效、经济地使用电磁频谱资源，保障各种用频业务的正常开展，维护空中电波秩序，是世界各国都面临的重要问题，直接影响到各国的社会政治、经济、军事和文化的发展。

在 2003 年发生的伊拉克战争中，以美国为首的多国部队激烈争夺电磁频谱的控制权，使电子战扩展到全频域、全时域、全空域。现代战争中对军事制高点的占领更多地依靠先进的电子装备，电磁优势在现代战争中起着至关重要的作用。海空优势的有效发挥通常建立在电磁优势的基础上，失去制电磁权，必将失去制空权、制海权，进而失去战争的主动权。电磁环境已成为与空间、地面和海洋并存的第四维战场[1]。

电磁频谱管理是国家通过专门机关，运用法律、行政、技术、经济等手段，对电磁频谱和卫星轨道资源的研究、开发、使用所实施的，以实现公平合理、经济有效地利用电磁频谱和卫星轨道资源的行为和活动。电磁频谱管理也称无线电管理，其主要内容包括以下几个方面。

（1）频率管理：进行无线电频率的划分、规划、分配和指配。

（2）设备管理：对用频设备的研制、生产、销售和进口实施管理。

（3）无线电台（站）管理：主要是审批无线电台（站）的布局规划和台（站）地址。

（4）无线电监测与干扰查处：主要是监测和监督检查无线电信号，协调和处理无线电有害干扰。

（5）无线电检测：主要是对无线电设备质量进行监督检查。

（6）无线电管制：为了维护国家安全和社会公共利益，保障国家重大任务、处置重大突发事件等需要，无线电管理机构可以代表国家实施无线电管制。管制时机通常包括军队作战，军事演习，尖端武器试验，飞船、卫星、导弹发射等军事活动，也包括和平时期的重要科学、商业、政治和社会活动等。

（7）非无线电设备的电磁辐射管理：主要是对辐射无线电波的非无线电设备的选址定点、有害干扰实施的管理。辐射无线电波的非无线电设备指工业、科学、医疗等电器设备以及各种电气器械和装置，包括电气化运输系统、高压电力线等。非无线电设备的电磁辐射管理的内容包括测试对正常无线电业务产生有害干扰的非无线电设备的辐射频率范围、辐射功率等指标，审查、协调可能影响正常无线电业务的非无线电工程设施的选址定点，查找并按规定处理非无线电设备对正常无线电业务造成的有害干扰。

（8）电磁频谱管理法规和技术标准制定：电磁频谱管理法规是为规范、调整无线电领域各种关系和行为而制定的法律和规定，电磁频谱管理技术标准是为满足电磁兼容要求而对无线电设备提出的技术要求，法规是依法管理的准则，而技术标准是依法管理的依据，制定电磁频谱管理法规和技术标准是电磁频谱管理机构的重要任务。

（9）无线电涉外管理：无线电设备的广泛使用和无线电业务的不断扩展，对无线电频率资源和卫星轨道资源的需求，使双边与多边国家（地区）的交流日趋增多，参与各种双边与多边电磁频谱管理活动、维护国家权益日益成为各级电磁频谱管理机构的一项经常性工作。

1.1.2　现代无线电监测的目的及作用

1. 现代无线电监测的目的

现代无线电监测包括采用技术手段和一定的设备对无线电发射的基本参数和频谱特性参数(频率、频率误差、射频电平、发射带宽、调制度等)进行测量,对模拟信号进行监听,对数字信号进行频谱特性分析,对频段占用度和频道占用度进行测试统计分析,并对非法电台和干扰源进行测向、定位和查处。其中,频段占用度是指使用监测接收机或频谱分析仪对某一频段用固定的步长(信道)进行顺序测量,大于某一门限电平值的信道数占总信道数的百分比;频道占用度是指使用监测接收机或频谱分析仪对特定的信道进行测量,此信道大于某一门限电平值的工作时间占总测量时间的百分比。

无线电监测是实施电磁频谱管理的前置条件和必备手段。通过无线电监测收集的电磁频谱数据有:关于实际频段占用度与核准占用度的数据,偏离核准发射的参数,合法与非法发射的位置和发射参数,发射信号之间的干扰及内部干扰数据与解决干扰的建议等。

2. 现代无线电监测的作用

现代无线电监测的主要作用有:

(1) 协助查找电磁干扰是在本地区内、区域范围内还是全球范围内,据此确定无线电业务和台(站)的兼容性,使这些通信业务的设置和运行所需的费用减到最低,并使国家的基础设施免受干扰,可接入更多电信业务。

(2) 协助保持公众无线电广播和电视接收在允许的干扰电平上。

(3) 为主管部门电磁频谱管理过程提供有价值的监测数据,统计实际使用的频段占用度和频道占用度,检验所发射信号的技术和操作特性,检测和识别非法发射机,以及生成和验证频率记录资料、频率管理资料。

(4) 为无线电通信管理的编制计划提供有价值的监测数据,为无线电通信会议出具报告,协助各主管部门消除有害干扰,清除带外发射或协助各主管部门寻找合适的频率。

1.1.3　现代无线电监测的内容

现代无线电监测的内容包括监测、测向、定位三大部分,即运用无线电监测设备探测、搜索、截获空中辐射的无线电信号,对信号进行参数测量、统计、分析、识别、解调、监听,以及对辐射无线电信号的无线电台(站)进行测向和定位,获取无线电台(站)位置、通信方式、通联特点、通信网结构和属性等技术信息。

在民用领域,现代无线电监测主要对无线电台(站)发射的基本参数,如频率、场强、带宽、调制等技术参数进行测量;对模拟信号进行监听,对数字信号进行解调;对发射标识进行识别;对频段占用度和频道占用度进行统计分析;对干扰源进行测向和定位,排除干扰,查处非法电台和非核准电台,最终达到合理、有效地使用频率,保证通信业务安全的目的。

在军事领域,电磁波已成为战场信息获取、传递、使用及对抗的重要媒介。目前,军事电子设备(如通信电台、雷达等)的工作频段已覆盖从中长波、短波、超短波、微波、毫米波、亚毫米波、红外到可见光等全部频段。在军事应用中,无线电监测(又称为"电子侦察")就是运用各种无线电监测设备获取空间中敌方通信、雷达等电磁辐射源的信号参数、方位、位置等信息，使我方弄清电磁辐射源的工作体制、频率、调制样式、带宽、脉宽、重复频率、辐射功率等技术指标，得到进行电子对抗的依据，同时查明这些电子装备的类型、数量、部署和变动情况，用于对敌方武器系统的配置、编制和行动企图等进行情报分析。

1.2　典型的现代无线电监测设备

要开展无线电监测，必须要有先进的无线电监测设备。随着电子技术的飞速发展，无线电监测设备也在不断发展和升级中。典型的现代无线电监测设备可分为固定式监测设备、移动式监测设备、便携式监测设备三类。本节对这三类无线电监测设备进行概要介绍。

1.2.1　固定式监测设备

固定式监测设备通常架设在高山、高塔或高楼等制高点上，主要承担特定区域的频谱监测和干扰查找。

固定式监测设备种类多、功能强、技术指标好、自动化程度高、监测覆盖面积大、作用距离远，多用于长期连续监测。典型的固定监测站如图 1-1 所示。

图 1-1　固定监测站

　　半固定式监测设备主要是完成临时任务或重要任务时作为监测网的应急补点而临时开设的，任务结束后可以很方便地拆走。通常要求电源和通信线路引接方便，设备能安放在方仓、屋内或临时架设的简易房间及帐篷中，天线能方便地架设起来，根据需要可长时间工作。

1.2.2　移动式监测设备

　　移动式监测设备通常安装在汽车、坦克、轮船、飞机、卫星、气球、飞艇等移动载体上，可根据任务需要移动至指定区域进行监测。

　　移动式监测设备可分为机动监测设备和半机动监测设备。机动监测设备可在行进中进行监测和测向。半机动监测设备不能在行进中进行监测或测向，需要在指定地点停车后将天线升起或临时在车外部架设天线再进行监测或测向。就车载监测系统而言，其灵活性、机动性强，近距离逼近监测和测试非常方便和可靠。但车上设备的种类、数量因车体空间而受到限制，使其功能和自动化程度大受影响，同时天线高度低，使监测覆盖面积和作用距离也大大缩小，在城市中受周围环境影响较大。常见的移动监测车如图 1-2 所示。

图 1-2　移动监测车

1.2.3　便携式监测设备

　　便携式监测设备体积小、重量轻、携带方便，可由监测人员随身携带到指定区域进行电磁环境监测和干扰查找。与固定式监测设备和移动式监测设备相比，便携式监测设备功能较少、技术指标略差。常见的便携式监测设备的外形如图 1-3 所示。

图 1-3　便携式监测设备的外形

1.3　无线电监测发展背景及趋势

随着半导体技术的快速发展，现代通信网络也在不断发展。近几年出现了各种新型的无线通信网络。为了对这些新型的无线通信网络进行监测，无线电监测设备也需要不断升级，如为了实现大范围的广域监测，国外出现了商业无线电监测卫星（国内目前还没有专门用于商业无线电监测的卫星）。从这些最新技术动态中，我们可以大致预测无线电监测的发展趋势。

1.3.1　典型现代无线通信网络

现代移动通信系统是无线通信的典型应用，在三十年左右的时间里实现了从 2G、3G、4G 到 5G 的跨越。另外，星链是一个利用通信卫星对地面终端提供移动通信服务并且商业应用广泛的典型系统。自从星链诞生后，世界其他国家也在积极发展自己的商业卫星通信网。

1. 5G

第五代移动通信技术（fifth generation of mobile communications technology，5G）是具有高速率、低时延和大连接特点的新一代宽带移动通信技术，5G 通信设施是实现人、机、物互联的网络基础设施。

国际电信联盟（International Telecommunications Union，ITU）定义了 5G 的三大类应用场景，即增强移动宽带（enhanced mobile broadband，eMBB）、超高可靠低时延通信（ultra-reliable low-latency communications，uRLLC）和海量机器类通信（massive machine type communication，mMTC）。eMBB 主要面向移动互联网流量爆炸式增长，为移动互联网用户提供更加极致的应用体验；uRLLC 主要面向工业控制、远程医疗、自动驾驶等对时延和可靠性具有极高要求的垂直行业应用需求；mMTC 主要面向智慧城市、智能家居、环境监测等以传感和数据采集为目标的应用需求。

由 3GPP（third generation partnership project，第三代合作伙伴计划）定义的 5G 第一频段是 410～7125 MHz，被描述为 sub-6 GHz 或 sub-7 GHz 的频段；3GPP 定义的 5G 第二频段为 24 250～52 600 MHz。2023 年 5 月 23 日，工业和信息化部发布新版《中华人民共和国无线电频率划分规定》，率先在全球将 6425～7125 MHz 全部或部分频段划分用于国际移动通信（international mobile telecommunications，IMT，包含 5G/6G）系统。

当前，5G 在很多国家已得到广泛应用，主要体现在以下三个方面：

（1）**聚焦四大应用场景**。5G 的主要应用场景有四个方面：高铁、地铁等连续广域覆盖场景；住宅区、办公区、露天集会等热点高容量场景；智慧城市、环境监测、智能农业等低功耗大连接场景；车联网、工业控制、虚拟现实、可穿戴设备等低时延高可靠场景。

（2）**激发新的消费需求**。5G 的一个重要特征就是可以实现"人与人、人与物、物与物之间的连接"，形成万物互联，并融合在工作学习、休闲娱乐、社交互动、工业生产等各方面。

（3）**产业融合变革加速**。基于 5G 的支撑，跨行业的融合发展进一步加强，新型信息化和工业化深度融合，引发产业领域的深层次变革。移动物联网场景等将逐步渗透到消费、生产、销售、服务等各行业，推动研发、设计、营销、服务等环节进一步向数字化、智能化、协同化方向发展，实现工业领域全生命周期、全价值链的智能化管理。

2. 星链

星链(Starlink)是美国太空探索技术公司(Space Exploration Technologies Corporation，简称 SpaceX)的一个项目，计划在 2019 年至 2024 年间在太空搭建由约 1.2 万颗卫星组成的"星链"网络提供互联网服务，其中 1584 颗将部署在地球上空 550 千米处的近地轨道，并从 2020 年开始工作。Starlink 网络在理论上支持 400 万用户，可以理解为 400 万个太空"Wi-Fi"(wireless fidelity，无线保真)提供宽带互联网服务，面向的是商企业用户的"痛点"需求和"不差钱"的富豪(拥有私人飞机、游艇的超级富豪)随时随地高速上网的需求。

Starlink 卫星网络服务的典型对象如下：

(1) 民航飞机及私人飞机。目前世界上有 2 万架民航客机在飞，保守估计美国有 20 万架私人飞机。这些飞机客户在飞行中的上网需求一直是无法有效解决与普及的"痛点"。

(2) 远洋船只(主要包括大型邮轮与大型货轮)。目前世界上有 300～400 艘大型邮轮(载客量超过 1000 人)，大型货轮的数量暂未统计，但量级也是以万计算的。各种远洋船只、近海游轮、私人游艇以及各种商业运行的中小型游轮，在海域，特别是远海航行中的宽带上网需求一直是"痛点"。

(3) 海岛。在全球范围内，很多小型海岛和私人岛屿购买 Starlink 卫星网络的开销，比铺设、维护海底光缆的费用要低很多。

(4) 科考和旅游。诸如南北极科考、珠峰等著名山峰的探险旅游中的宽带网络接入服务也未得到很好解决。

(5) 地面公众移动、固定宽带网络难以覆盖的边远地区。

(6) 紧急情况下的备份上网方案。

Starlink 系统主要采用 Ku 和 Ka 频段，在数据传输分系统中，卫星到终端的下行链路频率为 10.7～12.7 GHz，终端到卫星的上行链路频率为 14.0～14.5 GHz。

随着海量宽带通信应用需求的日益增加和半导体制造工艺的飞速发展，一方面，无线通信系统的工作频段将逐渐向太赫兹(Tera Hertz，THz，1 THz＝1000 GHz)扩展；另一方面，为了实现全球范围或大区域的泛在覆盖，基于空天地一体化的信息通信网络将越来越多地应用到各种场景中。因此，预计在未来相当长一段时间内，高速宽带广域网和窄带物联网两种信息通信网络将并行发展。

1.3.2 商业无线电监测卫星

随着火箭发射成本的降低和卫星制造能力的提升，商业小卫星迅速发展，并开始进入无线电频谱监测领域。全球商业小卫星公司主要有美国的鹰眼 360(Hawkeye 360)、卢森堡的 Kleos Space 和法国的 Unseenlabs。

1. 鹰眼 360

鹰眼 360(Hawkeye 360)是美国的一家小卫星公司，成立于 2015 年，运营着全球首个商业无线电监测卫星星座。该星座采用三星时频差测量定位技术，轨道高度为 575 km，目前包含 15 颗卫星(重访率为 90 分钟),3 颗卫星为一组编队,卫星间距为 250 km。计划到 2025 年,该星座的卫星数量将增加到 60 颗,以实现近实时的全球信号监测(对地观测重访率缩小到 12～20 分钟),定位精度不超过 3 km。该星座的监测对象包括:海上 VHF 无线电、UHF 对讲机、L 频段卫星移动电话终端、S/X 频段海上雷达、移动通信基站、船舶 AIS 信号、卫星导航定位干扰信号、应急无线电信标信号,以及小口径卫星通信 VSAT 终端。

2. Kleos Space

Kleos Space 是卢森堡的一家小卫星公司,成立于 2017 年,可提供全球无线电信号情报和信号定位数据服务。Kleos Space 使用小卫星编队对地面的无线电信号进行监测和定位,从而发现陆地和海上关键区域的隐秘或非法活动,如海盗、毒品走私和非法捕鱼,并识别需要进行海上搜救的人员。该公司运营的星座采用三星时频差测量定位技术,轨道高度为 525 km,在轨卫星为 16 颗,4 颗卫星为一组,定位精度不超过 3 km。

3. Unseenlabs

Unseenlabs 是法国的一家微小卫星公司,成立于 2015 年。该公司运营的卫星星座专门用于海域态势感知,轨道高度为 550 km,在轨卫星有 7 颗,采用三星时频差测量定位技术,定位精度不超过 3 km,专门对海上船只的射频信号进行监测和定位,能覆盖数十万平方千米的海域,并且能对这些射频数据进行处理和分析,为国家安全、环境保护和商业领域等应用提供独特的射频信号层面的信息。例如,全天时、全天候提供无线电活动数据,跟踪海上交通及发现、打击恶意或敌对活动,以及监视非法捕鱼等。

1.3.3　无线电监测发展趋势

根据典型现代无线通信网络及国外商业无线电监测卫星的现状,我们可以预测未来相当长一段时间内无线电监测的发展方向,具体体现在以下四个方面。

1. 工作频段

从工作频段来看,由于无线电监测的对象是各种通信、雷达等信号,因此伴随着通信频段的扩展,无线电监测频段也将会逐渐向太赫兹频段扩展。

2. 安装平台

从安装平台来看,针对日益广泛的监测覆盖需求以及复杂电磁环境的感知需求,现有的地面无线电监测体系受限于观测视距以及信号多径等因素影响,在监测覆盖范围、特定区域监测、精确辐射源定位等方面存在不足。无线电监测平台也将会逐步扩展到卫星等空天平台上,覆盖传统无线电监测系统难以覆盖的地区,包括沙漠、山区、极地、海洋、敏感地区等,以弥补现有地面无线电监测体系能力的不足。

3. 数据处理能力

从数据处理能力来看,基于天地一体化的大数据融合处理将是未来无线电监测网的发展趋势,无线电监测网将具有更加自动化和智能化的信息挖掘、情报收集、数据分析、态势预测及决策支持等能力。

4. 设备形态

从无线电监测设备的形态来看，小型化、智能化、网络化是单个设备的必备特性。基于单个智能无线电监测设备的无线电监测网络，融合云计算、数据挖掘、人工智能、大数据等新技术后将具有更为强大的数据采集、任务处理和决策支持能力。

本 章 小 结

本章对电磁频谱管理、无线电监测及典型无线电监测设备的基本概念做了初步介绍。随着海量宽带通信应用需求的日益增加和半导体制造工艺的飞速发展，现代无线电监测技术也将同步发展。伴随着通信频段的扩展，无线电监测的频段也将会逐渐向太赫兹频段扩展；同时，无线电监测的平台也将会逐步扩展到卫星等空天平台上，以弥补现有地面无线电监测体系能力的不足；另外，基于天地一体化的大数据融合处理将是未来无线电监测网的发展趋势，无线电监测网将具有更加自动化和智能化的信息挖掘、情报收集、数据分析、态势预测及决策支持等能力。

思 考 题

1-1　查阅文献资料，了解国内外电磁频谱管理的现状及发展趋势。

1-2　查阅文献资料，了解国内外无线电监测技术的现状及发展趋势。

1-3　查阅文献资料，了解无线电监测卫星技术的现状及发展趋势。

1-4　结合生活和工作实际，简述无线电监测的主要目的、作用及其重要性。

第2章

现代无线电监测总体设计技术

现代无线电监测总体设计通常包括系统总体设计、核心算法设计、分机设计、单元/模块设计四个方面。

系统总体设计包括系统工作原理设计、工作模式设计、处理流程设计，它们之间是层层递进关系。

核心算法设计是指为了达到系统的核心功能指标要求而设计某种处理算法。根据核心算法可以推导出系统的各个分机的技术指标要求，开展分机设计。

一个分机通常由若干个单元/模块组成，分机设计完成后，再开始各个单元/模块设计。

本章将对现代无线电监测系统的工作原理、工作模式、处理流程、关键部件、核心技术、工程实现和典型技术指标进行详细介绍。通过本章的学习，读者可以初步掌握现代无线电监测总体设计技术的基本概念、设计流程和设计方法，实现从理论知识到工程实现的跨越。

2.1 现代无线电监测系统的工作原理

现代无线电监测的对象通常分为通信信号和雷达信号两大类。

通信信号的特点是信号带宽窄（信号带宽通常为几十 kHz 至几十 MHz）、信号持续时间长，通常为连续波信号；而雷达信号的特点是信号带宽宽（信号带宽通常为几 MHz 至几 GHz）、信号持续时间短，通常为脉冲信号。

由于通信信号和雷达信号的特征不同，因此，通信信号监测和雷达信号监测的处理方式和处理流程不同。所以，通信信号监测系统和雷达信号监测系统通常是独立存在的。

1. 通信信号监测系统的工作原理

通信信号监测系统的工作原理框图如图 2-1 所示。

通信信号监测系统由天线、接收机、通信信号处理机及主控计算机四部分组成。

天线用于接收空中辐射的电磁波，并将电磁波转换为电信号，送到接收机。

接收机用于对天线输出的微弱信号进行放大和下变频，通常输出中频模拟信号或基带模拟信号。

通信信号处理机对接收机输出的中频模拟信号或基带模拟信号进行模数采样，并对采样后的通信信号进行参数测量（如频率、幅度、带宽、码速率、方位等信息的测量），然后进行通

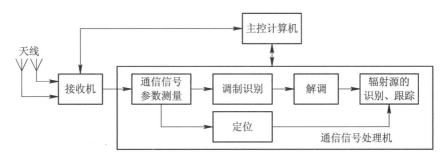

图 2-1　通信信号监测系统的工作原理框图

信信号调制类型识别和定位，再对识别出的信号进行解调，最后进行辐射源的识别和跟踪。

主控计算机负责通信信号监测系统的对外通信和内部接收机、通信信号处理机的工作流程控制及数据处理。

2. 雷达信号监测系统的工作原理

雷达信号监测系统的工作原理框图如图 2-2 所示。

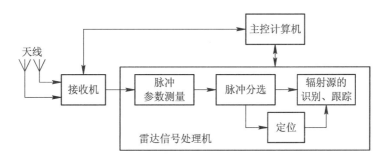

图 2-2　雷达信号监测系统的工作原理框图

与通信信号监测系统类似，雷达信号监测系统也由天线、接收机、雷达信号处理机及主控计算机四部分组成。

天线用于接收空中辐射的电磁波，并将电磁波转换为电信号，送到接收机。

接收机用于对天线输出的微弱信号进行放大和下变频，通常输出中频模拟信号或基带模拟信号。

雷达信号处理机对接收机输出的模拟信号进行模数采样，并对采样后的雷达信号进行脉冲参数测量（如频率、幅度、带宽、脉冲重复周期、脉冲到达时间、方位等信息的测量），然后进行雷达信号脉冲分选、定位，最后进行辐射源的识别和跟踪。

主控计算机负责雷达信号监测系统的对外通信和内部接收机、雷达信号处理机的工作流程控制及数据处理。

根据不同的监测对象、监测区域及任务要求，不同的通信/雷达信号监测系统会配备不同安装平台、不同类型、不同体制、不同性能的天线、接收机、信号处理机和主控计算机。

通常，无线电监测系统的监测频段、瞬时监测带宽、动态范围、监测灵敏度、测向带宽、测向灵敏度、信号处理个数等各项性能指标在同一个系统中是互相矛盾的，不可能所有指标都同时最高。

尽管各种无线电监测系统都具有某些能满足现代电磁环境要求的性能，但是它们都具有各自的应用场景。所以,单一体制的监测系统通常不能完全满足现代复杂电磁环境下的所有应用需求。

因此,现代无线电监测系统的总体设计趋势是不再依靠单一体制的监测系统完成总的系统任务需求,而是多种体制的监测系统联合应用,每一种体制的监测系统解决其中的一个问题或一个问题中的一部分问题。这种综合体制的现代无线电监测系统可对各种单一体制的电子侦察系统取长补短,利用其优良性能,克服其不足之处。理想的现代无线电监测系统能满足全频段、高截获概率、同时到达上百个信号的检测处理和高测量灵敏度等要求。

2.2　现代无线电监测系统的工作模式和处理流程

现代无线电监测系统的工作模式是对于任务执行来说的,基于不同的任务,系统将采用不同的工作模式。而现代无线电监测系统的处理流程描述了执行某一具体任务时的处理步骤。

1. 工作模式

通信/雷达信号监测系统通常有两种工作模式:普查模式和详查模式,如图 2-3 所示。

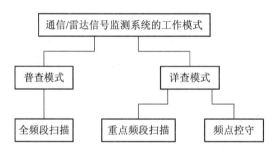

图 2-3　通信/雷达信号监测系统的工作模式

1)普查模式

普查模式完成对系统工作频段的全频段步进扫描,并记录扫描时测量得到的通信/雷达信号频率、幅度、带宽、调制样式、码速率、方位、脉冲重复周期、脉冲到达时间、空间位置、辐射源属性等信息。

2)详查模式

详查模式通常又分为两种形式:重点频段扫描和频点控守。

重点频段扫描:对感兴趣的频段进行扫描,并记录扫描时测量得到的通信/雷达信号频率、幅度、带宽、调制样式、码速率、方位、脉冲重复周期、脉冲到达时间、空间位置、辐射源属性等信息。

频点控守:将接收机工作频率设置在感兴趣的指定频率,实时监测该频率出现的电磁信号参数。

2. 处理流程

1)通信信号监测系统的处理流程

通信信号监测系统的处理流程如图 2-4 所示。

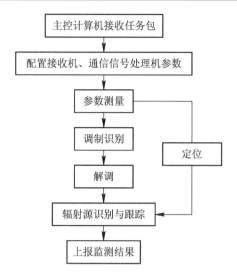

图 2-4   通信信号监测系统的处理流程

图 2-4 对应的处理步骤如下：

（1）主控计算机接收上级（系统）下发的监测任务包；

（2）主控计算机根据任务包配置接收机和通信信号处理机的工作参数；

（3）通信信号处理机完成参数测量、通信信号调制识别、通信信号解调、通信辐射源定位和辐射源识别与跟踪；

（4）主控计算机向上级（系统）汇报（或上传）监测结果。

2）雷达信号监测系统的处理流程

雷达信号监测系统的处理流程如图 2-5 所示。

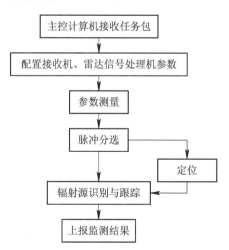

图 2-5   雷达信号监测系统的处理流程

图 2-5 对应的处理步骤如下：

（1）主控计算机接收上级（系统）下发的监测任务包；

（2）主控计算机根据任务包配置接收机和雷达信号处理机的工作参数；

（3）雷达信号处理机完成参数测量、脉冲分选、雷达辐射源定位和辐射源识别与跟踪；

（4）主控计算机向上级（系统）汇报（或上传）监测结果。

2.3 现代无线电监测系统的关键部件和核心技术

如 2.1 节所述，通信信号监测系统由天线、接收机、通信信号处理机及主控计算机四部分组成，而雷达信号监测系统由天线、接收机、雷达信号处理机及主控计算机四部分组成。在总体设计时，根据系统的功能和性能指标进行各分机指标的分解后，即可确定天线、接收机、通信/雷达信号处理机和主控计算机的分机指标参数。

通常，天线、接收机和主控计算机作为通用产品，可以根据分机指标参数直接采购或者委托加工。因此，本节重点对天线、接收机的技术指标、类型、发展趋势进行概念性介绍，以帮助大家进行系统总体方案设计和采购选型。

通信/雷达信号处理机的指标参数完全依据任务而定，不具有通用性，因此需要进行专项开发。通信/雷达信号处理机是现代无线电监测系统中最核心的部件，其成本在无线电监测系统成本中的占比最高，技术难度也最大。因此，本节将概要讲述通信/雷达信号处理机的核心技术，即参数测量技术、调制识别技术、信号解调技术、脉冲分选技术、定位技术等，并在第 3、4、5、6、7 章中做更深入的讲述。这部分也是本书的核心内容。

2.3.1 天线

在无线电监测系统总体设计中，通常需要根据监测系统的技术指标要求完成对天线的选型。

天线是无线电监测系统中接收无线电信号的关键部件之一，其性能指标的优劣直接决定了系统的监测性能好坏。本小节主要从天线的主要技术指标、短波天线、超短波天线、通信/雷达信号监测天线类型及主要技术指标、无线电监测天线发展趋势几个方面来介绍。

1. 天线的主要技术指标

天线的主要技术指标如下。

1）工作频率范围

工作频率范围表征了天线能够接收的电磁波频率范围。

2）增益

增益表征了天线对接收信号的放大倍数。增益越大，越有利于接收微弱信号，监测距离越远。

3）驻波比

驻波比表征了天线馈线与接收机的匹配程度。驻波比全称为电压驻波比（voltage standing wave ratio，VSWR）。当驻波比等于 1 时，表示馈线和天线的阻抗完全匹配，此时高频能量全部被接收机接收，没有能量的反射损耗；当驻波比为无穷大时，表示全反射，能量完全没有被接收机接收。

4）波束宽度

无线电监测天线有全向天线和定向天线两种，两种天线的应用场景不同。全向天线没有方向性，适合全向接收；而定向天线具有方向性，波束指向方向的接收增益最大。

波束宽度也是天线的一个重要指标。

5）极化方式

天线的极化方式分为三大类：线极化、椭圆极化、圆极化。其中，线极化又可分为水平极化和垂直极化；椭圆极化又可分为左旋椭圆极化和右旋椭圆极化；圆极化又可分为左旋圆极化与右旋圆极化。

天线的极化方式直接影响到收发天线的匹配和接收效率。只有当接收天线与发射天线的极化方式相同时，才能够接收到最大的信号功率。

6）天线尺寸

天线的尺寸和工作频率有关。天线的长度与波长成正比，与频率成反比，即波长越短，频率越高，天线就可以做得越短。通常天线的长度取为 1/2 波长或 1/4 波长。

工程上，天线的体积和重量越小，对安装平台的要求就越低，就越易于工程化。

2. 短波天线

常见的短波天线有扇锥天线、竖笼天线、伞锥天线、对数周期天线、阵列天线，其工作频率范围为 3～30 MHz。

1）扇锥天线

扇锥天线的外形如图 2-6 所示。扇锥天线作为通信系统的组成部分，具有宽频带发射、效率高等特点。扇锥天线的优点是对场地要求不高，可在山坡上架设，辐射仰角随频率升高而降低，满足通信距离越远、使用频率越高的要求，适合近、中、远距离通信要求，在海岸电台系统中广泛使用，通信效果良好。

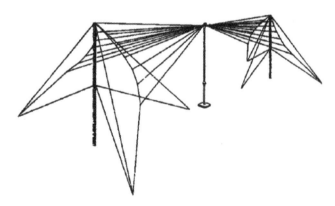

图 2-6　扇锥天线的外形

扇锥天线的典型技术指标如下：

（1）工作频率范围：5～26 MHz。

（2）天线长度：32 m。

（3）增益：2～6 dB。

（4）驻波比：≤2。

（5）极化方式：水平极化。

（6）承受功率：5 kW。

（7）抗风能力：36 m/s风能正常工作，54 m/s不破坏。

（8）天线架设高度：15 m、18 m、22 m。

2）竖笼天线

竖笼天线的外形如图2-7所示。竖笼天线是垂直极化天线，其辐射波束仰角低，适合天波远距离通信或地波近距离通信，非常适合架设在近岸工作。竖笼天线占地面积小，可在小场地或楼顶架设。竖笼天线的缺点是要保证天线辐射效率，必须铺设比较大的地网，在场地落差大的情况下架设不方便。

图2-7　竖笼天线的外形

竖笼天线的典型技术指标如下：

（1）工作频率范围：3～30 MHz；4.5～30 MHz；5～30 MHz。

（2）驻波比：≤2.5。

（3）增益：4 dBi。

（4）承受功率：5 kW。

（5）极化方式：垂直极化。

（6）天线架设高度：26 m、16 m、12 m。

（7）抗风能力：45 m/s不破坏。

3）伞锥天线

伞锥天线的外形如图2-8所示。伞锥天线是常用的全向通信天线，具有全向性能好、辐射仰角较低、增益高的优点，地波通信效果和天波远距离通信效果良好。伞锥天线与竖笼天线的工作原理、通信效果是一样的，伞锥天线用下笼线作为地，不用铺设地网，造价相对比较低，但占地面积比较大。

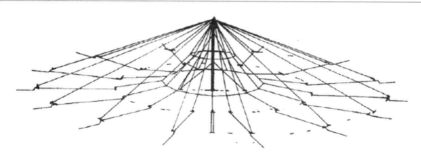

图 2-8 伞锥天线的外形

伞锥天线的典型技术指标如下：

(1) 工作频率范围：3～30 MHz；4.5～30 MHz；5～30 MHz。

(2) 承受功率：30 kW。

(3) 天线方向图：水平面全向。

(4) 电压驻波比：≤2，超差点≤10％，超差。

(5) 点驻波：≤2.5。

(6) 增益：3～7 dBi。

(7) 极化方式：垂直极化。

(8) 天线架设高度：16 m、18 m、22 m。

(9) 天线占地：ϕ52 m、ϕ38 m、ϕ38 m。

(10) 抗风能力：十级风正常工作，十二级风不破坏。

4）对数周期天线

对数周期天线的外形如图 2-9 所示。对数周期天线是一种随频率变化而周期改变自身标度结构的天线。对数周期天线定向增益高，抗干扰能力强，能够较可靠地保障重点通信方向或在恶劣电磁环境下的通信效果，在通信系统中通常作为应急手段。

图 2-9 对数周期天线的外形

对数周期天线的典型技术指标如下：

(1) 工作频率：4.5 MHz、5 MHz、6 MHz。

（2）承受功率：5 kW。

（3）天线形式：水平旋转对数周期天线。

（4）天线方向图：水平面定向。

（5）电压驻波比：≤2，超差点≤10%，超差。

（6）点驻波：≤2.5。

（7）增益：≥8 dBi。

（8）天线指向：360°电调。

（9）前后比：8～13 dBi。

（10）极化方式：水平极化。

（11）天线尺寸：24 m×24 m、16 m×18 m、12 m×14 m。

（12）天线架设高度：20 m。

（13）半功率波瓣宽度：60°。

5）阵列天线

由于单天线的增益较低，因此常常需要通过组阵来提供接收天线增益。例如，将宽带全向天线作为单元，在垂直方向上共线组阵可以提高天线阵水平方位面的增益，相当于增大了天线的口径，使其辐射能量在水平方位面上更加集中，从而增大系统的作用距离并提升其精度。理想情况下，二元阵可以将增益提高 3 dB，四元阵可以将增益提高 6 dB。在无线电测向时，也常常将宽带全向天线作为单元，在水平面组成圆环阵。

最典型的地面监测站阵列天线是在冷战时期美国建立的 FLR-9"象栏"无线电监测系统，又称"乌兰韦伯"天线，如图 2-10 所示。

图 2-10 "象栏"无线电监测系统

该天线阵直径为 439.8 m（≈2.5λ_max），高度约为 37 m（≈λ_max/4），由三个同心圆阵构成。天线单元采用的是具有宽带全向性的套筒振子天线，由外到内各层分别均匀排布着 48、96 和 48 个天线单元，依次覆盖 2～6 MHz、6～18 MHz 和 18～30 MHz 频段。由于波长越长，绕射能力越强，穿透能力越强，信号损失衰减越小，传输距离越远，因而"象栏"无线电监测系统的监测距离可以达到 7408 km。

3．超短波天线

超短波天线工作在 30～300 MHz 频段，分为全向天线和定向天线两种形式，全向天线有垂直极化的鞭状、伞状天线等，定向天线包括八木天线、对数周期天线等。

最常见的超短波宽带天线主要包括宽带振子天线和加载天线。

宽带振子天线有双锥、盘锥、笼形和套筒天线等。双锥天线最早由 Schelkunoff 提出，其良好的宽带特性使其得到了广泛的研究与应用。双锥天线就是对称振子将振子臂的圆柱结构换为锥形结构而来的，上下辐射体的间隙处为馈电点。套筒天线也是一种应用普遍的宽带振子天线，不仅具有全向辐射特性，还具有结构简单、易于加工、本身的宽带性等特点。

相比于宽带振子天线，加载天线尺寸更小，这使得加载天线具有更强的实用性。超短波单鞭、双鞭加载天线是最为常见的宽带天线，它们将各种元件附加在辐射体上或者馈电处，这样天线上的电流近似呈行波分布，从而可展宽天线带宽。

4．通信信号监测天线类型及主要技术指标

通信信号监测中常用天线类型及主要技术指标如表 2-1 所示。

表 2-1　通信信号监测中常用天线类型及主要技术指标

天线类型	方向图	主要技术指标
偶极子	俯仰　水平	极化方式：垂直极化 波束宽度：$60°\times360°$ 增　益：2 dB 带　宽：10% 工作频率范围：HF 到 UHF
鞭	俯仰　水平	极化方式：垂直极化 波束宽度：$45°\times360°$ 增　益：0 dB 带　宽：10% 工作频率范围：HF 到 UHF
环	俯仰　水平	极化方式：垂直极化 波束宽度：$60°\times360°$ 增　益：2 dB 带　宽：10% 工作频率范围：HF 到 UHF
螺旋	俯仰和水平	极化方式：圆极化 波束宽度：$50°\times50°$ 增　益：10 dB 带　宽：70% 工作频率范围：UHF 以上

为了提高天线增益和实现电扫描,通常采用相控阵天线。通信信号监测中的相控阵天线可以由几十到上千个阵元组成。

5. 雷达信号监测天线类型及主要技术指标

雷达信号监测中常用天线类型及主要技术指标如表 2-2 所示。

表 2-2 雷达信号监测中常用天线类型及主要技术指标

天线类型	方向图	主要技术指标
双锥 	俯仰 水平 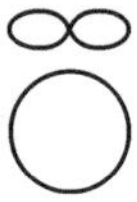	极化方式:垂直极化 波束宽度:$20°\sim100°\times360°$ 增 益:$0\sim4$ dB 带 宽:4:1 工作频率范围:UHF 到 EHF
对数周期 	俯仰 水平 	极化方式:垂直极化或水平极化 波束宽度:$60°\times60°$ 增 益:$6\sim8$ dB 带 宽:10:1 工作频率范围:HF 到 EHF
背腔螺旋 	俯仰和水平 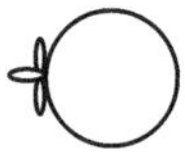	极化方式:圆极化 波束宽度:$60°\times60°$ 增 益:$-15\sim+3$ dB 带 宽:9:1 工作频率范围:UHF 到 EHF
锥螺旋 	俯仰和水平 	极化方式:圆极化 波束宽度:$60°\times60°$ 增 益:$5\sim8$ dB 带 宽:4:1 工作频率范围:UHF 到 EHF
四臂锥螺旋 	俯仰 水平 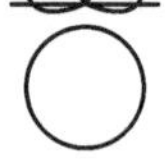	极化方式:圆极化 波束宽度:$50°\times360°$ 增 益:0 dB 带 宽:4:1 工作频率范围:UHF 到 EHF
喇叭 	俯仰 水平 	极化方式:线极化 波束宽度:$40°\times40°$(可变) 增 益:$5\sim10$ dB(可变) 带 宽:4:1 工作频率范围:UHF 到 EHF

续表

天线类型	方向图	主要技术指标
抛物面	俯仰和水平	极化方式：取决于馈元 波束宽度：$0.5° \times 30°$ 增　益：$10 \sim 55$ dB 带　宽：取决于馈元 工作频率范围：UHF 到 EHF
相控阵	俯仰 水平	极化方式：取决于天线元 波束宽度：$0.5° \sim 30°$ 增　益：$10 \sim 40$ dB(可变) 带　宽：取决于天线元 工作频率范围：VHF 到 EHF

同样地，为了提高天线增益和实现电扫描，通常采用相控阵天线。雷达信号监测中的相控阵天线可以由几十到上千个阵元组成。

6. 无线电监测天线发展趋势

现代信息传递要求天线向着小尺寸、宽频带、高效率、大容量、多功能等方向发展。天线有时需要架设到移动的运输平台上，如飞机、汽车、舰船、卫星等。由于天线的尺寸是由其收发信号的波长决定的，而大尺寸天线对安装平台要求很高，所以决定天线是否能够被广泛应用的关键因素就是其尺寸是否足够小。此外，宽频带也是无线电监测天线的一个重要指标。因此，小型化、宽带化是无线电监测天线的一个发展趋势。

同时，由于数字波束合成技术及射频 T/R 器件工艺的发展，无线电监测系统采用阵列天线可以大大提高接收增益、实现数字波束扫描和多目标跟踪，因此天线阵列化是无线电监测天线的另一个发展趋势。

2.3.2　接收机

接收机是无线电监测系统中接收无线电信号的另一个关键部件，其性能指标的优劣也决定了系统的监测性能好坏。

1. 接收机的主要技术指标

接收机的主要技术指标有：

（1）工作频率范围。工作频率范围表征了接收机能够接收的信号频率范围。

（2）最大瞬时带宽。最大瞬时带宽表征了接收机能够接收的最大信号带宽。

（3）灵敏度。接收机的灵敏度指标表征了系统能够接收的某一信噪比条件下的最小信号功率。

（4）动态范围。接收机的动态范围指标表征了系统能够接收的最小信号功率和最大信号功率范围。

（5）增益。增益表征了接收机对接收信号的放入倍数。

日益复杂的电磁环境对现代接收机的性能提出了更高的要求。首先，复杂电磁环境中同时存在着大量的无线传感器，即存在着不同强弱、不同调制形式、时域频域重叠的信号，使得接收机每秒接收到的信号个数可达到百万以上，且接收的信号在频域的分布范围很广，还可能存在频谱混叠情况。其次，在复杂电磁环境条件下，无线传感器为了提高生存能力通常会采用多种方式提高抗截获和抗干扰能力，如多收多发体制雷达可降低信号的功率，提高抗截获能力；频率捷变、脉宽捷变等信号体制提高了系统的抗干扰能力。

2. 晶体视频接收机

晶体视频接收机作为第一代模拟视频接收机，具有大瞬时接收带宽、宽频带接收和结构简单的特点。晶体视频接收机主要由晶体二极管检波器和视频放大器组成。当接收某些感兴趣的频带时，可以在前端进行带通滤波后放大再送入检波器。为了提供较大的动态范围，可以使用对数视频放大器。晶体视频接收机的系统框图如图 2-11 所示。

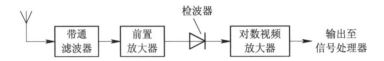

图 2-11 晶体视频接收机的系统框图

晶体视频接收机的输出是一系列脉冲信号，幅度与接收的每个射频脉冲的信号功率成正比，并且具有相同的起始与终止时间。当两个接收脉冲交叠时，输出则是两者的合成。当一个强的带内连续波信号与所有的脉冲合成时，视频输出的幅度将失真。

晶体视频接收机的特点如下：

（1）结构简单，宽频带覆盖；

（2）灵敏度低（约为 -65 dBm）；

（3）只能解调 AM 及脉冲信号，无精确的频域信息输出。

晶体视频接收机主要用于宽带比幅测向系统。

3. 瞬时测频接收机

瞬时测频（instantaneous frequency measurement，IFM）是一种基于相位比较法的频率测量技术，具有截获概率高、覆盖频率范围宽等优点。采用了瞬时测频技术的接收机称为瞬时测频接收机，具有结构简单、灵敏度高、监测频带宽、频率分辨率高等优点，广泛应用于各种无线电监测系统中。瞬时测频接收机的系统框图如图 2-12 所示。

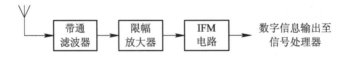

图 2-12 瞬时测频接收机的系统框图

早期的模拟式 IFM 通常利用微波波导元件、行波管和阴极射线显示器来实现，系统体积大，结构复杂。

宽波段带状线耦合器和固态砷化镓放大器的出现使微波元件的尺寸显著减小，采用这种改进元件以及数字化处理的 IFM 开始出现。

随着数字技术的发展和电子元件工作频率的提高，各种新型的瞬时测频技术不断出现，其中数字计数式 IFM 和注入锁相式 IFM 被认为是两种较实用的瞬时测频技术。数字计数式 IFM 利用高速发射极耦合逻辑（emitter-coupled logic，ECL）电路，通过对高速脉冲进行直接计数来实现测频；而注入锁相式 IFM 则利用注入振荡器将输入信号的频率信息转换成相位信息，通过对相位的测量实现对输入信号频率的瞬时测量。

瞬时测频接收机的特点如下：

（1）宽频带覆盖，测频精度适中；

（2）灵敏度较低（约为 −65 dBm）；

（3）同时只能处理一个信号。

瞬时测频接收机广泛用于无线电监测系统的粗测频中。

4. 信道化接收机

信道化接收机通过模拟或数字滤波器组对接收信号进行频域信道划分，可实现不同频率信号的分离，能接收时域重叠信号，具有高灵敏度和高频率分辨率，截获概率接近 100%，选择性和抗干扰能力强，保真度与超外差接收机相近，是目前使用较广泛的一种宽带接收机。其主要缺点是结构复杂、体积大、系统重量大、功耗和成本高。信道化接收机的系统框图如图 2 − 13 所示。

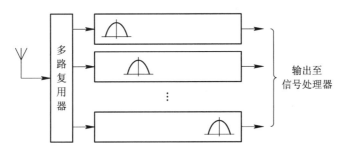

图 2 − 13　信道化接收机的系统框图

模数转换器（analog-to-digital converter，ADC）、数字集成电路和数字信号处理技术的不断发展，使得接收机不断地数字化，从而弥补了早期信道化接收机的缺陷。

信道化接收机的特点如下：

（1）灵敏度、测频精度适中；

（2）可同时处理多个信号；

（3）结构复杂、成本较高。

信道化接收机主要用于对实时性、多信号处理能力要求高的无线电监测系统中。

5. 压缩接收机

压缩接收机是一种利用快速微扫本振截获监测频带内所有信号，通过色散延迟线压缩，转换到时域进行测频的搜索式接收机。压缩接收机用色散延迟线把输入射频信号压缩成一窄带脉冲，数据处理率很高，但信号压缩产生的旁瓣会影响系统的检测性能和丢失信号的脉内调制信息。压缩接收机的系统框图如图 2 − 14 所示。

压缩接收机的特点如下：

（1）仅用于测频，瞬时带宽宽；

（2）具有同时进行多信号处理的能力；

（3）不同频率的输入信号被压缩成不同延时的窄脉冲；

（4）本振扫描速率等于压缩滤波器斜率。

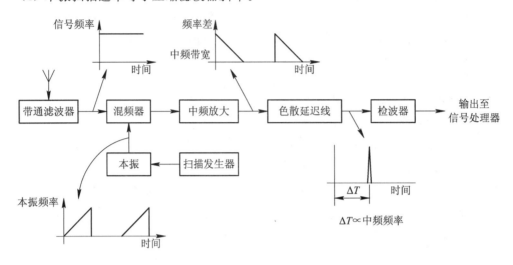

图 2－14　压缩接收机的系统框图

压缩接收机主要用于宽带瞬时测频系统中。

6. 声光接收机

高灵敏度大带宽声光接收机利用声光调制技术和空间傅里叶变换原理实现多信道并行窄带滤波和频谱识别，并通过多级积分检测技术对各并行信号进行自适应相干积累。由此，在提高系统灵敏度的同时也兼顾到系统检测动态和响应速度等指标，增强了系统对各种信号的捕获能力，可有效解决目前监测接收机瞬时带宽大、灵敏度高和实时性好等不能兼顾的难题。声光接收机的系统框图如图 2－15 所示。

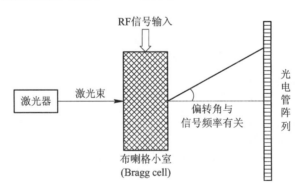

图 2－15　声光接收机的系统框图

声光接收机的特点如下：

（1）瞬时带宽大；

（2）灵敏度高；

（3）测频实时性好；

（4）具有同时进行多信号处理的能力。

声光接收机通常与数字化接收机结合，用于瞬时测频系统中，是未来复杂场景下宽频段、超宽带、多信号监测的一个重要发展方向。

7. 超外差接收机

超外差接收机是利用本地产生的本振信号与输入信号混频,将输入信号频率变换为某个预先确定的频率的一种接收机。超外差接收机具有很大的接收动态范围、很高的邻道选择性和接收灵敏度。为了抑制很强的干扰,使其具有良好的选择性,一般可以在混频器前面和后面分别安装一个可调预选射频滤波器和一个中频滤波器。由于它一般会用到一级或几级中频混频,所以电路会较复杂。超外差接收机的系统框图如图 2-16 所示。

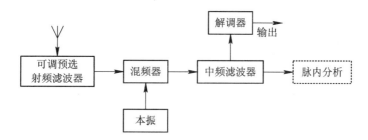

图 2-16　超外差接收机的系统框图

超外差接收机的特点如下:

(1) 灵敏度高,选择性强;

(2) 适合宽带信号接收和窄带信号接收;

(3) 同时只能处理一个信号。

超外差接收机目前广泛用于各种无线电监测系统中。

8. 数字化接收机

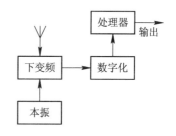

图 2-17　数字化接收机的系统框图

数字化接收机是一种通过模数转换器对信号进行数字化后使用数字信号处理技术实现变频、滤波、解调等功能的接收机,是对超外差接收机的改进。数字化接收机灵敏度高、稳定性好、设计灵活且可以实现复杂功能,已成为接收机中最有前景的体制。数字化接收机的系统框图如图 2-17 所示。以目前的器件水平,数字化接收机的模数转换通常是在中频完成的。相比于天线接收到的射频信号,中频信号要经过混频并且滤波的非线性过程,从而引入谐波,导致信号杂散增加,所以中频的数字化并不是理想的数字化方案。未来理想的数字化接收机将在射频端完成数字化。

数字化接收机的特点如下:

(1) 灵敏度高、测频精度高、解调分析处理能力强;

(2) 可同时处理多个信号;

(3) 受数字电路和处理速度限制,带宽较窄。

数字化接收机主要用于无线电监测系统中,是目前主流的监测接收机。

9. 不同技术体制接收机性能指标对比

综合比较不同技术体制接收机的主要性能指标,结果如表 2-3 所示。从表 2-3 中可以看出,信道化接收机、声光接收机、超外差接收机和数字化接收机结合起来的综合性能最优。

表 2 - 3　不同技术体制接收机性能指标对比

类型	瞬时带宽	频率分辨率	灵敏度	动态范围	抗干扰能力	频率范围/GHz	重量和体积	成本
晶体视频接收机	很大	低	低	一般	弱	0.5～40	小	低
瞬时测频接收机	很大	高	低	大	弱	0.5～40	小	中等
信道化接收机	大	一般	高	大	强	0.5～60	大	很高
压缩接收机	大	高	很高	一般	强	0.5～8	中等	中等
声光接收机	很大	高	很高	一般	强	0.5～40	中等	中等
超外差接收机	一般	高	高	大	强	0.03～40	大	中等
数字化接收机	一般	高	很高	大	强	0.03～40	小	低

从适用对象来看，信道化接收机和声光接收机更适合对宽带信号(如雷达信号)进行接收，而超外差接收机和数字化接收机更适合对窄带信号(如通信信号)进行接收。

10. 无线电监测接收机发展趋势

从无线电监测的角度来讲，通常希望监测频带宽、接收动态范围大、监测灵敏度高，因此基于超外差、数字化和声光的信道化接收机将是无线电监测接收机的发展趋势。

信道化接收机的发展历程见表 2 - 4。

表 2 - 4　信道化接收机的发展历程

时间(年)	技术方案	技术特点
1970—1990	模拟信道化接收机，包括基于 SAW(surface acoustic wave，表面声波)、BAW(bulk acoustic wave，体声波)和声光的信道化接收机	能够接收同时到达的信号，具有很好的接收性能，但系统结构复杂、体积大、造价昂贵，信道均衡性和一致性差
1990—2000	数字信道化接收机，包括基于 FFT(fast fourier transform，快速傅里叶变换)滤波器组、加窗 FFT 滤波器组的信道化接收机和数字信道化瞬时测频接收机	可实现大量子信道的接收，稳定性高，但采用均匀信道划分方式，存在接收盲区
2000—2010	非均匀数字信道化接收机，包括基于 PFT(pipelined frequency transform，流水线频率变换)技术的 PFT 信道化与 TPFT(tunable pipelined frequency transform，可调流水线频率变换)信道化接收机、宽带中频数字信道化接收机和树形结构信道化接收机	信道非均匀划分，接收机带宽增加，但信道划分方式固定，不适应复杂电磁环境下监测需求
2010 至今	全数字宽带信道化接收机，包括非均匀信道化接收机和动态信道化接收机	适应日益复杂的电磁环境的应用需求，信道化接收机的性能和灵活性不断提高

2.3.3　参数测量技术

无线电监测就是对空中辐射电磁信号进行实时监测,提取其中携带的有用信息,与利用其他手段获取的信息综合在一起为无线电管理部门提供及时、有效、准确的频谱使用情况和决策支持数据。无线电监测具有作用距离远、隐蔽性好、获取的信息多而准、预警时间长、不受气候等外界条件的影响等优点。

无线电监测的具体任务就是进行无线电频谱监测、实时截获敏感频谱信号、获取有用数据、分析和识别重点关注的无线电信号的类型、数量、敏感度等有用信息。完成这些监测任务的第一步就是要测量信号参数,因此参数测量技术是无线电监测中的一项核心技术。

1. 通信信号参数测量

通信信号监测主要包括三个方面的内容:实时截获空中辐射的通信信号,测量出通信信号的参数,对通信信号进行解调、定位、识别和跟踪。

通信信号监测中的通信信号处理机如图 2-18 所示,它是通信信号监测设备中的一个关键部件,可对通信信号进行参数测量,而通信信号的参数测量精度直接影响后面的调制识别率、解调误码率、定位精度、辐射源的识别率和跟踪稳定性。

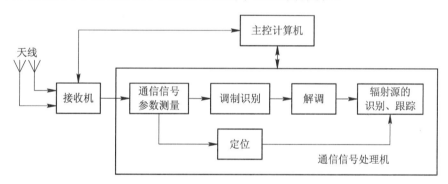

图 2-18　通信信号监测中的通信信号处理机

由于低频信号不适合在空中无线传输,而高频信号却适宜在空中无线传输,因此,我们通常将高频信号作为载波,将待传送的信息加载到高频信号上进行传输,这种利用载波传递信息的过程称为调制。换言之,调制就是利用待传送的信息对载波的某些参数进行控制,使载波的参数随着待传送信息的变化而变化。

大多数通信系统都选择高频的正弦信号作为载波,这样选择是因为正弦信号便于产生和接收,因此正弦波信号被广泛应用。

由于正弦信号的幅度、频率和相位三个参量都可以携带信息,因此改变这三个参量中的某一个,也就构成了调幅、调频和调相三种基本调制系统,在这三种基本调制系统的基础上,还可以设计更复杂的调制系统。

幅移键控(amplitude shift keying,ASK)是利用基带信号控制载波幅度的变化,即把载波的频率、相位作为常量,而把载波的幅度作为变量,通过载波幅度的变化来传递信息。ASK 容易受到增益变化的影响,是一种低效的调制技术。

频移键控(frequency shift keying,FSK)是利用基带信号控制载波频率的变化,即把载波的幅度、相位作为常量，而把载波的频率作为变量，通过载波频率的变化来传递信息。FSK 抗干扰性能好，但占用带宽较大。

相移键控（phase shift keying，PSK）是利用基带信号控制载波相位的变化，即把载波的幅度、频率作为常量，而把载波的相位作为变量，通过载波相位的变化来传递信息。在信噪比相同时，PSK 能够产生更低的误码率，抗干扰性能最好。

基于调幅、调频和调相三种基本调制，目前常见的通信系统调制类型有 AM、FM、BPSK、DPSK、QPSK、DQPSK、8PSK、ASK、FSK、4FSK、GMSK、16QAM、64QAM、128QAM、256QAM、16APSK、32APSK、DS+BPSK、OFDM 等。

通信信号参数测量的目的是实现信号调制类型识别及后续的信号解调。

通信信号参数测量包括幅度测量、频率测量、带宽测量、码速率测量、到达角测量等。

对采样的中频信号做快速傅里叶变换（fast fourier transform，FFT）后，再采用特定的算法可以计算出信号的幅度、频率、带宽、码速率等。

到达角测量常见的方法有比幅测向法、干涉仪测向法和空间谱测向法。比幅测向系统简单，但测向精度低。高精度测向系统都采用干涉仪测向或空间谱测向，干涉仪在同一时刻只能对一个信号测向，当同时存在多个信号时，会发生测向错误；而空间谱测向能够同时对多个信号进行测向。

2. 雷达信号参数测量

雷达信号监测主要包括三个方面的内容：实时截获空中辐射的雷达信号，测量出雷达信号的参数，对雷达信号进行分选、定位、识别和跟踪。

雷达信号监测中的雷达信号处理机如图 2-19 所示，它是雷达信号监测设备中的一个关键部件，可对雷达信号进行参数测量，而雷达信号的参数测量精度直接影响脉冲分选正确率、定位精度、辐射源的识别率和跟踪稳定性。

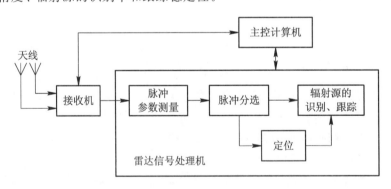

图 2-19　雷达信号监测中的雷达信号处理机

常见的雷达有：预警雷达、搜索警戒雷达、引导指挥雷达、炮瞄雷达、测高雷达、战场监视雷达、机载雷达、无线电测高雷达、气象雷达、航行管制雷达、导航雷达以及防撞和敌我识别雷达等。

雷达信号通常有：常规脉冲信号、脉内调制信号、脉内连续波信号、脉冲压缩信号、脉冲频率捷变信号等。

从信号连续性来看，所有雷达信号都是脉冲式的，而所有通信信号都是连续的。

为了提高增益，雷达天线通常都采用窄波束。因此，为了覆盖360°或大角度的探测，需要采用天线旋转(即机械扫描雷达)或天线相位旋转(相控阵雷达)实现天线波束指向的扫描。

同时,由于雷达信号是脉冲式的,因此,只有当无线电监测天线和雷达发射天线对准,并且监测接收机工作频段覆盖了雷达当前的工作频段时,才能获得较高的截获概率。即无线电监测设备要能成功截获空中辐射的雷达信号,必须同时具备五个条件:时间对准、频率对准、波束指向对准、极化对准、接收灵敏度足够高。

2.3.4　调制识别技术

要想从截获到的通信信号中提取信息内容,必须要先知道该信号的调制样式,调制识别是信号解调的前提条件。调制识别的作用就是在未知调制样式的情况下,通过算法判断出该通信信号采用的是哪一种调制样式。

在雷达信号监测中,雷达脉冲通常都采用脉内调制。脉冲调制信息是表征雷达型号的一个重要工作参数,因此,对雷达脉冲信号的调制样式进行识别有助于对多部雷达信号交错在一起的脉冲串进行分选。在电子战中,基于被截获雷达信号的调制识别结果可以确定最佳的干扰方式、干扰算法,显著提高电子干扰、电子压制、电子欺骗能力。

早期进行通信信号调制识别,是将截获到的信号输入到各种不同调制的解调器中,再由相关人员用耳机、示波器、频谱仪等相应仪器对解调出的结果进行人为判断,从而确定所截获信号的调制样式。传统的调制识别需要耗费大量的硬件与人力,且能够正确识别的类型有限,其应用范围非常有限。

随着软件无线电技术、数字信号处理技术的不断发展,以及计算机、数字信号处理器运算能力的飞速提高,现代无线电监测中,通常采用数字处理技术,对采集到的中频数字信号进行直接处理,通过特定的调制识别算法直接识别出通信/雷达信号的调制样式。

而随着信号调制技术的发展,各种新的调制样式不断产生,相应地,调制识别技术也成为国内外相关从业人员研究的热点。

现有的调制识别算法可以概括为三类:

(1)基于假设检验似然比的调制识别算法。该算法理论完备,可得到最优分类性能,但需要获取较多先验知识。

(2)基于特征提取的调制识别算法。该算法通过提取瞬时特征或高阶累积量等特征,结合机器学习算法进行分类,可达到次优的性能。目前该算法在工程上已经得到成熟应用。

(3)基于机器学习的调制识别算法。由于机器学习近几年在图像识别领域得到成功应用,因此目前该算法成为调制识别行业研究的热点,具有广泛的应用前景。

2.3.5　信号解调技术

如前所述,基于调幅、调频和调相三种基本调制,目前常见的通信系统调制类型有AM、FM、BPSK、DPSK、QPSK、DQPSK、8PSK、ASK、FSK、4FSK、GMSK、16QAM、64QAM、128QAM、256QAM、16APSK、32APSK、DS+BPSK、OFDM 等。

现代无线电监测中,需要对敏感或管控的通信信号进行实时解调。

通过通信信号的参数测量和调制识别,我们可以获得被监测信号的调制类型、调制参数、载波频率、带宽、码速率等信息,因此,可以按照传统合作通信的方法进行解调。

通常基于软件无线电的中频数字化技术进行数字正交解调，基本工作流程是：射频信号经过下变频、滤波、放大等处理产生满足采样要求的中频模拟信号，中频模拟信号经过ADC采样后得到数字中频信号，该数字中频信号与两路正交的本振信号混频，再经过低通滤波和抽取得到两路正交的基带信号，计算出待解调信号的幅度/相位，最后根据信号的调制样式进行译码和符号判决，得到解调结果。

在信号解调中，涉及三项关键技术：载波同步技术、位同步技术、信道均衡技术，这三项技术的性能优劣直接决定了解调误码率的大小。

1. 载波同步技术

因为参数测量中测出的信号载频存在误差（测量误差为 kHz 量级），解调器产生的本地载波与空中信号的实际载波存在频率、相位误差，所以为了实现解调，必须要恢复出与截获信号完全同频同相的本地载波。

对上述频率、相位误差进行校正的过程称为载波同步。经典的载波同步算法通常基于数字锁相环来实现。

2. 位同步技术

因为参数测量中测出的信号带宽或符号率存在误差（测量误差为 1% 量级），所以为了实现符号判决，必须恢复出与符号率完全一样的位同步时钟。

对位同步时钟的频率和相位进行校正的过程称为位同步。位同步时钟的频率和相位恢复算法通常也是基于数字锁相环来实现的。

3. 信道均衡技术

信号传输过程中，由于信道的非线性特性会造成码间干扰，导致系统误码率增加，因此需要使用信道均衡器补偿信道的非线性特性。均衡实质上是一个滤波过程，如果知道信道的参数，就可以相应地确定均衡滤波器的参数，对信道进行较好的补偿。但是信道特性一般是未知的，只能通过接收到的数据来获得均衡器参数，我们称这一过程为自适应信道均衡。

2.3.6　脉冲分选技术

脉冲分选技术是雷达信号监测中的一项关键技术，指在多部雷达脉冲相互交错的条件下，分离出每部雷达脉冲信号序列，并对每部雷达的参数进行估计与识别的技术。

雷达脉冲分选的准确性将会直接影响后续处理流程，分选结果直接影响辐射源的定位和识别结果，将混叠交错的雷达辐射源脉冲信号序列按照雷达类型进行成功分选是掌握制电磁信息权的前提。

雷达脉冲的特征参数主要由时域、频域、空域和天线扫描四个维度的参数构成。其中，雷达脉冲的时域参数主要包括脉冲重复间隔、脉冲到达时间、脉冲宽度、脉冲调制类型等；雷达脉冲的频域参数主要包括载频、带宽和频率变化规律；雷达脉冲的空域参数主要包括俯仰角和方位角；雷达脉冲的天线扫描参数主要包括扫描周期、扫描规律、调制参数等。

通过测量每一个脉冲的时域、频域、空域和天线扫描参数，可以形成每一个脉冲的脉冲描述字。雷达脉冲分选通常都是基于脉冲描述字来进行的。

雷达脉冲分选参数的选择将会直接影响信号分选的结果和分选效率。分选的参数越多，分选的计算复杂度越大，分选效率越低；分选的参数太少，又会影响分选的准确性。因此，选择合适的雷达脉冲分选参数，不仅可以减小分选算法的计算复杂度，使分选算法的工程实现更容易，还能够提升分选结果的准确性。

雷达脉冲分选通常包括基于脉冲描述字的信号预分选和基于脉冲重复间隔的信号主分选两个步骤。

现代战争中发射装备的增多，导致战场的电磁环境越来越复杂，信号密度已经达到百万级别，并且仍然在高速增长，监测接收机截获的信号数目越来越多、种类越来越复杂，再加上低概率截获技术的应用，使得雷达脉冲分选的难度日益增加。

2.3.7　定位技术

为了监测、查找、排除非法无线电信号源或敌方无线电信号源，需要对空中的无线电信号源进行定位，这类未知的无线电信号通常称为非合作信号。对非合作信号进行定位通常称为无源定位，意指定位系统不主动发射信号，只接收信号，并对辐射信号的信号源进行定位。

现代常见的无源定位技术有：测向交叉定位技术、时差定位技术、时差频差定位技术、相位差变化率定位技术、多普勒变化率定位技术等。

定位技术与定位设备的安装平台（载体）紧密相关，定位设备的安装平台通常有：

（1）地面（陆基）平台、舰载平台。通常可以采用双站测向交叉定位技术、三站时差定位技术、四站及以上时差测向组网定位技术等。

（2）机载平台。通常可以采用单机多次测向交叉定位技术、单机相位差变化率定位技术、多机时差定位技术、四站及以上时差测向组网定位技术等。

（3）星载平台。通常可以采用单星测向定位技术、单星多普勒变化率定位技术、单星相位差变化率定位技术、双星时差频差定位技术、三星时差定位技术等。

如前所述，针对日益广泛的监测覆盖需求以及复杂电磁环境感知需求，现有的地基无线电监测体系受限于观测视距以及信号多径等因素，在监测覆盖范围、特定区域监测、精确辐射源定位等方面存在不足。无线电监测的平台也将会逐步扩展到卫星等空天平台上，以弥补现有地面无线电监测体系能力的不足，覆盖传统无线电监测系统难以覆盖的地区，包括沙漠、山区、极地、海洋、敏感地区等。

卫星星座主要有同步轨道、准同步轨道、大椭圆轨道和低轨道四种。同步轨道、准同步轨道、大椭圆轨道监测卫星主要实现对全球的广域、长时间连续覆盖；而要实现对地面辐射源的高精度定位，主要依赖于低轨道监测卫星。

如前所述，美国的鹰眼360、卢森堡的Kleos Space、法国的Unseenlabs，这三家公司都已有了低轨无线电监测卫星，并采用了三星时差频差定位技术。

由于采用不同定位平台的定位技术（体制）都各有优劣，因此，基于多传感器信息融合的组合定位是定位技术的一个发展方向。

2.4　现代无线电监测系统的工程实现

如前所述，在进行现代无线电监测系统总体设计时，首先根据系统的功能和性能指标进行各分机指标的分解，这样就确定了天线、接收机、通信/雷达信号处理机和主控计算机的分机指标参数。具体步骤如下：

（1）根据系统的功能要求，推导出系统的原理框图。

（2）根据系统的原理框图、技术参数、体积、重量、功耗、供电、环境适用性等性能指标要求，推导出系统架构、设备组成。

（3）根据系统的设备组成，确定天线、接收机、通信/雷达信号处理机和主控计算机的分机指标参数。

2.4.1　原理框图

现代无线电监测系统的典型原理框图如图 2-20 所示。该原理框图对地面、便携式、机载、舰载、星载等各种平台，对测向、测时差、测频差、测相位差、测频率等各种体制，对通信信号监测和雷达信号监测都适用，区别只在于天线和接收通道的数量。

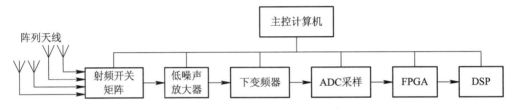

图 2-20　现代无线电监测系统的典型原理框图

系统各部分完成的功能如下：

（1）主控计算机作为系统的核心控制单元，通常采用基于 DSP(digital signal processor，数字信号处理器)等的 CPU(central processing unit，中央处理器)实现，完成整个监测系统的内部任务、流程控制和对外通信；

（2）阵列天线完成空中无线电信号的接收；

（3）射频开关矩阵用于系统自检校准和外部信号输入的切换；

（4）低噪声放大器将天线接收的微弱信号放大后送入下变频器；

（5）下变频器将宽频段输入的射频信号变为适合 ADC 采样的中频信号(通常通过二次变频)；

（6）ADC 对中频模拟信号进行采样后，将其转换为中频数字信号；

（7）由于 FPGA(field programmable gate array，现场可编程门阵列)强大的并行计算能力，通常在 FPGA 中对中频数字信号进行实时信号处理，如滤波、FFT 等，完成截获的通信/雷达信号参数实时测量、通信信号的实时解调等；

（8）由于 DSP 强大的浮点计算能力和编程的便捷性，通常在 DSP 上完成信号调制识别、雷达脉冲分选、定位、辐射源识别和跟踪等。

2.4.2　系统架构

现代无线电监测设备的典型系统架构示意图如图 2-21 所示。无线电监测设备通常采用 19 英寸(1 英寸＝0.0254 米)标准机柜和一套阵列天线组成。

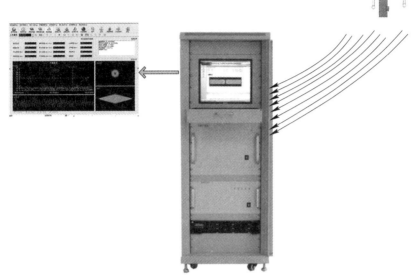

图 2 - 21　现代无线电监测设备的典型系统架构示意图

19 英寸标准机柜里放置射频接收机、通信/雷达信号处理机、主控计算机等子设备；显示器上实时显示监测的信号参数、辐射源的位置、频谱特性等；显示器、键盘、鼠标直接接到主控计算机上，方便相关人员操作设备。

随着半导体技术和大规模集成技术的高度发展，以前需要一个 19 英寸标准机柜才能完成的功能将逐渐可以在一个机箱、一个电路板甚至一个芯片内实现。

2.4.3　设备组成

现代无线电监测系统的典型设备组成框图如图 2 - 22 所示。整个系统出天线阵、全相参接收信道分机、信号处理分机和主控分机组成。

天线阵完成空中无线电信号的接收，通常采用分频段实现。

全相参接收信道分机完成多通道信号的下变频、放大和滤波，可以覆盖宽频段范围的信号接收，并将射频信号变换为指定带宽的中频信号。为保证通道间信号接收的相位和幅度的一致性，接收机需要采用共本振设计，本振源由频综模块提供。同时接收信道分机提供用于系统标校的标校源。

信号处理分机完成多通道中频信号的同步采集、处理、存储、回放等。多通道同步采集处理模块完成信号的同步采集，采集的数据可以通过高速总线完成实时存储。在数据存储完成后，用户可以对数据进行回放，还可以通过以太网将数据上传做事后分析处理。

主控分机完成整个系统的内部流程控制和对外通信功能。

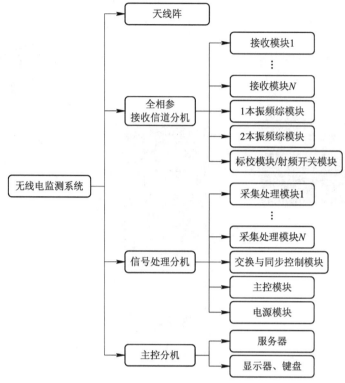

图 2-22　现代无线电监测系统的典型设备组成框图

2.4.4　工程实现方法

图 2-23 是现代无线电监测系统的典型工程实现框图，系统由 N 元天线阵、全相参接

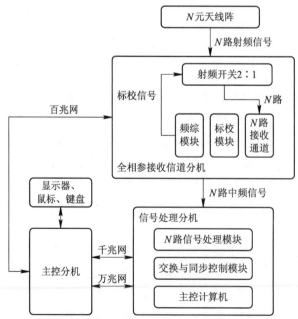

图 2-23　现代无线电监测系统的典型工程实现框图

收信道分机、信号处理分机和主控分机组成。

（1）N 元天线阵实现全频段监测及测向。测向天线阵通常可以采用线阵、圆阵等构型，并分频段组合起来实现很宽的频率覆盖。

（2）全相参接收信道分机主要由射频开关、N 路接收通道、频综模块、标校模块组成。

射频开关实现外部天线输入信号和内部标校信号的选择切换，并将待测信号送到 N 路接收通道。

N 路接收通道完成射频信号的下变频、放大和滤波，将射频信号变换为指定带宽的中频信号。

频综模块用于产生 N 路接收通道、标校模块和信号处理分机需要的时钟源，实现射频信号的相参接收。

标校模块用于产生标校 N 路接收通道幅度一致性和相位一致性的射频信号。

（3）信号处理分机主要由 N 路信号处理模块、交换与同步控制模块、主控计算机构成。N 路信号处理模块完成 N 路中频信号的同步采集和处理。

交换与同步控制模块用于完成 N 路信号的同步采样控制。

主控计算机用于控制整个信号处理分机的工作流程。

（4）主控分机完成整个系统的流程控制和对外通信。主控分机与全相参接收信道分机和信号处理分机之间通常采用 CAN、RS485、百兆网、千兆网、万兆网、Rapid IO、PCIe 等接口进行通信。

如前所述，随着半导体技术和大规模集成技术的高度发展，以前需要一个 19 英寸标准机柜才能完成的功能将逐渐可以在一个机箱、一个电路板甚至一个芯片内实现。

2.5　现代无线电监测系统的典型技术指标

现代无线电监测系统的主要功能是截获空中辐射的通信/雷达信号，测出通信/雷达辐射源的技术参数（如工作频率，通信信号的带宽和调制样式，雷达信号的脉冲宽度、脉冲重复周期、脉冲调制样式、来波方向等），进而对通信信号进行识别、监听、解调、定位，对雷达的型号进行识别和定位，最终归纳统计出电磁频谱态势，做好电磁频谱资源的管理、评估及保障工作。

根据任务和用途的不同，现代无线电监测通常分为日常监测和临时监测两类。

日常监测属于常规监测，长期监测空中电磁频谱资源占用情况，以全面获取电磁频谱资源占用的统计情况，为电磁频谱资源的开发、利用提供政策依据。

临时监测属于任务监测，是在执行某些特定任务过程中，对空间电磁环境进行实时监测、分析和识别，主要目的是排除干扰、应急救援、保障特殊任务等，同时为相关部门提供电磁频谱资源保障等。

现代无线电监测系统的典型技术指标和技术参数主要有以下几个。

1．天线增益

若无线电监测系统接收机的监测灵敏度为 $P_{r,\min}$，则该系统的最大作用距离可表示为

$$R_{\max} = \left(\frac{P_t G_t G_r \lambda^2}{(4\pi)^2 P_{r,\min}} \right)^{1/2} \qquad (2-1)$$

其中：P_t 为辐射源发射功率，G_t 为辐射源发射天线增益，λ 为辐射信号的波长，G_r 为无线电监测系统的天线增益。

从式(2-1)可以看出，辐射信号的波长、无线电监测系统接收机的监测灵敏度和天线增益决定了最大作用距离。

决定无线电监测系统天线增益的因素主要是天线类型和天线尺寸。

抛物面天线的增益可表示为

$$G = \frac{D^2 \pi^2 \eta}{\lambda^2} \qquad (2-2)$$

其中：η 是天线效率，D 是天线口径，λ 为辐射信号的波长。

不同类型天线的典型增益见表 2-5。

表 2-5 不同类型天线的典型增益

天线类型		天线尺寸/m	典型增益
小型天线	抛物面天线	≤2	15～30 dBi
	对数天线	≤1	6 dBi
	喇叭天线	≤1	15 dBi
	平面螺旋天线	≤1	−3 dBi
超大型天线	雪貂-D	9.2(卷肋式)	20.9 dBi(1 GHz)
	流纹岩	18.3(折叠式碟形)	26.9 dBi(1 GHz)
	漩涡(小星)	38.4(卷肋式)	33.4 dBi(1 GHz)
	大酒瓶	158.2(卷肋式)	45.6 dBi(1 GHz)
相控阵天线		16～1024 阵元	10～30 dBi

2. 监测灵敏度

无线电监测系统接收机的监测灵敏度 $P_{r,\min}$ 可表示为

$$P_{r,\min} = K T_0 B_n N_F \mathrm{SNR}_0 \qquad (2-3)$$

$$P_{r,\min}(\mathrm{dB}) = -174 + 10\lg(B_n) + N_F + \mathrm{SNR}_0 \qquad (2-4)$$

其中：K 是玻尔兹曼常数，其值为 1.38×10^{-23} J/K；T_0 为标准温度，其值为 290 K；B_n 为接收机等效噪声带宽(瞬时带宽)(Hz)；N_F 为接收机噪声系数；SNR_0 为信号参数检测所需要的最小信噪比。

从式(2-4)中可以看出，接收机噪声系数、接收机瞬时带宽和信号参数检测所需要的最小信噪比共同决定了无线电监测系统接收机的监测灵敏度。具体而言，接收机监测灵敏度的主要决定因素见表 2-6。

表 2 - 6　接收机监测灵敏度的主要决定因素

技术指标	分项技术指标	主要决定因素
监测灵敏度	接收机噪声系数	工作频率
	接收机瞬时带宽	接收机类型
	信号参数检测所需要的最小信噪比	(1) 信号参数检测的克拉美-罗下限； (2) 实际采用的信号参数检测算法； (3) 信号处理器的计算能力

不同类型接收机的监测灵敏度不一样。从监测灵敏度的角度来说，不同监测系统采用的典型接收机类型如表 2 - 7 所示。

表 2 - 7　不同监测系统采用的典型接收机类型

技术指标	系统类型	典型接收机类型
监测灵敏度	通信信号监测系统	瞬时测频接收机
		超外差接收机
		数字化接收机
	雷达信号监测系统	瞬时测频接收机
		超外差接收机
		数字化接收机

3. 测向精度

无线电监测系统的测向体制决定了其测向精度。不同测向体制的典型测向精度如表 2 - 8 所示。

表 2 - 8　不同测向体制的典型测向精度

测向体制	典型测向精度
比幅测向	$2°\sim5°$(RMS)
干涉仪测向	$1°\sim2°$(RMS)
空间谱测向	$1°$(RMS)

4. 定位精度

无线电监测系统的定位体制决定了其定位精度。不同定位体制的典型定位精度见表 2 - 9。

表 2 - 9　不同定位体制的典型定位精度

定 位 体 制	典型定位精度
测向交叉定位体制	2%～10%（相对定位误差）
时差定位体制	0.5%～1%（相对定位误差）
时差频差定位体制	0.5%～1%（相对定位误差）
相位差变化率定位体制	0.5%～5%（相对定位误差）
多普勒变化率定位体制	2%～5%（相对定位误差）

5. 工作频段

不同类型接收机的工作频段不一样。从工作频段的角度来说，不同监测系统采用的典型接收机类型见表 2 - 10。

表 2 - 10　不同监测系统采用的典型接收机类型

系统类型	典型接收机类型
通信信号 监测系统	短波通信监测接收机
	超短波通信监测接收机
	通信雷达一体化监测接收机
雷达信号 监测系统	雷达监测接收机
	超宽带雷达监测接收机

6. 参数测量精度

无线电监测系统的典型参数测量精度类型见表 2 - 11。

表 2 - 11　无线电监测系统的典型参数测量精度类型

系统类型	典型参数测量精度类型
通信信号 监测系统	幅度测量精度
	频率测量精度
	带宽测量精度
	码速率测量精度
	调制样式
雷达信号 监测系统	脉冲幅度测量精度
	脉冲频率测量精度
	脉冲带宽测量精度
	脉冲到达时间测量精度
	脉冲重复周期测量精度
	脉冲调制样式

7. 信号分析识别能力

无线电监测系统的典型信号分析识别能力技术参数见表 2-12。

表 2-12 无线电监测系统的典型信号分析识别能力技术参数

系统类型	典型信号分析识别能力技术参数
通信信号 监测系统	调制识别率
	解调误码率/解调门限
	监听、破译、筛选能力
	每秒处理目标个数
	支持任务能力
雷达信号 监测系统	调制识别率
	脉冲分选正确率
	个体识别率
	每秒处理目标个数
	支持任务能力

8. 监测覆盖范围

不同形态监测设备的典型覆盖范围见表 2-13。

表 2-13 不同形态监测设备的典型覆盖范围

设备形态	覆 盖 范 围
便携式	几千米
车载	几十千米
地面固定站	几百千米
舰载	几百千米
机载	几百千米
低轨卫星	全球覆盖，重访间隔为几十小时，轨道周期为几十分钟， 对地面同一点的连续监测时间为几分钟
大椭圆轨道卫星	全球覆盖，准连续监测
地球静止轨道卫星	全球覆盖，连续监测

本 章 小 结

本章对现代无线电监测总体设计技术进行了详细介绍，具体包括现代无线电监测系统的工作原理，现代无线电监测系统的工作模式和处理流程，天线、接收机等关键部件和参数测量技术、调制识别技术、信号解调技术、脉冲分选技术、定位技术等核心技术，现代无线电监测系统的工程实现，现代无线电监测系统的典型技术指标。本章内容使读者对现代无线电监测总体设计技术的相关基本概念和专业术语有了系统的了解和把握，为具体某一功能部件的深入了解和研究做好了铺垫。

思 考 题

2-1 简述现代无线电监测系统的工作原理和处理流程。

2-2 简述现代无线电监测系统涉及哪些关键部件和核心技术。

2-3 通过查阅文献资料和实地走访，了解不同定位体制无线电监测系统的实际应用效果。

2-4 通过查阅文献资料和实地走访，了解 30～3000 MHz 无线电监测系统的主要功能、具体技术指标、设备组成及详细工作流程。

第3章

参数测量、调制识别和脉冲分选

如第2章中所述,参数测量技术、调制识别技术、脉冲分选技术,是现代无线电监测系统中的核心技术。

迄今为止,参数测量技术已经基本成熟,在工程上得到了成功应用。

调制识别技术处在不断发展中,在工程上虽然已经应用,但还未到完全成熟阶段。随着人工智能的兴起,调制识别技术最近十年一直是无线电监测行业的研究热点。

脉冲分选技术也处在不断发展之中,在工程上虽然已经开始应用,但因各种新兴技术和算法对该技术不断赋能,所以该技术还处在不断更新迭代中,是无线电监测行业的又一个研究热点。

3.1 通信信号参数测量

通信信号参数测量包括频率测量、带宽测量、幅度测量、码速率测量、到达角测量等。模拟通信信号的带宽测量和数字通信信号的码速率测量都是通过带宽测量实现的,而通过相位差测量可以实现到达角的测量。

因此,本节重点讲述频率测量、带宽测量、幅度测量和相位差测量。到达角的完整测量算法将在第4章中做详细阐述。

3.1.1 频率测量

在无线电监测领域的信号频率测量中,最常用的是基于离散傅里叶变换(discrete Fourier transform,DFT)的测频法,即对中频模拟信号采样后进行数字处理,利用 DFT 直接测量出信号的载频[2]。

快速傅里叶变换(fast Fourier transform,FFT)是一种实现 DFT 的高效算法,几乎主流的现场可编程门阵列(field programmable gate array,FPGA)、数字信号处理器(digital signal processor,DSP)、高级精简指令集处理器(advanced RISC machines,ARM)、微控制器单元(microcontroller unit,MCU)等处理器都提供了硬件 FFT 核或软件 FFT 核,大大提高了 DFT 的计算效率。

信号载频的测量框图如图 3-1 所示。

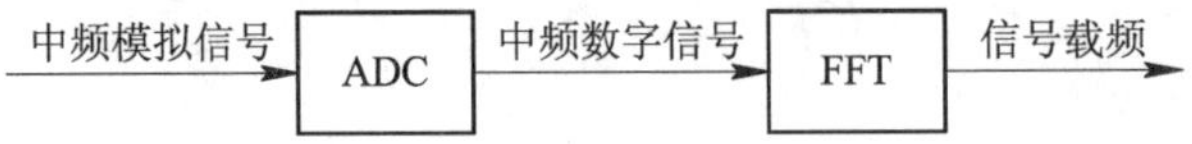

中频模拟信号 → | **ADC** | → 中频数字信号 → | **FFT** | → 信号载频

图 3-1 信号载频的测量框图

假设待测信号 $x(t)=\mathrm{e}^{\mathrm{j}2\pi f_\mathrm{c}t}$，其中信号的载频为 f_c。若 ADC 转换器的采样频率为 f_s，即采样周期 $T_\mathrm{s}=1/f_\mathrm{s}$，则对待测信号 $x(t)$ 采样后的离散信号 $x(n)=\mathrm{e}^{\mathrm{j}2\pi f_\mathrm{c}nT_\mathrm{s}}$。

对 $x(n)$ 做 N 点离散傅里叶变换，得

$$X(k)=\sum_{n=0}^{N-1}x(n)\mathrm{e}^{-\frac{\mathrm{j}2\pi kn}{N}}=\sum_{n=0}^{N-1}\mathrm{e}^{\mathrm{j}2\pi f_\mathrm{c}nT_\mathrm{s}}\mathrm{e}^{-\frac{\mathrm{j}2\pi kn}{N}}=\sum_{n=0}^{N-1}\mathrm{e}^{\mathrm{j}2\pi n(f_\mathrm{c}NT_\mathrm{s}-k)/N}$$

$$=\frac{1-\mathrm{e}^{\mathrm{j}2\pi(Tf_\mathrm{c}-k)}}{1-\mathrm{e}^{\mathrm{j}2\pi(Tf_\mathrm{c}-k)/N}},\ k=0,1,\cdots,N-1 \tag{3-1}$$

其中：$T=NT_\mathrm{s}$，称为信号时宽。因此，有

$$|X(k)|=\frac{\sin[2\pi(Tf_\mathrm{c}-k)]}{\sin[2\pi(Tf_\mathrm{c}-k)/N]} \tag{3-2}$$

当 $Tf_\mathrm{c}-k=0$，即 $k=Tf_\mathrm{c}$ 时，$|X(k)|$ 取最大值。

换言之，对 $x(n)$ 做 N 点离散傅里叶变换，得到 $|X(k)|$，$k=0,1,\cdots,N-1$。假设在 $|X(k)|(k=0,1,\cdots,N-1)$ 取最大值处，$k=k_\mathrm{m}$，则待测信号的载频

$$f_\mathrm{c}=\frac{k_\mathrm{m}}{T} \tag{3-3}$$

从式(3-3)中可以看出基于 DFT 的测频法的频率分辨率为 $\dfrac{1}{T}$，即频率分辨率取决于信号时宽。当采样率固定时，DFT 的点数 N 越大，频率分辨率越高。

为了提高测频精度，有许多基于 DFT 测频的改进算法，感兴趣的读者可以查阅相关文献。

值得注意的是，根据式(3-3)测得的是中频数字信号的频率。中频模拟信号的频率可以根据接收机的中频和 ADC 的采样频率，利用奈奎斯特(Nyquist)采样定律计算出来。

进一步，监测接收机空中实际接收到的射频信号频率可以根据接收机的一、二本振频率和中频模拟信号频率计算出来。

目前，FPGA 提供的 FFT 硬件计算单元支持的最大点数 N 可达 16 384 甚至更高。因此，在实际应用中，利用 FFT 测量信号频率的精度可以满足工程应用要求。

在实际应用中，通信信号都具有一定的带宽。由于信号频谱通常都具有对称性，所以信号频谱的中心频率就是信号的载频。

与基于时域的测频算法相比，基于 DFT 的测频法可以在 -20 dB 以下的信噪比下测量，并且 N 越大，对信噪比要求越低。另外，基于时域的测频算法在多信号同时出现时会发生测频错误，而基于 DFT 的测频法可以对多信号同时进行测频。

3.1.2 带宽测量

从信号的频谱图可以观察到一个信号所包含的频率成分，而一个信号所包含的最高频率与最低频率之差称为该信号的带宽。

3 dB 带宽通常指功率谱密度的最高点下降到 1/2 时界定的频率范围。

在频谱图中，若频谱的幅度单位为 dB，则信号的频谱幅度峰值下降到 3 dB 时界定的

频率范围就是 3 dB 带宽。图 3-2 中的 BW 就是 3 dB 带宽，f_0 是信号中心频率。

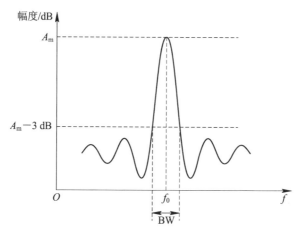

图 3-2　3 dB 带宽定义

在频谱图中，若频谱的幅度单位为 V，则信号的频谱幅度峰值 A_m 下降到 $0.707A_m$ 时界定的频率范围就是 3 dB 带宽。

对待测信号采样后的离散信号 $x(n)$ 做 N 点离散傅里叶变换，得到 $|X(k)|$，$k=0, 1, \cdots,$ $N-1$。不同频率的功率就是该频率幅值的模的平方。再根据 3 dB 带宽的定义，就可以由 $|X(k)|$，$k=0, 1, \cdots, N-1$ 计算出信号的 3 dB 带宽。

3.1.3　幅度测量

假设待测信号 $x(t) = e^{j2\pi f_c t}$（复信号），若 ADC 的量化位数为 D，满量程对应的模拟信号的幅度峰-峰值（V_{pp}）为 2 V，则对待测信号 $x(t)$ 采样后的离散信号 $x(n)$ 的幅度峰-峰值为 2^{D-1}，并且模拟信号 $x(t)$ 的量化单位为 $1/2^{D-1}$（单位：V）。因此，经 ADC 采样量化后的离散信号为

$$x(n) = \text{round}(2^{D-1} e^{j2\pi f_c n T_s}) \tag{3-4}$$

其中，round($\cdot$) 表示四舍五入。

信号的幅度可以在时域进行测量，也可以在频域进行测量。

1. 幅度时域测量方法

对接收到的信号取幅值，取信号峰-峰值的一半作为信号幅度。

2. 幅度频域测量方法

为了简化推导，假设 $x(n) = 2^{D-1} e^{j2\pi f_c n T_s}$，对待测信号 $x(n)$ 做 N 点离散傅里叶变换，得到

$$X(k) = \sum_{n=0}^{N-1} x(n) e^{-\frac{j2\pi kn}{N}}, \quad k=0, 1, \cdots, N-1 \tag{3-5}$$

$$X(k) = \sum_{n=0}^{N-1} 2^{D-1} e^{j2\pi f_c n T_s} e^{-\frac{j2\pi kn}{N}} \tag{3-6}$$

$$|X(k)| = 2^{D-1} \frac{\sin[2\pi(Tf_c - k)]}{\sin[2\pi(Tf_c - k)/N]} \tag{3-7}$$

假设 $Tf_c - k = 0$，即 $k = k_m = Tf_c$ 时，$|X(k)|$ 取最大值，则有

$$|X(k_m)| = 2^{D-1}N \qquad (3-8)$$

因此，基于式(3-4)和式(3-8)就可以根据频谱幅度值计算出中频模拟信号的实际幅度。

搜索 $|X(k)|(k=0,1,\cdots,N-1)$ 的最大值，若 $k=k_m$ 时，$|X(k)|$ 取最大值，设 $|X(k_m)| = A_m$，则待测信号 $x(t)$ 的中心频率 f_c 处的信号幅度为 $A_m/(2^{D-1}N)$（单位：V）。

以上是针对单频复信号推导出的数字频谱幅度和模拟信号幅度之间的对应关系。

注意：假设待测信号 $x(t) = \cos(2\pi f_c t)$（实信号），由于实信号的频谱存在 $+f_c$ 和 $-f_c$ 频率分量，且频谱图是以零频率为中心偶对称的，因此待测信号 $x(t)$ 的频谱在 $+f_c$ 处的信号幅度为 $2A_m/(2^{D-1}N)$（单位：V）。

从式(3-4)和式(3-8)中可以看出，实际信号频率 f_c 通常不等于整数倍 $\dfrac{1}{T}$，因此通过频域计算出来的信号幅度会略小于实际幅度。

对于具有带宽的调制信号，可以按上述方法推导或仿真计算出数字频谱幅度和模拟信号幅度之间的对应关系。

值得注意的是，根据式(3-8)测得的是中频模拟信号的幅度。

进一步，监测接收机空中实际接收到的射频信号幅度可以根据天线与接收机的增益和中频模拟信号幅度计算出来。

3.1.4　相位差测量

在干涉仪测向中，需要测量同一信号到达不同天线阵元时的相位差，通过相位差、阵元间距和信号频率就可以计算出入射信号的来波方向（或到达角）（详见 4.2 节），这里主要讨论怎样测量相位差。

如图 3-3 所示，假设存在相位差的两路信号分别为 $x_1(t)$、$x_2(t)$，且 $x_2(t) = x_1(t-\tau)$，τ 是 $x_1(t)$ 的延时。设 $x_1(t)$ 的傅里叶变换为 $X_1(\omega)$，$x_2(t)$ 的傅里叶变换为 $X_2(\omega)$，

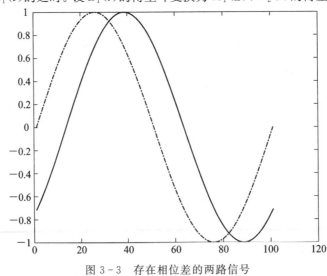

图 3-3　存在相位差的两路信号

$\omega = 2\pi f$，f 是信号频率，则有

$$X_2(\omega) = X_1(\omega) \mathrm{e}^{-j\omega\tau} \tag{3-9}$$

整理得

$$\frac{X_2(\omega)}{X_1(\omega)} = \mathrm{e}^{-j\omega\tau}$$

$$\tau = -\frac{1}{2\pi f} \mathrm{angle}\left(\frac{X_2(\omega)}{X_1(\omega)}\right) \tag{3-10}$$

其中：angle(•)表示取相位。因此，可以得出 $x_1(t)$ 和 $x_2(t)$ 之间的相位差

$$\Delta\varphi = \frac{2\pi\tau}{T} = 2\pi f\tau \tag{3-11}$$

其中，$T = \dfrac{1}{f}$ 是信号周期。

综上可知，相位差的测量步骤如下：

(1) 对两路信号 $x_1(t)$、$x_2(t)$ 采样后得到 $x_1(n)$、$x_2(n)$；

(2) 对 $x_1(n)$、$x_2(n)$ 分别做 N 点离散傅里叶变换，得到 $X_1(k)$、$X_2(k)$，$k = 0, 1, \cdots, N-1$；

(3) 搜索 $|X_1(k)|$、$|X_2(k)|$（$k = 0, 1, \cdots, N-1$）的最大值，设 $k = k_\mathrm{m}$ 时，$|X_1(k)|$、$|X_2(k)|$ 取最大值；

(4) 利用式（3-10），计算出 $\tau = -\dfrac{1}{2\pi f} \mathrm{angle}\left(\dfrac{X_2(k_\mathrm{m})}{X_1(k_\mathrm{m})}\right)$。

(5) 利用式（3-11），计算出相位差 $\Delta\varphi$。

基于 DFT 的相位差测量方法不仅适用于通信信号，也同样适用于雷达信号。

与基于 DFT 的测频法一样，基于 DFT 的相位差测量方法可以在 -20 dB 以下的信噪比下测量，并且 N 越大，对信噪比要求越低。

3.2 雷达信号参数测量

在无线电监测中，雷达信号参数测量就是直接测量空中雷达脉冲信号的基本参数，基于这些由直接测量得到的基本参数再进行调制识别，最后生成脉冲描述字。在实际应用中，脉冲描述字就表征了雷达的工作参数。

3.2.1 雷达工作参数

1. 脉冲描述字

对截获的雷达信号进行分选的前提是要准确地测量出雷达信号的基本参数，我们通常将雷达信号的基本参数称为脉冲描述字（pulse descriptive word，PDW）。

PDW 主要包括载波频率（carrier frequency，CF）、到达角（angle of arrival，AOA）、到达时间（time of arrival，TOA）、脉冲宽度（pulse width，PW）、脉冲重复间隔（pulse repetition interval，PRI）、脉冲幅度（pulse amplitude，PA）、脉内调制参数、天线扫描周期

(antenna scan period，ASP)等。其中频域参数是最重要的参数之一，它反映了雷达的功能和用途，是信号分选和威胁识别的重要参数，包括载波频率、频谱和多普勒频率等。根据截获的 PDW 进行威胁判断可以确定威胁性质，形成电磁环境数据库。

简单脉冲雷达信号的时域波形如图 3-4 所示，脉内没有进行信号调制。图中一共测了 3 次到达时间，分别为 TOA1、TOA2、TOA3；测了 3 次脉冲宽度，分别为 PW1、PW2、PW3；测了一次脉冲幅度，为 PA1；测了一次脉冲重复间隔，为 PRI1。同样地，假定测得的第一个脉冲信号的载波频率为 CF1，第一个脉冲信号的到达角为 AOA1，则可以得到第一个脉冲信号的 PDW={ CF1，AOA1，TOA1，PW1，PRI1，PA1 }。

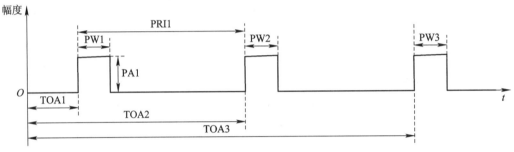

图 3-4　简单脉冲雷达信号的时域波形

雷达信号截获就是要对空中辐射的每一个脉冲信号进行参数测量，得到该脉冲信号的 PDW。

脉冲参数测量的目的是实现脉冲分选及后续的辐射源识别和跟踪。

雷达信号参数测量包括 TOA 测量、AOA 测量、脉冲幅度测量、脉冲宽度测量、载波频率测量、脉冲重复间隔测量等，即获得雷达信号的 PDW。

2. PRI 调制

通常，同一部雷达辐射脉冲的 PRI 不一定是固定的。为了提高生存能力和探测性能，雷达通常采用复杂体制 PRI 调制。常见的 PRI 调制类型如下。

（1）**抖动 PRI 调制**。PRI 在某一固定值附近随机变化，这个变化量称为抖动量，一般服从高斯分布或均匀分布，最大可达 PRI 均值的 30%。在雷达系统设计中，有意的 PRI 抖动可作为雷达保护措施，用于抗干扰。此外，对抖动的量值和类型的判别有助于判定雷达辐射源的类别。

（2）**滑变 PRI 调制**。对于滑变 PRI 调制，其 PRI 序列变化的规律为周期性单调增加或减少，在达到一个极值时快速地返回到另一个极值。这种 PRI 调制可以用来消除盲距，在地形匹配雷达系统中保持固定的信噪比，通过提供固定的高度覆盖来优化俯仰扫描等。

（3）**正弦 PRI 调制**。正弦 PRI 调制的振幅值一般为其平均值的 5% 左右，这种 PRI 调制主要用来消除盲距或距离模糊，也可用于圆锥扫描跟踪系统中实现导弹制导。

（4）**驻留与切换 PRI 调制**。这种 PRI 调制通常以固定的几个 PRI 来回切换，在同一个 PRI 驻留一定的时间后切换到另一个 PRI，主要用在脉冲多普勒雷达中消除距离模糊与速度模糊，或者消除目标的盲距与盲速等。

3. 脉内调制

为了提高生存能力和探测性能，雷达通常也要采用脉内调制。目前雷达信号常用的脉内调制主要有单载频、线性调频、非线性调频、二相编码、四相编码、多载频分集等类型。

带脉内调制的雷达信号的时域波形如图 3-5 所示。

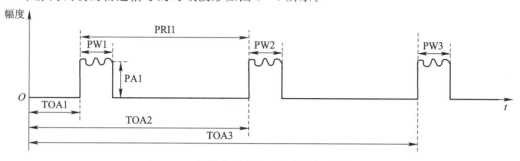

图 3-5　带脉内调制的雷达信号的时域波形

3.2.2　TOA、脉冲重复间隔测量

雷达信号能否被检测是雷达信号幅度、频率、脉宽及脉冲重复间隔等参数进行测量的前提。

采用相关检测的方法可以实现脉冲信号的检测。因为信号具有相关特性且噪声具有随机统计特性，所以通过相关运算可以使淹没在噪声中的信号突显出来。

假设取深度为 N 的窗口，在整个数据流上滑动，进行 N 点的复乘累加平均相关可获得的信号形式为

$$Y(k) = A^2 e^{j2\pi f} + \delta_{gN}(k), \quad k = 1, 2, 3, \cdots \qquad (3-12)$$

其中：A 是脉冲幅度，f 是相邻脉冲的多普勒频率差，$\delta_{gN}(k)$ 是第 k 个采样点的噪声幅度。当 N 取值较大时，$\delta_{gN}(k)$ 可以近似看作服从高斯分布。对该算法求输出信噪比可以得知，相比输入，该算法的信噪比增益为 $\dfrac{N}{2 + \sigma^2/A^2}$，这里 σ^2 表示噪声功率，A^2 表示信号功率。由此得出，接收到的雷达信号经过该算法，将不再淹没在噪声中。

检测信号需要设置合适的检测门限才能准确地截获信号，通常可以通过对不含有（目标）脉冲信号的噪声样本进行统计的方法获得合适的检测门限。

为了减少噪声的随机性带来的检测误差，可以采用双门限检测法，即只有当连续 a 个数据中有 b 个等于"1"时，才认为有信号存在。由于自相关运算的延迟特性，对相关后的结果再做一定的修正，便可以初步获得信号的起点和终点。

为了提高测量精度，更精准地检测信号的 TOA，可以对通过自相关检测后的基带信号做倒序运算，再对倒序后的基带信号做累加运算，这样获得的信噪比增益将在终止点处达到最大，根据求得的峰值增益以及对信号的起、止时间的测量结果便可获取信号检测的精确时间。

当 N 取值过大时，过大的累加长度会牺牲时间分辨率，容易造成目标分裂或目标丢失，过小则去除噪声的效果不明显。脉冲较宽的信号，一般峰值功率比较低，采用大的相关长度对信号检测有益；而脉冲较窄的信号，一般峰值功率比较高，可以采用小的相关长度。因此，可以采用多通道并行处理，每个通道针对不同宽度的脉冲选取不同的相关点数，最后对多个输出结果进行融合。

TOA 估计流程如图 3-6 所示。

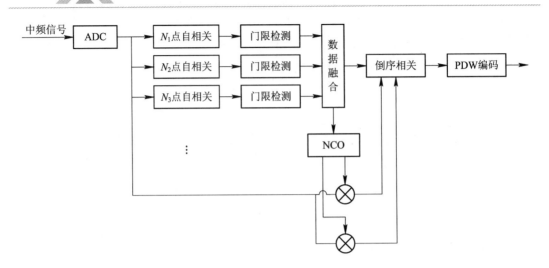

图 3 - 6　TOA 估计流程

统计接收的脉冲信号的到达时间,将类型相同的脉冲信号的到达时间相减,即可初步测量出脉冲重复间隔。在接收到大量脉冲之后,可以分选出脉冲重复间隔一致的信号。

3.2.3　脉冲宽度、脉冲幅度测量

利用被正确判断后的脉冲信号的起止点,可以统计出一个脉冲信号的脉内宽度,如选用脉冲前沿与脉冲后沿的 50% 幅值点处的时间差值来计算脉冲宽度。

脉冲幅度可以通过直接计算时域的脉冲信号或从频域的频谱计算获得。

脉冲信号幅度时域测量方法:对接收到的基带信号取幅值,即取信号的顶值与底值之差当作脉冲幅度,顶值为整个检测到的脉冲信号的最大值,底值为整个检测到的脉冲信号的最小值。

与在时域测量的脉冲信号幅度相比,在频域测量的脉冲信号幅度具有更高的精度,特别是在低信噪比下具有优良的特性,具体测量方法见 3.3.3 小节。

3.2.4　分裂脉冲合并及虚假脉冲剔除

受雷达接收机的通道之间的幅频特性不一致性等因素影响,对应脉宽较窄的宽带信号在脉冲内存在较大的起伏。

在脉冲内如果出现起伏较大的情况,则凹口的数据段的信噪比较差,如果再达不到信号处理的检测门限,就会出现信号断裂的情况,继而导致信号参数测量错误。但由于脉冲信号的特性,分裂后的 PDW 信息之间还是存在某种关联性,比如分裂后的两个脉冲的截止频率和起始频率差值较小,两个脉冲的脉内调制类型也一致,并且分裂后的第一个脉冲的结束时间一般与第二个脉冲的起始时间相差较小,考虑相邻 PDW 在时域和频域上的关联性,并用脉内调制类型来决定是否将分裂 PDW 合并为一个完整的 PDW。同时,若判断出脉冲宽度过窄以及脉冲参数特性未知,则剔除这类的窄脉冲以及虚假脉冲。

虚假分裂脉冲处理流程如图 3 - 7 所示。

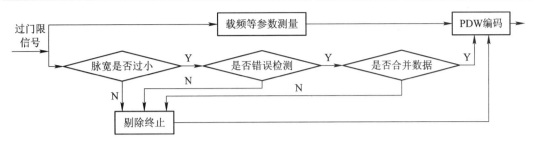

图 3-7　虚假分裂脉冲处理流程

3.2.5　载频、带宽测量

雷达信号是脉冲信号，其载频、带宽测量方法与通信信号的载频、带宽测量方法略有不同。一种典型的雷达信号的载频、带宽测量方法如下：

将 ADC 采样后的输入信号延迟一定时间做 FFT 使其变换到频域，当时域自相关包含过门限的信号时，发送检测到的标志给频域计算模块，并在频域内搜索较大值点，由此计算出起止位置；然后将起止中心位置作为载频发送给时域检测模块，时域检测模块再将信号由中频变换到基带做倒序相加以进行精确的到达时间估计；通过起止位置相减可获得当前信号的带宽。载频、带宽测量流程如图 3-8 所示。

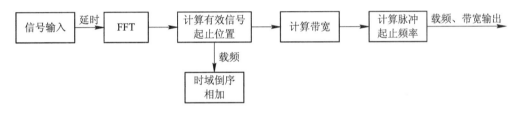

图 3-8　载频、带宽测量流程

为了提高脉冲信号的测频精度，可以采用修正的 FFT 测频算法。该算法流程是：做 FFT 后对信号频谱进行全局峰值搜索，并采用重心法得到峰值的偏差初值，再迭代计算修正峰值前后两个位置的 DFT 系数来估计信号真实频率。

3.3　通信信号调制识别

要对未知的通信信号进行解调，首先需要知道该信号的调制类型。通信信号调制识别技术就是根据测量出的通信信号参数，采用特定算法识别出该信号的调制类型。

通信信号调制识别技术迄今为止也没有完全成熟，仍是无线电监测领域的难点。随着通信技术的快速发展，通信信号调制类型越来越多，样式越来越复杂，相应地，对这些日益复杂的信号进行识别的难度也越来越大。

现有的调制识别算法可以概括为三类：

（1）**基于假设检验似然比的调制识别算法。**

该算法理论完备，可得到最优分类性能，但需要获取较多先验知识。

（2）**基于特征提取的调制识别算法。**

该算法通过提取瞬时特征或高阶累积量等特征，结合机器学习算法进行分类，可达到次优的性能。

（3）**基于机器学习的调制识别算法。**

无论是基于假设检验似然比还是基于特征提取的调制识别算法，均需要大量关于统计量或者特征提取的专业知识，这些统计量或特征提取的质量直接决定了最终的分类性能，而人为选择特征的主观性很强，导致真正本质的特征无法被充分提取出来[3-10]。

随着现代无线电通信技术的发展与应用，调制样式的种类日益增多，复杂度也越来越高，提取新型信号调制识别特征的难度越来越大，同时算法实现的代价也越来越高，导致复杂电磁环境中的调制识别算法研制周期越来越长，研发成本越来越高。

而基于机器学习的调制识别算法不需要提取特征参数，直接对原始信号进行分类识别即可，具有广阔的发展前景。

三类调制识别算法的技术路线如图 3-9 所示。

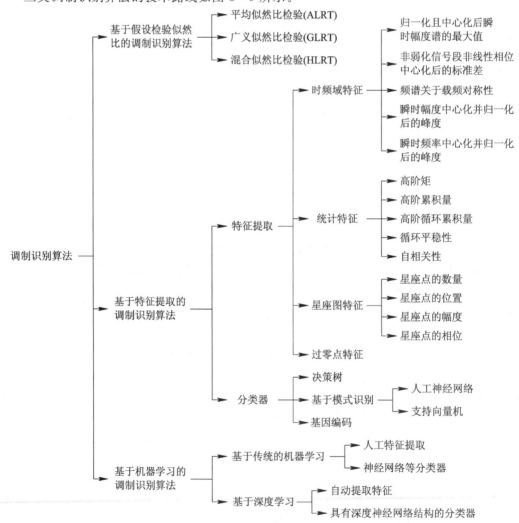

图 3-9 三类调制识别算法的技术路线

3.3.1　基于假设检验似然比的调制识别算法

基于假设检验似然比的调制识别算法使用了基于假设检验的最大似然函数，通过计算接收信号在每种条件下的似然函数值，选出使似然函数取得最大值的假设，将该条件下的调制类型视为接收信号的调制类型，该调制识别算法原理框图如图 3-10 所示。

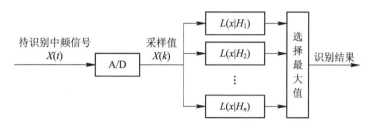

图 3-10　基于假设检验似然比的调制识别算法原理框图

图 3-10 中的 $L(x/H_i)$，$i=1, 2, \cdots, n$ 是似然函数，根据对函数不同的处理方式，可以将似然比的检验方法分为平均似然比检验(average likelihood ratio test，ALRT)、广义似然比检验(generalized likelihood ratio test，GLRT)以及混合似然比检验(hybrid likelihood ratio test，HLRT)。这种分类方法用来对信号调制方法识别是最理想的算法，但是这种分类方法要求得到所需要参数的概率密度函数，而实际情况下不可能知道未知的先验参数，并且随着未知参数和调制类型的增加，算法难度也会大幅增加。

近年来基于假设检验似然比的调制识别算法的部分研究成果汇总见表 3-1。

表 3-1　基于假设检验似然比的调制识别算法的部分研究成果[11]

作　者	分类器	识别的调制类型	信道
Wei，Mendel	ALRT	16QAM、V29、32QAM、64QAM	AWGN
Kim，Polydoros	aALRT	BPSK、QPSK	AWGN
Hont，Ho	ALRT，HLRT	BPSK、QPSK	AWGN
Beidas，Weber	ALRT，qALRT	32FSK、64FSK	AWGN
Abdi	ALRT，qHLRT	16QAM、32QAM、64QAM	平坦衰落
Yang	qHLRT	AQAM、16QAM、64QAM	AWGN
Yang	qHLRT	AQAM、16QAM、64QAM	平坦衰落

3.3.2　基于特征提取的调制识别算法

基于特征提取的调制识别算法相对于基于假设检验似然比的调制识别算法而言，不需要先验条件，性能稳定，并且随着调制类型的增加，特征参数的提取计算难度不会增加太多。

鉴于不同调制类型的通信信号在瞬时幅度、瞬时相位和瞬时频率上有着较大差异且较为容易提取，可利用这三个参数的差异进行进一步的分类计算，通常通过构造瞬时特征参数对信号进行调制识别。这类特征参数受先验信息约束小，提取简单，但容易受到信号噪声的影响，所以要结合识别技术一起使用，从而提高在低信噪比之下识别的准确性。

基于特征提取的调制识别算法主要有三个部分：信号预处理、特征参数提取和分类器判决，其流程图如图 3 - 11 所示。

图 3 - 11　基于特征提取的调制识别算法流程图

近年来基于特征提取的调制识别算法的部分研究成果汇总见表 3 - 2。

表 3 - 2　基于特征提取的调制识别算法的部分研究成果[11]

作　者	特　征	识别的调制类型	信道
Liedtke	瞬时特征的直方图及方差	BPSK、QPSK、8PSK、2FSK、2ASK	AWGN
Chan and Gadbois	信号幅值的方差和均值平方之比	幅度调制信号和非幅度调制信号	AWGN
Soliman and Huse	相位的矩及概率密度函数	UW、BPSK、QPSK、8PSK	AWGN
Azzouz and Nandi	幅度谱峰值、绝对幅度标准差、绝对相位标准差	2ASK、4ASK、BPSK、QPSK、2FSK、4FSK	AWGN
Lopatka	瞬时参数的高阶矩	MASK、MPSK、MFSK、QAM	AWGN
Swami and Sadler	归一化四阶累积量	BPSK、4ASK、16QAM、8ASK	AWGN
Akmouch	四阶累积量	单载波与多载波信号	AWGN
陈卫东	四阶与六阶累积量	MPSK	多径衰落
Hong and Ho	连续小波变换的幅值方差、归一化幅度	BPSK、4ASK、16QAM	AWGN
Jin	连续小波变换的系数	MFSK、MPSK	AWGN
Hassan and Dayou	连续小波变换的高阶统计量	MASK、MFSK、MPSK、MQAM	AWGN
李一兵	多维熵特征	AM、FM、PM、2ASK、2FSK、2/4PSK	AWGN

1. 特征参数提取

实际通信中，接收机收到的信号都是实信号，而在信号处理中采用复信号表示则会更加方便。实信号的频谱是共轭对称的，而希尔伯特变换可以将负频谱去掉，得到解析信号。

定义实信号 $x(t)$ 的希尔伯特变换为

$$y(t) = H[x(t)] = \frac{1}{\pi} \int_{-\infty}^{\infty} \frac{x(t)}{t - \tau} d\tau = x(t) \otimes \frac{1}{\pi t} \qquad (3 - 13)$$

其中，$\otimes$ 表示卷积操作。

定义实信号 $x(t)$ 的解析信号为 $s(t)$，即

$$s(t) = x(t) + \mathrm{j}y(t) = x(t) + \mathrm{j}x(t) \otimes h(t) \qquad (3-14)$$

信号 $y(t)$ 可以看作输入信号 $x(t)$ 通过一个滤波器的输出，该滤波器称为希尔伯特变换器。其冲激响应为

$$h(t) = \frac{1}{\pi t}, \ -\infty < t < \infty \qquad (3-15)$$

其频率响应为

$$H(f) = \begin{cases} -\mathrm{j}, & f > 0 \\ 0, & f = 0 \\ \mathrm{j}, & f < 0 \end{cases} \qquad (3-16)$$

可以看出，希尔伯特变换器的幅度响应 $\lfloor H(f) \rfloor = 1$，当 $f > 0$ 时，相位响应为 $\Theta(f) = -\pi/2$；而当 $f < 0$ 时，相位响应为 $\Theta(f) = \pi/2$。

以抽样频率 f_s 对 $x(t)$ 抽样，得到序列 $x(i)$，其复解析信号为

$$s(i) = x(i) + \mathrm{j}y(i) = a(i)\mathrm{e}^{\mathrm{j}\theta(i)} \qquad (3-17)$$

其中，$a(i)$ 为信号的**瞬时幅度**序列且

$$a(i) = \sqrt{x^2(i) + y^2(i)} \qquad (3-18)$$

通过希尔伯特变换得到 $x(t)$ 的解析信号 $s(t)$ 后，可以使用实信号的解析信号计算得出实信号的瞬时信息。因为反正切函数的值域为 $\left[-\dfrac{\pi}{2}, \dfrac{\pi}{2}\right]$，所以瞬时相位序列 $\theta(i)$ 的计算表达式为

$$\theta(i) = \begin{cases} \arctan\left(\dfrac{y(i)}{x(i)}\right), & x(i) > 0 \\[2mm] \arctan\left(\dfrac{y(i)}{x(i)}\right) - \pi, & x(i) < 0, \ y(i) \leqslant 0 \\[2mm] \arctan\left(\dfrac{y(i)}{x(i)}\right) + \pi, & x(i) < 0, \ y(i) > 0 \\[2mm] -\dfrac{\pi}{2}, & x(i) = 0, \ y(i) \leqslant 0 \\[2mm] \dfrac{\pi}{2}, & x(i) = 0, \ y(i) > 0 \end{cases} \qquad (3-19)$$

由式(3-19)计算得到的相位范围为 $[-\pi, \pi]$，因为是以模 2π 来计算的，所以称它为有折叠相位。从 $\theta(i)$ 中恢复出无折叠相位 $\phi(i)$，所需的修正序列 $C(i)$ 的计算方式如下：

$$C(i) = \begin{cases} C(i-1) - 2\pi, & \theta(i+1) - \theta(i) > \pi \\ C(i-1) + 2\pi, & \theta(i) - \theta(i+1) > \pi \\ C(i-1), & \text{其他} \end{cases} \qquad (3-20)$$

其中，$C(0) = 0$，则无折叠**瞬时相位**序列为

$$\phi(i) - \theta(i) + C(i) \qquad (3-21)$$

瞬时频率为

$$f(t) = \frac{1}{2\pi} \cdot \frac{\mathrm{d}\phi(t)}{\mathrm{d}t} \tag{3-22}$$

其中，$\phi(t)$ 为无折叠相位。可以通过式(3-11)的差分形式估计**瞬时频率**序列 $f(i)$，即有

$$f(i) = \frac{1}{2\pi T}\left[\phi(i) - \phi(i-1)\right] \tag{3-23}$$

其中，$T = \dfrac{1}{f_s}$ 是采样周期。

式(3-18)、式(3-21)、式(3-23)分别给出了瞬时幅度序列 $a(i)$、无折叠瞬时相位序列 $\phi(i)$ 和瞬时频率序列 $f(i)$ 的计算公式，以下的瞬时特征统计量都将基于这三个基本量得到。

得到信号的瞬时特征参数后，可以通过这些特征参数得出不同的统计量。信号调制样式不同，其瞬时信息也各不相同，得到的特征统计量也会有差异，这些差异就是对信号调制类型识别判断的关键所在。

特征参数一：零中心瞬时幅度的标准差 σ_a，其计算公式为

$$\sigma_a = \sqrt{\frac{1}{N}\left[\sum_{i=1}^{N} a_{cn}^2(i)\right] - \left[\frac{1}{N}\sum_{i=1}^{N} a_{cn}(i)\right]^2} \tag{3-24}$$

其中，$a_{cn}(i) = \dfrac{a(i)}{E(a(i))} - 1$。通过这个特征参数可以完成 MFSK、MPSK 和 MASK、MQAM 的类间识别。

特征参数二：瞬时幅度绝对值标准差 σ_{aa}，其计算公式为

$$\sigma_{aa} = \sqrt{\frac{1}{N}\left[\sum_{i=1}^{N} a_{cn}^2(i)\right] - \left[\frac{1}{N}\sum_{i=1}^{N} |a_{cn}(i)|\right]^2} \tag{3-25}$$

这个参数表示信号的绝对幅值信息，对含有绝对幅值信息的 4ASK 信号和不含有绝对幅值信息的 2ASK 信号可以进行区分。

特征参数三：零中心瞬时频率非线性分量的均值与标准差之比 μ_{42}^a，其计算公式为

$$\mu_{42}^a = \frac{\dfrac{1}{N}\sum_{i=1}^{N} f_n(i)}{\sqrt{\dfrac{1}{N}\left[\sum_{i=1}^{N} a_{cn}^2(i)\right] - \left[\dfrac{1}{N}\sum_{i=1}^{N} a_{cn}(i)\right]^2}} \tag{3-26}$$

其中，$f_n(i) = f(i) - E(f(i))$。μ_{42}^a 表示信号瞬时相位变化情况，用来区分包含直接相位信息的 MFSK 信号和不包含直接相位信息的 MASK、MPSK、MQAM 信号。

特征参数四：瞬时频率中心化并归一化后的峰度 μ_{42}^f，其计算公式为

$$\mu_{42}^f = \frac{1}{N}\sum_{i=1}^{N}\left|\frac{|f_{cn}(i)|}{E(|f_{cn}(i)|)} - 1\right| \tag{3-27}$$

其中，$f_{cn}(i) = \dfrac{f(i)}{E(f(i)) - 1}$，$f(i)$ 是瞬时信号频率。用此参数可以区分 MFSK 内不含有绝对频率信息的 2FSK 和 4FSK。

特征参数五：非弱化信号段中心化瞬时相位非线性分量绝对值的标准偏差 σ_{ap}，其计算公式为

$$\sigma_{ap} = \sqrt{\frac{1}{N}\Big[\sum_{i=1}^{N}\phi_{NL}^{2}(i)\Big] - \Big[\frac{1}{N}\sum_{i=1}^{N}|\phi_{NL}(i)|\Big]^{2}} \tag{3-28}$$

其中，$\phi_{NL}(i) = \phi(i) - E(\phi(i))$。$\sigma_{ap}$ 用来表征信号瞬时相位的变化情况，可以用来区分包含直接相位信息的 MPSK 信号。

2. 决策树分类器

分类器的设计是调制识别过程中的一个重要环节，分类器担负着对调制类型进行判别的工作，不同类型分类器的识别方式和正确率也大不相同。

决策树分类器的一般结构如图 3-12 所示。

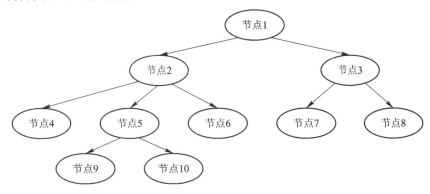

图 3-12　决策树分类器的一般结构

以信号集合{2ASK、4ASK、2FSK、4FSK、2PSK、4PSK、8PSK、16QAM}为例，该集合的典型分类流程如图 3-13 所示。其中，$t(\cdot)$ 表示各参数的阈值，具体值可以通过仿真或实际采集的数据得到。

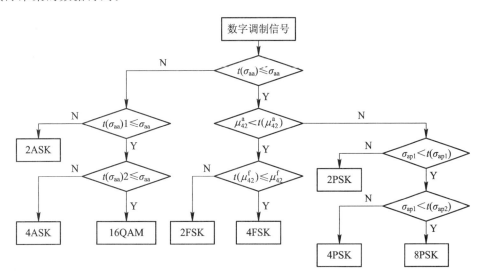

图 3-13　信号集合的典型分类流程

3.3.3　基于机器学习的调制识别算法

这里介绍两种基于机器学习的调制识别算法：基于人工神经网络的调制识别算法和基于深度学习的调制识别算法。

随着人工智能(artificial intelligence，AI)的兴起，基于人工神经网络(artificial neural networks，ANN)的调制识别算法渐渐成为信号调制识别领域的主流研究方向。该算法的优势在于：技术路线清晰，实现流程简洁，适用于各种复杂调制信号的自动识别。另外，基于人工神经网络的调制识别分类器具有很好的鲁棒性，可以自适应电磁环境的变化，在较低信噪比条件下仍具有优良的调制识别性能。

根据输入数据类型的不同，基于人工神经网络的调制识别算法分为三种：

(1) 基于统计特征的调制识别算法，其主要是利用深度置信网络等实现分类器的改进或者对部分特征进行自动编码重构以改进分类性能；

(2) 基于特征图像的调制识别算法，其主要是将特征组合成图像或者利用预处理特征图像及卷积神经网络(convolutional neural network，CNN)等算法实现调制识别；

(3) 基于时域波形数据的调制识别算法，其主要是利用 CNN 直接从时域信号中提取特征并进行分类[12, 13]。

上述基于统计特征的调制识别算法依然受到特征提取和选择的限制，基于特征图像的调制识别算法更适合类间识别，而基于时域波形数据的调制识别算法的适用范围更广。

深度学习是一种新兴学科和工具，近年来在图像处理和语音处理领域取得了快速发展，其与传统机器学习算法最大的区别在于所有的特征可通过深度网络自动提取，大大减少了特征提取的难度。为解决调制识别的特征提取和选择问题，深度学习也逐渐开始在该领域得到应用，显现出巨大的发展潜力。

基于深度学习的通用调制识别器组成框图如图 3-14 所示，主要包括深度学习特征提取网络和深度学习分类器两部分。训练数据和测试数据都采用归一化的基带信号作为输入。训练数据经过深度学习特征提取网络后自动提取输入样本的特征，并存储该训练样本的调制特征；测试数据输入通用调制识别器后直接得到分类结果。该模型作为深度学习分类器，可适用于各种调制形式的信号识别。

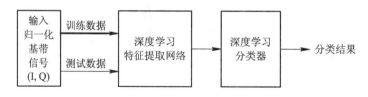

图 3-14　基于深度学习的通用调制识别器组成框图

频谱监测行业关系到国家的电磁空间安全，电磁频谱感知数据的管理一直是行业的难点，特别是在日常值勤、重大任务保障、干扰查处、信息服务等方面。电磁频谱感知数据是实现电磁频谱资源可见、可控、可用的核心和基础。因此，亟待实现准确、可信、全面的电磁频谱感知数据管理，从而有效履行电磁频谱感知职能，提高电磁频谱管理能力，实现高效、安全用频。

从无线电监测的微观技术状态来看，参数测量、解调、测向、定位、跟踪等技术相对成熟，而调制识别技术没有完全成熟，仍需要更深入的研究。

从无线电监测的宏观技术状态来看，无线电监测的数据获取技术相对成熟，而如何利用这些海量的无线电监测数据，目前仍是一个急需解决的问题。大数据、云计算、深度学习、边缘计算等新兴技术是解决这个问题的有力工具，但仍需要更深入的研究。

3.4 雷达信号调制识别

如前所述，为了提高生存能力和探测性能，雷达通常要采用脉内调制。目前雷达信号常用的脉内调制主要有单载频、线性调频、非线性调频、二相编码、四相编码、多载频分集等类型。

在雷达信号监测中，为了进行雷达辐射源的识别和跟踪，需要对截获的空中雷达脉冲信号进行分选，而雷达信号的脉内调制类型是进行分选和配对的一项重要参数。

以相位差分得到瞬时频率的方法为基础，辅以线性拟合、直方图统计和峰值搜索等，可以实现脉内调制类型识别。

3.4.1 相位差分

信号的一阶相位差分定义为

$$\omega(m) = \nabla\varphi'(m) = \varphi'(m) - \varphi'(m-1) \tag{3-29}$$

其中，$\omega(m)$ 表示信号在 m 时刻的瞬时角频率；$\varphi'(m)$ 表示信号在 m 时刻的瞬时相位。下面给出了简单脉冲、线性调频、相位编码和频率编码信号的一阶相位差分：

$$\omega(m) = \begin{cases} \omega_0 & \text{简单脉冲} \\ \omega_0 + (2m-1)\pi k & \text{线性调频} \\ \omega_0 + \pi c(m) & \text{相位编码} \\ \omega_0 + 2\pi\Delta f c(m) & \text{频率编码} \end{cases} \tag{3-30}$$

其中，$c(m)$ 表示编码信号的编码信息。例如二相编码信号相位突变为 0 或 $\pm\pi$，故二相编码信号的 $c(m)$ 的可能取值为 0、±1；四相编码信号相位突变为 0、$\pm\frac{\pi}{2}$、$\pm\pi$ 或 $\frac{3\pi}{2}$，故四相编码信号的 $c(m)$ 的可能取值为 0、±0.5 和 ±1。

图 3-15 表示了五种脉冲信号的一阶相位差分。简单脉冲信号的 $\omega(m)$ 为一常数，线性调频信号的 $\omega(m)$ 为时间 m 的一次函数，非线性调频信号的 $\omega(m)$ 为高次曲线，相位编码信号的 $\omega(m)$ 为带有相位突变的常数，频率编码信号的 $\omega(m)$ 呈阶梯状。

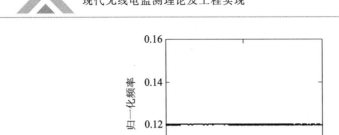

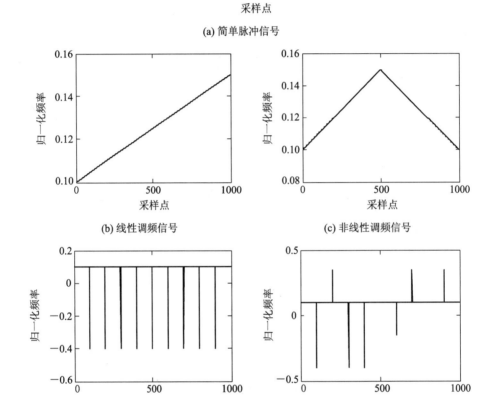

图 3 - 15　五种脉冲信号的一阶相位差分

相位差分描述了信号的瞬时频率特性，且各种信号之间差异较明显。实际处理过程中，为了提高算法对低信噪比的适应能力，往往采用 N 阶相位差分运算，其计算公式如下：

$$f^N(m) = \frac{\displaystyle\sum_{j=1}^{N} \varphi'(m+j) - \sum_{j=0}^{N-1} \varphi'(m-j)}{2\pi N} f_s \qquad (3-31)$$

N 阶相位差分运算实际上是一种平滑过程，可以有效地提高算法在低信噪比情况下的处理能力。

相位差分处理的基本流程如图 3 - 16 所示。

图 3-16　相位差分处理的基本流程

3.4.2　特征参数提取

在识别信号时，对瞬时频率 f 按照 f_s 进行归一化后，提取特征参数。

（1）计算瞬时频率标准方差：

$$\sigma_A = \sqrt{\frac{1}{N}\sum_{i=1}^{N}\left[f(i)-\bar{f}\right]^2} \tag{3-32}$$

其中，$\bar{f}=\dfrac{1}{N}\sum_{i=1}^{N}f(i)$ 为瞬时频率的算术平均值。

（2）利用最小二乘方法线性拟合瞬时频率。基于线性拟合的斜率值计算信号带宽 B_{MS}，并计算拟合误差 σ_{lina}。

（3）利用最小二乘方法分别线性拟合瞬时频率前半部分和后半部分，并分别计算前半部分和后半部分的拟合误差 σ_F 和 σ_B，提取前半部分斜率 k_F 和后半部分斜率 k_B。

（4）对瞬时频率去载频，并计算相位突变峰值的绝对比例 P。

各特征参数的物理意义如下：

① σ_A 代表了信号瞬时频率的波动程度，可以描述单脉冲信号与其他信号的区别；

② σ_{lina} 代表了信号瞬时频率的线性度，可以描述线性调频信号与其他信号的区别；

③ B_{MS} 是基于最小二乘拟合的带宽，可以描述单脉冲信号和线性调频信号的区别；

④ σ_F 和 σ_B 分别代表了信号瞬时频率的前、后半部分线性度，可以较好地描述 V 型调频信号与其他信号的区别；

⑤ k_F 和 k_B 作为一组参数，其差异性可以描述线性调频信号与 V 型调频信号的区别；

⑥ P 代表了相位突变的大小，可有效区分二相编码信号和四相编码信号。

3.4.3　雷达信号调制识别算法实现

雷达信号调制识别算法实现的步骤如下：

（1）对信号做相位差分运算，得到信号的瞬时频率，然后计算其标准方差，若标准方差及线性拟合的带宽低于设定的门限值，则判定为单脉冲；

（2）计算信号瞬时频率的线性拟合均方差，并计算信号前、后半段瞬时频率的线性拟合均方差和斜率，通过判断，识别线性调频信号和非线性调频信号；

（3）通过检测相位突变，利用相位突变值的不同，可以实现二相编码信号和四相编码信号的识别。

雷达信号调制识别算法实现的流程如图 3-17 所示。

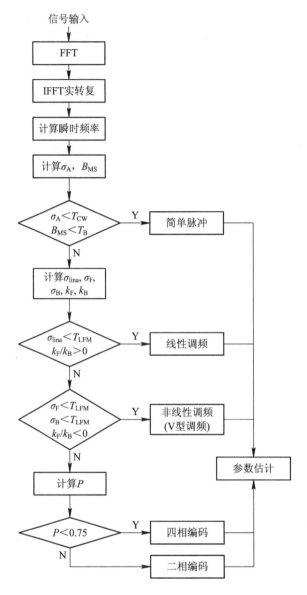

图 3-17 雷达信号调制识别算法实现的流程

3.5 雷达脉冲分选

雷达脉冲分选是雷达信号监测的第一步，也是至关重要的一步。将混叠交错的多部雷达辐射的脉冲信号序列按照每一部雷达进行成功分选是赢得雷达电子战、掌握战场制信息权，进而取得最终胜利的前提。

雷达脉冲分选是在多部雷达脉冲相互交错的条件下，分离出每部雷达脉冲信号序列，并对每部雷达的参数进行估计与识别的技术。

雷达脉冲混叠示意图如图 3-18 所示，空中有两部雷达在发射信号，其中图(a)是雷达1发送的脉冲信号，图(b)是雷达 2 发送的脉冲信号，图(c)是雷达监测接收机截获的雷达 1和雷达 2 发射的混叠交错在一起的信号。雷达脉冲分选就是要通过算法和软件分离出此时存在的这两部雷达信号。

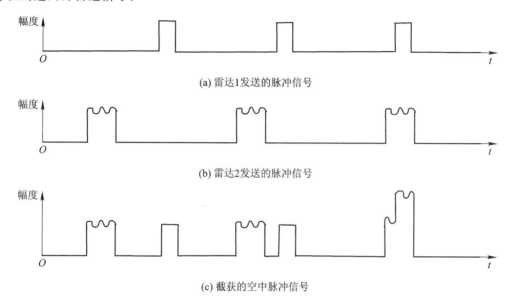

图 3-18　雷达脉冲混叠示意图

空中辐射的雷达信号可能采用了 PRI 调制，这也进一步增加了脉冲分选的难度。

脉冲分选主要对截获的多部雷达发射的混叠在一起的脉冲串进行解交错，并对分选出来的每一部雷达的特性参量进行提取，同时还可以对脉冲流密度进行稀疏。也就是说，脉冲分选是从随机交错的信号流中分离出各单部雷达信号的处理过程，它一直是雷达信号监测中的一个难点。

脉冲分选通常分为两个步骤实现[14]：基于脉冲描述字(PDW)的信号预分选和基于脉冲重复间隔(PRI)的信号主分选。

1. 基于脉冲描述字(PDW)的信号预分选

预分选先将 PDW 与数据库中已知辐射源的 PDW 进行匹配，匹配成功则将该脉冲扣除，以达到稀释脉冲流密度的目的。其余脉冲通过到达角(AOA)、到达时间(TOA)、脉冲宽度(PW)和载波频率 (CF)的联合聚类分选算法，形成预分选信号子空间，每个子空间内尽量包含少量辐射源发射的所有脉冲信号，从而达到对整体脉冲数据进一步稀释的作用。

2. 基于脉冲重复间隔(PRI)的信号主分选

主分选的实质是去交错，将预分选信号子空间中属于不同辐射源的脉冲信号分离归类。信号分选中最主要的去交错能力体现在针对 PRI 的去交错处理。

基于 PRI 的雷达信号主分选主要包括已知雷达主分选和未知雷达主分选两个部分，其主要原理是针对聚类预分选后的每一类辐射源数据，利用 TOA 对 PRI 进行估计和检索[15]，具体分选方法如下：

（1）传统已知雷达主分选有 1 次重合法和 k 次重合法两种分选方法。

（2）对于未知雷达主分选，首先进行 PRI 值估计，再根据估计出的 PRI 值对多部雷达混合脉冲序列进行脉冲检索，找出符合该 PRI 特性规律的脉冲序列，最后对部分类别进行合批处理，并对未估计出 PRI 值或未检索出合理脉冲的剩余脉冲序列进行处理，统计是否有符合 PRI 特性规律的剩余脉冲。

常用的 PRI 值估计算法有 CDIF(cumulative difference histogram，累积差值直方图)算法、SDIF(sequential difference histogram，序列差值直方图)算法、PRI 变换法、修正 PRI 变换法。

现今战场环境日渐复杂，随着相控阵雷达、捷变频雷达等复合型雷达的普及，传统的信号分选方法逐渐无法应对，因此出现了很多和神经网络算法相结合的信号分选方法[14]。

本 章 小 结

本章对现代无线电监测系统中的核心技术进行了介绍——对通信信号参数测量、雷达信号参数测量的工程实现算法进行了详细介绍；对通信信号和雷达信号的调制识别算法进行了归纳和初步介绍；对脉冲分选技术进行了概要介绍。由于调制识别技术和脉冲分选技术种类繁多，而且还在不断升级迭代中，因此，本章对调制识别技术和脉冲分选技术仅做了初步的、概念性的介绍，以起到抛砖引玉的作用，更详细的内容感兴趣的读者可以查看相关文献。

思 考 题

3-1 编写一个 MATLAB 程序，基于 DFT 对单频正弦信号的频率及相位差进行测量。

1. 仿真参数

（1）ADC 采样率为 125 MHz，ADC 位数为 16；

（2）FFT 点数为 8192；

（3）被测正弦信号频率分别为 2.132 MHz、4.632 MHz、8.563 MHz、16.673 MHz、24.783 MHz、33.246 MHz、46.345 MHz；

（4）输入信号幅度 V_{pp} 为 2V(ADC 满量程)；

（5）信噪比分别为 -20 dB、-10 dB、0 dB。

2. 仿真内容

（1）当同一时刻只有一个信号输入 ADC 时，利用 DFT 测频算法仿真测量出每一个被测信号的频率，并计算出频率测量误差；

（2）当同时输入正弦信号频率为 9.153 MHz，初始相位相差分别为 12.35°、34.75°、65.84°、95.38°、145.22°、168.13°的两路信号时，利用 FFT 测相位差算法仿真测量出两路信号的相位差，并计算出相位测量误差；

（3）当所有信号同时输入 ADC 时，编写一个程序检测出同时存在的多个信号，并测量出所有信号的频率，最后计算出每一个信号的测频误差。

3-2 假设通信信号监测接收机的中频输出为 70 MHz，带宽为 10 MHz。若接收机中频输出的信号中心频率为 68.5 MHz，调制样式为 BPSK，码速率为 10 Mb/s，信号幅度 V_{pp} 为 0.5 V（V_{pp} 为 2 V 时，ADC 满量程），ADC 采样率为 40 MHz，编写一个 MATLAB 程序，对该信号的中心频率、带宽、幅度进行测量，并计算出中心频率、带宽、幅度测量误差。

3-3 试用 MATLAB 编程实现一个能识别 BPSK、QPSK、8PSK 三类信号的调制识别算法，并测试在不同信噪比下每种调制类型的识别正确率。

3-4 试用 MATLAB 编程实现一个对含有 4 部不同固定 PRI 的简单脉冲雷达信号脉冲串的脉冲分选算法，并测试分选正确率。

第4章

现代无线电测向原理及工程实现

无线电测向技术是指根据电磁波在空间中的直线传播特性测定无线电信号源来波方向（direction of arrival，DOA）的技术。

无线电测向的物理基础是无线电波在空间中沿直线传播。无线电测向实质上是测量电磁波波阵面的法线方向与某一参考方向（通常规定为通过测量点的地球子午线指北方向）之间的夹角。

无线电测向表示方法如图4-1所示。在图4-1(a)中，设经过A点的正北方向为0°参考线，则0°参考线与测向机（位于A点）和辐射源（位于B点）的连线之间的夹角α，就是辐射源所在的方位角[1]。

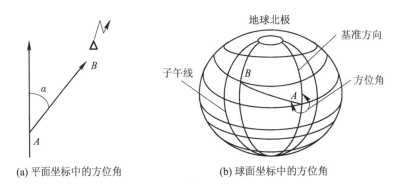

(a) 平面坐标中的方位角　　　　　(b) 球面坐标中的方位角

图4-1　无线电测向表示方法

对于沿地球表面传播的电波，如果用架设在地球表面A点的测向机测向，那么这时的0°参考线就是A点子午线的正北方向，若辐射源位于B点，则辐射源的方位角就是0°参考线与A点和B点的大圆连线之间的夹角，如图4-1(b)所示。B点相对于A点的方位角具有唯一性。因此，辐射源的方位角是指通过观测点（测向机位置）的子午线正北方向与被测目标辐射源到观测点的连线按顺时针方向所形成的夹角，方位角的范围为$[0, 2\pi]$。

根据无线电信号的来波方向测量原理，无线电测向方法分为幅度测向法和相位测向法两大类。幅度测向法就是从定向天线接收信号的振幅上提取来波方向的测向方法；而相位测向法则是从定向天线接收信号的相位中提取来波方向的测向方法。近几年基于阵列信号处理技术的空间谱测向法也已经在工程上得到成功应用。

本章重点对三种典型测向方法——幅度测向法、相位测向法（干涉仪测向法）和空间谱测向法的原理进行详细介绍，并对现代无线电测向系统的工程实现方法进行初步示范。

4.1　幅度测向原理

幅度测向法是利用测向天线阵或测向天线的波束方向特性，按照不同方向入射信号幅度的不同来测定来波方向的。

幅度测向法的特点是测向原理简单，测向设备的体积小、重量轻、价格便宜。

幅度测向法常见的有最大信号法、最小信号法、幅度比较法和综合法[1]。本节主要介绍最大信号法、最小信号法、幅度比较法，以帮助读者尽快掌握幅度测向原理。

4.1.1　最大信号法

最大信号法是利用天线极坐标方向图的最大接收点确定来波方向的一种测向方法。其天线极坐标方向图在某个角度上有增益最大点，且随着来波方向偏离这个角度的变化，增益逐渐下降，在其他角度上增益较小。也就是说，随着来波方向不同，即角度不同，接收到的信号幅度也不同。测向时，变化天线位置，改变天线极坐标方向图最大指向，比较天线在不同位置测向输出信号的大小。当输出幅度最大时，天线极坐标方向图主瓣径向中心轴与来波方向一致，即测得了来波方向，其与参考方向的夹角即是测得的方位角。最大信号法的测向精度主要取决于天线极坐标方向图的主瓣 3 dB 宽度，如果 3 dB 宽度很窄，则测向精度就比较高。但一般很难做到，特别是短波波段及超短波波段的低端，波长比较长，要使天线极坐标方向图的主瓣 3 dB 宽度很窄，势必使得天线体积庞大，且还要求天线旋转，工程实现非常困难。最大信号法中天线波束指向与来波方向的关系如图 4 - 2 所示。

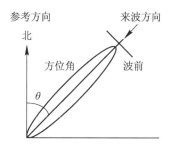

图 4 - 2　最大信号法中天线波束指向与来波方向的关系

4.1.2　最小信号法

最小信号法是利用天线极坐标方向图有一个或几个最小接收点的特性进行测向的一种方法。当天线输出最小值时，天线极坐标方向图零点指向即为来波方向。最小信号法测向又称为小音点测向或"消音点"测向。测向时，变化天线位置，比较天线在不同位置测向机输出信号的大小，直至找出测向机输出信号最小或听觉上位于最小音点（消音点）的天线位置，说明此时天线极坐标方向图的零接收点对准了来波方向，这时参考方向与天线的最小值指向的夹角就是方位角。最小信号法中天线波束指向与来波方向的关系如图 4 - 3 所示。图 4 - 3 是利用一个具有 8 字形方向图的天线进行测向的示意图，从图中不难看出，在方向图最小接收点附近，天线旋转很小的角度就能引起接收信号幅度很大的变化，因而其测向精度相对于最大信号法要高很多。

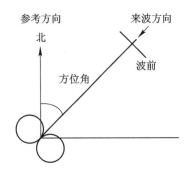

图 4-3 最小信号法中天线波束指向与来波方向的关系

最小信号法常用具有 8 字形方向特性的天线，如单环天线、间隔环天线和可旋转的爱得考克(Adcock)天线、角度计天线等。

4.1.3 幅度比较法

幅度比较法是利用两副或多副结构和电气性能相同的天线，通过比较幅度大小来实现测向的。我们首先来讨论两副结构和电气性能相同且对称架设的天线。这种天线被称为爱得考克(Adcock)天线，它是与地面垂直的 H 形或 U 形结构，天线得名于它的发明者 Adcock。H 形爱得考克天线简图如图 4-4 所示。

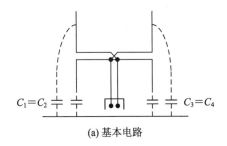

(a) 基本电路

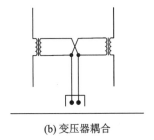

(b) 变压器耦合

图 4-4 H 形爱得考克天线简图

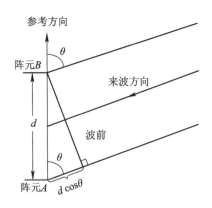

为了讨论幅度比较法的测向原理，先来研究它的测向函数。如图 4-5 所示是一副在水平面上无方向性的爱得考克天线接收信号示意图，两个天线阵元 A 和 B 间的距离称为基线。设基线长度为 d，它小于波长 λ。假设辐射源位于天线阵的远场，来波先到达阵元 B，经过距离 L 后再到达阵元 A，且 $L = d\cos\theta$。

由于电磁波在传播路径上的单位长度相移为 $2\pi/\lambda$，则到达阵元 A 和 B 的两个波前相位差为

$$\varphi = \left(\frac{2\pi}{\lambda}\right) d\cos\theta \qquad (4-1)$$

图 4-5 爱得考克天线接收信号示意图

其中，θ 为来波方向与参考方向的夹角，称为入射角。

设到达阵元 A 和 B 连线中点的来波电压为

$$E_0 = E\cos(\omega t) \tag{4-2}$$

则阵元 A 和 B 接收到的信号电压分别为

$$E_A = E\cos\left(\omega t + \frac{\varphi}{2}\right) = E\cos\left[\omega t + \left(\frac{\pi d}{\lambda}\right)\cos\theta\right] \tag{4-3}$$

$$E_B = E\cos\left(\omega t - \frac{\varphi}{2}\right) = E\cos\left[\omega t - \left(\frac{\pi d}{\lambda}\right)\cos\theta\right] \tag{4-4}$$

其中，φ 为阵元 A 收到的信号与阵元 B 收到的信号的相位差。

求其"和"与"差"，得

$$E_+ = E_B + E_A = 2E\cos(\omega t)\cos\left[\left(\frac{\pi d}{\lambda}\right)\cos\theta\right] \tag{4-5}$$

$$E_- = E_B - E_A = 2E\sin(\omega t)\sin\left[\left(\frac{\pi d}{\lambda}\right)\cos\theta\right] \tag{4-6}$$

将 E_- 相移 90°得

$$E_- = 2E\cos(\omega t)\sin\left[\left(\frac{\pi d}{\lambda}\right)\cos\theta\right] \tag{4-7}$$

然后除以 E_+，就可求得测向函数：

$$F = \tan\left[\left(\frac{\pi d}{\lambda}\right)\cos\theta\right] = \frac{E_-}{E_+} \tag{4-8}$$

则来波方向与参考方向的夹角满足：

$$\tan^{-1}\left(\frac{E_-}{E_+}\right) = \left(\frac{\pi d}{\lambda}\right)\cos\theta$$

$$\cos\theta = \frac{\lambda}{\pi d}\tan^{-1}\left(\frac{E_-}{E_+}\right)$$

$$\theta = \cos^{-1}\left[\frac{\lambda}{\pi d}\tan^{-1}\left(\frac{E_-}{E_+}\right)\right] \tag{4-9}$$

因此，根据实际测出的阵元 A 和 B 接收到的信号电压 E_A 和 E_B，就可以计算出来波方向与参考方向的夹角 θ。

4.2　干涉仪测向原理

幅度测向法具有测向原理简单、对天线的一致性要求很高的特点，但测向精度低。

与幅度测向法相比，干涉仪测向法对天线的一致性要求相对较低，但测向精度高，属于高性能测向体制。

干涉仪测向原理：从不同方向入射的电磁波到达测向天线阵时，在空间上每个测向天线阵元接收的信号相位不同，因而相互间的相位差也不同，通过测定来波相位差，即可确定来波方向。

本节对工程中常用的一维干涉仪、二维干涉仪和相关干涉仪进行详细阐述。

4.2.1　一维干涉仪

本小节首先详细讲述一维干涉仪的工作原理,然后介绍一维干涉仪的测向模糊问题及怎么解模糊。

1. 工作原理

一维干涉仪示意图如图 4-6 所示,它以两个天线阵元的连线(通常称为"基线")方向为参考方向。远场电磁波入射到两个阵元通常认为是平行入射。其中:θ 为来波方向与参考方向的夹角(入射角),d 为两阵元的距离。由图可知,来波先到达 A 点(阵元 1),经过距离 L 后到达 O 点(阵元 0),且

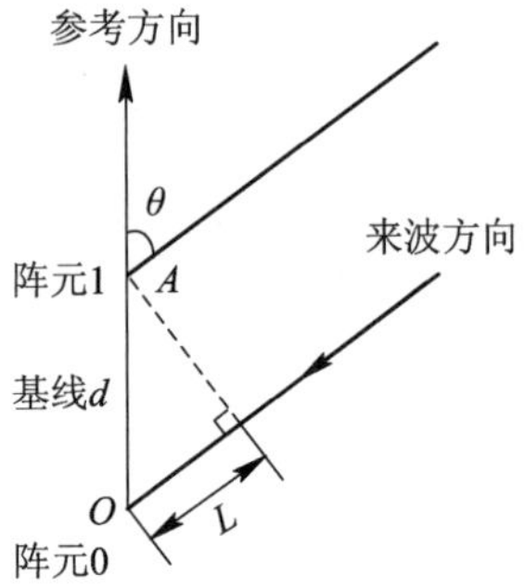

图 4-6　一维干涉仪示意图

$$L = d \cdot \cos\theta \qquad (4-10)$$

式中,d 是已知的。此外,距离 L 也可表示为

$$L = c \cdot \Delta t \qquad (4-11)$$

式中,c 为电磁波的传播速度,Δt 为电磁波从 A 点传到 O 点所需的时间。

假设入射电磁波的波长为 λ,电磁波的频率为 f,则入射信号可以表示为

$$x(t) = \cos(2\pi f t + \varphi_0) \qquad (4-12)$$

其中,$f = c/\lambda$。

假设入射信号到达 O 点(阵元 0)所需的时间为 t_1,到达 A 点(阵元 1)所需的时间为 t_2,则 t 时刻阵元 0、阵元 1 接收到的信号分别为

$$x_1(t) = \cos[2\pi f(t - t_1) + \varphi_0] \qquad (4-13)$$
$$x_2(t) = \cos[2\pi f(t - t_2) + \varphi_0] \qquad (4-14)$$

故 t 时刻 O 点(阵元 0)信号的相位为 $2\pi f(t - t_1) + \varphi_0$,$A$ 点(阵元 1)信号的相位为 $2\pi f(t - t_2) + \varphi_0$,$O$ 点与 A 点信号的相位差为

$$\Delta\varphi = 2\pi f(t_2 - t_1) = 2\pi f \Delta t$$
$$\Delta\varphi = 2\pi f \frac{L}{c} = \frac{2\pi}{\lambda} L = \frac{2\pi}{\lambda} d \cdot \cos\theta \qquad (4-15)$$

因此,入射角为

$$\theta = \cos^{-1}\left(\frac{\lambda \Delta\varphi}{2\pi d}\right) \qquad (4-16)$$

综上可知,来波方向的测量可转换为到达两个阵元信号的相位差的测量。相位差可以用频域或时域的方法测量。

2. 模糊问题

1) 镜像模糊

一维干涉仪镜像模糊如图 4-7 所示,当来波方向关于基线对称时,入射角分别为 θ 和 $-\theta$。当入射角为 $-\theta$ 时,到达阵元 0 和阵元 1 的信号相位差为

$$\Delta\varphi' = \frac{2\pi}{\lambda} d \cdot \cos(-\theta) = \frac{2\pi}{\lambda} d \cdot \cos\theta = \Delta\varphi \qquad (4-17)$$

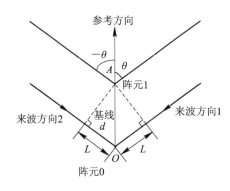

图 4-7　一维干涉仪镜像模糊

此时两个方向无法区分，称为一维干涉仪镜像模糊。因此，一维干涉仪只考虑与参考方向的夹角范围为 $[0, \pi]$ 的来波信号检测。

2）相位模糊

相位差的测量范围为 $[-\pi, \pi]$，当实际的相位差超出这个测量范围时，来波方向将出现测量错误。

（1）当 $d < 0.5\lambda$ 时，由式(4-15)可知，$-\pi < \Delta\varphi < \pi$。此时入射角 θ 与相位差 $\Delta\varphi$ 一一对应，不存在相位模糊。

（2）当 $d > 0.5\lambda$ 时，由式(4-15)可知，实际的相位差 $|\Delta\varphi| > |\pi\cos\theta|$。$|\Delta\varphi|$ 可能大于 π，此时相位差 $\Delta\varphi = 2k\pi + \Delta\varphi_m$，$k$ 为整数，$\Delta\varphi_m$ 为测量的相位差。因此，当 $d > 0.5\lambda$ 时，入射角 θ 与相位差 $\Delta\varphi$ 不一一对应，存在相位模糊。

为了避免相位模糊，要求 d 小于半波长。同时，d 越小，测向精度越低，并且测量的频率范围越窄。为了提高测向精度，d 越大越好。

因此，通常采用多基线测向来实现高的测向精度和解相位模糊。多基线解模糊的核心问题就是如何确定 k，使得 $\Delta\varphi$ 最小。下面以三元天线阵为例说明之。

三元天线阵如图 4-8 所示，天线上 O、A、B 三点对应三个阵元 0、1、2。阵元 0 与阵元 1 构成基线 1，称为基础基线，长度为 d_1，满足 $d_1 < 0.5\lambda$；阵元 0 与阵元 2 构成基线 2，称为长基线，长度为 d_2。

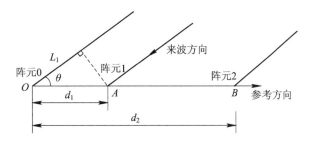

图 4-8　三元天线阵

假设基础基线测得的相位差为 $\Delta\varphi_{1,m} \in [-\pi, \pi]$，测量误差为 $\delta\varphi_1$，则实际相位差为

$$\Delta\varphi_1 = \Delta\varphi_{1,m} + \delta\varphi_1 = \frac{2\pi}{\lambda}d_1 \cdot \cos\theta \qquad (4-18)$$

长基线测得的相位差为 $\Delta\varphi_{2,m} \in [-\pi, \pi]$，测量误差为 $2k\pi + \delta\varphi_2$，则实际相位差为

$$\Delta\varphi_2 = \Delta\varphi_{2,m} + 2k\pi + \delta\varphi_2 = \frac{2\pi}{\lambda}d_2 \cdot \cos\theta \quad (4-19)$$

由式(4-18)、式(4-19)可知

$$\frac{\Delta\varphi_2}{\Delta\varphi_1} = \frac{\Delta\varphi_{2,m} + 2k\pi + \delta\varphi_2}{\Delta\varphi_{1,m} + \delta\varphi_1} = \frac{d_2}{d_1} \quad (4-20)$$

令

$$\frac{d_2}{d_1} = V \quad (4-21)$$

则

$$\delta\varphi_2 = V(\Delta\varphi_{1,m} + \delta\varphi_1) - \Delta\varphi_{2,m} - 2k\pi \quad (4-22)$$

故多基线解模糊问题转化为寻找一个 k，使得 $\|\delta\varphi_2\|$ 最小。

多基线解相位模糊案例：

设 $\Delta\varphi_{1,m} = 150°$，$\Delta\varphi_{2,m} = 92°$，$V = 3$，代入式(4-22)得

$$\delta\varphi_2 = 3\delta\varphi_1 + 358° - 360°k$$

则 $k=1$ 时，长基线的测量误差最小，因此可以确定，长基线的实际测量相位差应调整为 $\varphi_{2,m} + 360° = 452°$。

综上可知，利用多基线测向可以解决长基线相位模糊和短基线测向精度不高的矛盾。工程中，可根据信号波长选用适当基线长度的多组基线实现高精度无模糊测向。

4.2.2 二维干涉仪

本小节首先详细讲述二维干涉仪的工作原理，然后介绍二维干涉仪的测向模糊问题及怎么解模糊。

1. 工作原理

一维干涉仪可以测出来波方向与参考方向的一个夹角，同理可以推测由两个基线相互垂直的天线阵构成的 L 型二维干涉仪可以测出来波方向与两个参考方向的两个夹角，即测出来波的方位角和俯仰角。

下面介绍用二维干涉仪推算来波向量的两种表示方法：方向余弦和方位角＋俯仰角。

1) 方向余弦

定义来波向量的方向余弦为来波向量与三个坐标轴之间夹角的余弦。

如图 4-9(a)所示，在二维干涉仪平台的一个基准平面上配置有 3 个天线阵元，分别为 O 点的阵元 0、A 点的阵元 1、B 点的阵元 2。设阵元 1 与阵元 0 的距离为 d_1，阵元 2 与阵元 0 的距离为 d_2。

来波先到达 A 点的阵元 1，经过距离 L_1 后到达 O 点的阵元 0，信号到达 O、A 点的相位差为 $\Delta\varphi_1$。同理，来波先到达 B 点的阵元 2，经过距离 L_2 后到达 O 点的阵元 0，信号到达 O、B 点的相位差为 $\Delta\varphi_2$。

假设辐射源的电磁波波长为 λ，来波方向与参考方向 x 的夹角为 θ_x，来波方向与参考方向 y 的夹角为 θ_y，来波方向与参考方向 z 的夹角为 θ_z，如图 4-9(b)所示。

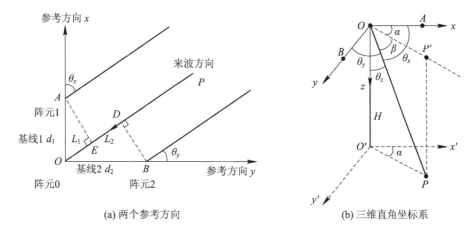

(a) 两个参考方向　　　　　　　(b) 三维直角坐标系

图 4-9　二维干涉仪示意图

根据一维干涉仪的推导可知，到达两个天线阵元 1、0 的远场辐射信号之间的相位差 $\Delta\varphi_1$ 为

$$\Delta\varphi_1 = \frac{2\pi d_1}{\lambda}\cos\theta_x \tag{4-23}$$

同理，到达两个天线阵元 2、0 的远场辐射信号之间的相位差 $\Delta\varphi_2$ 为

$$\Delta\varphi_2 = \frac{2\pi d_2}{\lambda}\cos\theta_y \tag{4-24}$$

来波向量的方向余弦可以表示为

$$\boldsymbol{u} = \begin{bmatrix}\cos\theta_x & \cos\theta_y & \cos\theta_z\end{bmatrix}^{\mathrm{T}} \tag{4-25}$$

二维干涉仪能够完成来波向量（视线 $\overrightarrow{OP}$）的两个方向余弦的直接测量，视线 $\overrightarrow{OP}$ 的第三个方向余弦可以通过下列关系式求得：

$$\cos\theta_z = \sqrt{1 - \cos^2\theta_x - \cos^2\theta_y} \tag{4-26}$$

综上可知，通过测量相位差 $\Delta\varphi_1$ 和 $\Delta\varphi_2$，就能确定视线 $\overrightarrow{OP}$ 的方向余弦，从而确定三维空间中这条直线的方向：

$$\boldsymbol{u} = \begin{bmatrix}\dfrac{\lambda\Delta\varphi_1}{2\pi d_1} & \dfrac{\lambda\Delta\varphi_2}{2\pi d_2} & \sqrt{1 - \left(\dfrac{\lambda\Delta\varphi_1}{2\pi d_1}\right)^2 - \left(\dfrac{\lambda\Delta\varphi_2}{2\pi d_2}\right)^2}\end{bmatrix}^{\mathrm{T}} \tag{4-27}$$

2) 方位角＋俯仰角

下面来推导来波的方位角和俯仰角。

假设来波以方位角 α、俯仰角 β 入射到天线阵的三个阵元 0、1、2（分别位于 O、A、B 三点），如图 4-10 所示。

作视线 OP 在 xOy 平面的投影线 OP'，过 B 点作 OP' 的垂线，OP' 与垂线相交于 C 点，则 $BC\perp$ 平面 OCD，故

$$OD \perp BC \tag{4-28}$$

过 B 点作 OP 的垂线，OP 与垂线相交于 D 点，则有

$$OD \perp BD \tag{4-29}$$

由式(4-28)、式(4-29)可知，$OD\perp$ 平面 BCD，则有

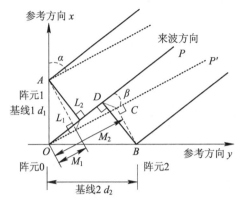

注：基线2与基线1垂直。

图 4-10   二维干涉仪方位角和俯仰角的解算

$$OD \perp CD \tag{4-30}$$

由上面推导的几何关系可知

$$M_2 = d_2 \cdot \sin\alpha \tag{4-31}$$

$$L_2 = M_2 \cdot \cos\beta = d_2 \cdot \sin\alpha \cdot \cos\beta \tag{4-32}$$

同理可得

$$L_1 = d_1 \cdot \cos\alpha \cdot \cos\beta \tag{4-33}$$

则电波到达阵元 0 和阵元 1 的相位差为

$$\Delta\varphi_1 = \frac{2\pi}{\lambda}L_1 = \frac{2\pi}{\lambda}d_1 \cdot \cos\alpha \cdot \cos\beta \tag{4-34}$$

电波到达阵元 0 和阵元 2 的相位差为

$$\Delta\varphi_2 = \frac{2\pi}{\lambda}L_2 = \frac{2\pi}{\lambda}d_2 \cdot \sin\alpha \cdot \cos\beta \tag{4-35}$$

由式(4-34)、式(4-35)可知

$$\alpha = \tan^{-1}\left(\frac{d_1 \Delta\varphi_2}{d_2 \Delta\varphi_1}\right) \tag{4-36}$$

$$\beta = \cos^{-1}\left[\frac{\lambda}{2\pi}\sqrt{\left(\frac{\Delta\varphi_1}{d_1}\right)^2 + \left(\frac{\Delta\varphi_2}{d_2}\right)^2}\right] \tag{4-37}$$

由式(4-36)和式(4-37)可知，来波的方位角 α 和俯仰角 β 的测量可转换为到达三个阵元信号的相位差的测量。

2. 模糊问题

由式(4-34)、式(4-35)可知，二维干涉仪无镜像模糊问题。

当 $d > 0.5\lambda$ 时，由式(4-37)可知，二维干涉仪依然存在相位模糊问题，同样可用多基线测量方法解相位模糊并提高测向精度。

4.2.3   相关干涉仪

干涉仪测向具有测向精度高的优点，但存在干扰时就会发生测向错误，造成在实际应用中性能不稳定的问题。

与传统的干涉仪相比,相关干涉仪具有测向原理简单、抗干扰能力强、鲁棒性好、测向性能稳定等优点,迄今为止得到了广泛的使用,因此相关干涉仪测向是一种技术成熟、性能稳定的测向体制。

相关干涉仪测向原理:通过比较当前天线实测来波相位差矢量与事先已存储的不同方向的来波相位差矢量组的相关性,来确定来波方向。

如图 4 - 11 所示,设天线阵元数为 $M+1$,阵元标号分别为 $0,1,2,\cdots,M$。以阵元 0 作为参考天线阵元,阵元 m 与阵元 0 测得的信号相位差为 $\Delta\varphi_m(m=1,2,\cdots,M)$。

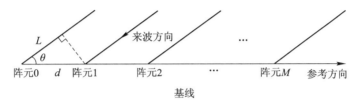

图 4 - 11　相关干涉仪测向原理

记实测来波相位差矢量为

$$\Delta\boldsymbol{\varphi}=[\Delta\varphi_1,\Delta\varphi_2,\Delta\varphi_3,\cdots,\Delta\varphi_M]^T \tag{4-38}$$

方位-相位差对照库的获取方法:

如图 4 - 12 所示,首先在 $[0,\pi]$ 方向上以相同角度的间隔(如以 $\Delta\theta$ 为刻度)划分 $N+1$ 个方位,然后通过实际测量或理论计算得出在每一个方位上的相位差矢量数据,并根据这些已知方向上的相位差矢量建立方位-相位差对照库[16]。

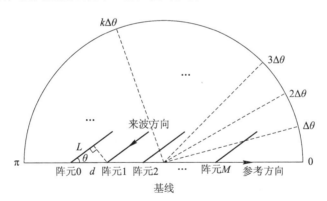

图 4 - 12　相关干涉仪中的 N 个方向划分

相应地,相位差矢量个数也为 $N+1$,其中 $N=\dfrac{\pi}{\Delta\theta}$。

将 $N+1$ 个方位标记为方位 0,方位 1,方位 2,$\cdots$,方位 N。记方位 k 为 θ_k,对应的相位差矢量为 $\Delta\boldsymbol{\varphi}_k(k=0,1,2,\cdots,N)$,则第 k 个方位的辐射源对应的相位差矢量为

$$\Delta\boldsymbol{\varphi}_k=[\Delta\varphi_{1,k}\quad\Delta\varphi_{2,k}\quad\Delta\varphi_{3,k}\quad\cdots\quad\Delta\varphi_{M,k}]^T \tag{4-39}$$

将通过实际测量或理论计算获得的每一个方位上对应的相位差矢量组数据 $\Delta\boldsymbol{\varphi}_0,\Delta\boldsymbol{\varphi}_1,\cdots,$ $\Delta\boldsymbol{\varphi}_N$ 存储为样本数据,得到方位-相位差对照库。

入射信号的相位差矢量与方位-相位差对照库相关运算的表达式为

$$\rho_i = \frac{\Delta\boldsymbol{\varphi}^{\mathrm{T}}\Delta\boldsymbol{\varphi}_i}{\left[\Delta\boldsymbol{\varphi}^{\mathrm{T}}\Delta\boldsymbol{\varphi}\right]^{\frac{1}{2}}\left[\Delta\boldsymbol{\varphi}_i^{\mathrm{T}}\Delta\boldsymbol{\varphi}_i\right]^{\frac{1}{2}}} \tag{4-40}$$

其中，$\Delta\boldsymbol{\varphi}_i(i=0,1,2,\cdots,N)$ 是每一个方位上对应的相位差矢量。

将当前测量的相位差矢量数据 $\Delta\boldsymbol{\varphi}$ 与方位-相位差对照库 $\Delta\boldsymbol{\varphi}_0$，$\Delta\boldsymbol{\varphi}_1$，$\cdots$，$\Delta\boldsymbol{\varphi}_N$ 用公式 (4-40) 做相关运算，求取出相关性最大的一组样本对应的方位角度作为入射信号的来波方位角。

4.3　空间谱测向原理

幅度测向和干涉仪测向本质上都属于时域处理，当多个信号同时进入接收机时，会出现测向错误。换言之，基于幅度测向和干涉仪测向的方法不能处理多信号测向问题。当今的电磁环境日益复杂，经常会出现几十、上百甚至上千个信号同时进入测向接收机中的情况，因此，实际工程应用对测向接收机的多信号同时测向能力提出了越来越高的要求。

基于空间谱测向的方法本质上属于空域处理，能够检测出同时来自不同方位的多个信号并进行测向，也就是说，空间谱测向具有多信号同时测向能力。

多信号分类 (multiple signal classification，MUSIC) 算法是 Schmidt 和同事于 1979 年提出的，MUSIC 算法开创了空间谱估计算法的新时代。

基于旋转不变技术的信号参数估计 (estimation of signal parameters via rotational invariance techniques，ESPRIT) 算法是由 Roy、Paulraj、Kailath 等人提出的，其含义就是利用旋转不变子空间估计信号参数。

与 MUSIC 算法相比，在获得相同的测向精度的条件下，ESPRIT 算法的计算复杂度更低。本节对 MUSIC 算法和 ESPRIT 算法进行详细介绍。

4.3.1　MUSIC 算法

本小节首先对 MUSIC 算法的特点、MUSIC 算法的数学模型、阵列信号协方差矩阵的特征值分解、MUSIC 算法的原理与实现进行详细介绍，然后对 MUSIC 算法进行 MATLAB 仿真，并给出仿真结果，最后附上 MUSIC 算法的 MATLAB 程序源代码，以帮助读者理解整个算法原理及软件实现过程。

1. MUSIC 算法概述

MUSIC 算法的基本思想是对任意阵列输出数据的协方差矩阵进行特征分解，得到与噪声子空间正交的信号子空间，利用这两个正交子空间构成一个谱函数，通过搜索谱峰，检测并得到来波方向 (DOA)。

MUSIC 算法用于估计信号的 DOA 时，具有以下优点：

(1) 适用于多信号同时测向；

(2) 与幅度测向和干涉仪测向相比，对信噪比要求更低，而测向精度更高；

(3) 超分辨测向；

(4) 适用于短时猝发信号测向；

（5）采用了数字处理技术，易于实现实时处理。

2. MUSIC 算法的数学模型

为了便于理论推导，将 MUSIC 算法的数学模型做如下假设：

（1）测向天线阵列是由 M 个（天线）阵元组成的均匀线性阵列，每个阵元具有相同的波束特性，即在每个方向上具有各向同性；

（2）均匀线性阵列的阵元间距为 d，并且阵元间距不大于最高频率信号的半波长（信号波长为 λ），即 $d \leqslant 0.5\lambda$；

（3）所有入射信号源均处于测向天线阵的远场，即所有信号都以平行方式入射到各个（天线）阵元；

（4）接收机中心频率为 ω_0，接收机同时接收到 D 个入射信号（$D < M$），D 个入射信号均为窄带信号，并具有相同的极化方式，且互不相关；

（5）所有阵元和入射信号都互不相关，信号噪声 $n_m(t)$ 是均值为零、方差为 σ^2 的高斯噪声；

（6）接收机的每个通道具有相同的幅频特性和相频特性。

已知等距线阵与远场信号如图 4-13 所示，设阵元 1 在 t 时刻接收到的第 k（$k=1$，2，$\cdots$，D）个信号的来波为 $S_k(t)$，$S_k(t)$ 为窄带信号，则 $S_k(t)$ 可以用以下形式表示：

$$S_k(t) = s_k(t)e^{j\omega_k t} \tag{4-41}$$

其中，$s_k(t)$ 是 $S_k(t)$ 的复包络，ω_k 为 $S_k(t)$ 的角频率，且有

$$\omega_k = \frac{2\pi c}{\lambda_k} \tag{4-42}$$

其中，c 为电磁波在真空中的传播速度，即 $c = 3 \times 10^8 \text{ m/s}$，$\lambda_k$ 为波长。

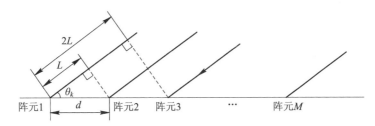

图 4-13　等距线阵与远场信号

假设信号先到达阵元 m（$m > 1$），再到达阵元 1，且信号到达阵元 m 的时间比到达阵元 1 的时间超前 Δt，则 t 时刻阵元 m 接收到的信号可表示为

$$S_k(t + \Delta t) = s_k(t + \Delta t)e^{j\omega_k(t+\Delta t)} \tag{4-43}$$

根据信号源为窄带的假设，有

$$s_k(t + \Delta t) \approx s_k(t) \tag{4-44}$$

因此，t 时刻阵元 m 接收到的信号可表示为

$$S_k(t + \Delta t) \approx s_k(t)e^{j\omega_k(t+\Delta t)} = S_k(t)e^{j\omega_k \Delta t} \tag{4-45}$$

若在 t 时刻阵元 1 接收到的第 k 个信号记为 $S_k(t)$，则在 t 时刻阵元 m（$m=1$，2，$\cdots$，M）接收到的第 k 个信号就是比 $S_k(t)$ 超前 t_m 时刻的信号，t_m 为信号到达阵元 1 的时间与信号到达阵元 m 的时间差，且有

$$t_m = \frac{(m-1)d\cos\theta_k}{c}$$

因此，在 t 时刻阵元 $m(m=1, 2, \cdots, M)$ 接收到的第 k 个信号为

$$a_k S_k(t) e^{j\omega_k t_m} = a_k S_k(t) e^{j\frac{2\pi(m-1)d\cos\theta_k}{\lambda_k}} \tag{4-46}$$

其中：(1) a_k 是阵元 m 对第 k 个信号的增益，$k=1, 2, \cdots, D$。如前假设，由于每个阵元具有相同的波束特性，即在每个方向上具有各向同性，因此可设 $a_k=1$。

(2) θ_k 是信号的入射角，即待估计的来波方向（DOA）。

(3) λ_k 为第 k 个信号的波长，$\frac{2\pi(m-1)d\cos\theta_k}{\lambda_k}$ 是由阵元 m 和阵元 1 之间的路径差引起的信号相位差。

考虑到噪声影响，阵元 m 的实际输出信号为

$$x_m(t) = \sum_{k=1}^{D} S_k(t) e^{j\frac{2\pi(m-1)d\cos\theta_k}{\lambda_k}} + n_m(t) \tag{4-47}$$

其中，$n_m(t)$ 是测量噪声。设

$$a_m(\theta_k) = e^{j\frac{2\pi(m-1)d\cos\theta_k}{\lambda_k}} \tag{4-48}$$

是阵元 m 对信号源 k 的响应函数，$m=1, 2, \cdots, M$，则阵元 m 在 t 时刻的输出信号为

$$x_m(t) = \sum_{k=1}^{D} a_m(\theta_k) S_k(t) + n_m(t) \tag{4-49}$$

其中，$S_k(t) = s_k(t) e^{j\omega_k t}$，$s_k(t)$ 是信号源 k 的信号幅度。

式(4-49)可由矩阵描述为

$$\begin{bmatrix} x_1(t) \\ x_2(t) \\ \vdots \\ x_M(t) \end{bmatrix} = \begin{bmatrix} 1 & 1 & \cdots & 1 \\ e^{j\varphi_1} & e^{j\varphi_2} & \cdots & e^{j\varphi_D} \\ \vdots & \vdots & & \vdots \\ e^{j(M-1)\varphi_1} & e^{j(M-1)\varphi_2} & \cdots & e^{j(M-1)\varphi_D} \end{bmatrix} \begin{bmatrix} S_1(t) \\ S_2(t) \\ \vdots \\ S_D(t) \end{bmatrix} + \begin{bmatrix} n_1(t) \\ n_2(t) \\ \vdots \\ n_M(t) \end{bmatrix} \tag{4-50}$$

其中，

$$\varphi_k = \frac{2\pi d}{\lambda_k} \cos\theta_k \tag{4-51}$$

进一步，天线阵列在 t 时刻的输出信号可表示为

$$x(t) = As(t) + n(t) \tag{4-52}$$

假设采样点数（快拍数）为 L，则可以将式(4-52)等效为矩阵形式：

$$X = AS + N \tag{4-53}$$

其中，$X \in \mathbf{C}^{M \times L}$，$S \in \mathbf{C}^{D \times L}$，$N \in \mathbf{C}^{M \times L}$，且

$$X = \begin{bmatrix} x_1(t_1) & x_1(t_2) & \cdots & x_1(t_L) \\ x_2(t_1) & x_2(t_2) & \cdots & x_2(t_L) \\ \vdots & \vdots & & \vdots \\ x_M(t_1) & x_M(t_2) & \cdots & x_M(t_L) \end{bmatrix} \tag{4-54}$$

$$\boldsymbol{A} = \left[\boldsymbol{a}\left(\theta_1\right), \boldsymbol{a}\left(\theta_2\right), \cdots, \boldsymbol{a}\left(\theta_D\right)\right] = \begin{bmatrix} 1 & 1 & \cdots & 1 \\ \mathrm{e}^{\mathrm{j}\varphi_1} & \mathrm{e}^{\mathrm{j}\varphi_2} & \cdots & \mathrm{e}^{\mathrm{j}\varphi_D} \\ \vdots & \vdots & & \vdots \\ \mathrm{e}^{\mathrm{j}(M-1)\varphi_1} & \mathrm{e}^{\mathrm{j}(M-1)\varphi_2} & \cdots & \mathrm{e}^{\mathrm{j}(M-1)\varphi_D} \end{bmatrix} \qquad (4-55)$$

$$\boldsymbol{S} = \begin{bmatrix} S_1\left(t_1\right) & S_1\left(t_2\right) & \cdots & S_1\left(t_L\right) \\ S_2\left(t_1\right) & S_2\left(t_2\right) & \cdots & S_2\left(t_L\right) \\ \vdots & \vdots & & \vdots \\ S_D\left(t_1\right) & S_D\left(t_2\right) & \cdots & S_D\left(t_L\right) \end{bmatrix} \qquad (4-56)$$

$$\boldsymbol{N} = \begin{bmatrix} n_1\left(t_1\right) & n_1\left(t_2\right) & \cdots & n_1\left(t_L\right) \\ n_2\left(t_1\right) & n_2\left(t_2\right) & \cdots & n_2\left(t_L\right) \\ \vdots & \vdots & & \vdots \\ n_M\left(t_1\right) & n_M\left(t_2\right) & \cdots & n_M\left(t_L\right) \end{bmatrix} \qquad (4-57)$$

可以看出，MUSIC 算法就是通过对天线阵列输出信号 $\boldsymbol{x}(t)$ 进行 L 个时刻采样后估计信号的入射角 $\theta_1, \theta_2, \cdots, \theta_D$ 的。

3. 阵列信号协方差矩阵的特征值分解

根据阵列接收到的信号矩阵 $\boldsymbol{X}$ 可以计算出阵列信号的协方差矩阵，即有

$$\boldsymbol{R}_x = E\left[\boldsymbol{X}\boldsymbol{X}^{\mathrm{H}}\right] \qquad (4-58)$$

其中，H 表示矩阵的转置共轭。

如前所述，信号和噪声是互不相关的，并且噪声是零均值白噪声，将式(4-53)代入式(4-58)得

$$\boldsymbol{R}_x = E\left[(\boldsymbol{A}\boldsymbol{S}+\boldsymbol{N})(\boldsymbol{A}\boldsymbol{S}+\boldsymbol{N})^{\mathrm{H}}\right] = \boldsymbol{A}E\left[\boldsymbol{S}\boldsymbol{S}^{\mathrm{H}}\right]\boldsymbol{A}^{\mathrm{H}} + E\left[\boldsymbol{N}\boldsymbol{N}^{\mathrm{H}}\right] = \boldsymbol{A}\boldsymbol{R}_s\boldsymbol{A}^{\mathrm{H}} + \boldsymbol{R}_{\mathrm{n}}$$

$$(4-59)$$

其中：

$$\boldsymbol{R}_s = E\left[\boldsymbol{S}\boldsymbol{S}^{\mathrm{H}}\right] \qquad (4-60)$$

$\boldsymbol{R}_s$ 称为信号的自相关矩阵；

$$\boldsymbol{R}_{\mathrm{n}} = \sigma^2 \boldsymbol{I} \qquad (4-61)$$

$\boldsymbol{R}_{\mathrm{n}}$ 是噪声的自相关矩阵，σ^2 是噪声功率，$\boldsymbol{I}$ 是 $M \times M$ 的单位矩阵。

在实际应用中，通常不能直接获得 $\boldsymbol{R}_x$，而只能获得样本协方差 $\widetilde{\boldsymbol{R}}_x$：

$$\widetilde{\boldsymbol{R}}_x = \frac{1}{L}\sum_{i=1}^{L} \boldsymbol{x}\left(t_i\right)\boldsymbol{x}^{\mathrm{H}}\left(t_i\right) \qquad (4-62)$$

这里 $\widetilde{\boldsymbol{R}}_x$ 是 $\boldsymbol{R}_x$ 的最大似然估计。当采样点数(快拍数) $L \to \infty$ 时，$\widetilde{\boldsymbol{R}}_x$ 是 $\boldsymbol{R}_x$ 的无偏估计。

根据矩阵的特征值分解理论，可对阵列信号的协方差矩阵进行特征值分解。

首先考虑不存在噪声的理想情况，此时

$$\boldsymbol{R}_x = \boldsymbol{A}\boldsymbol{R}_s\boldsymbol{A}^{\mathrm{H}} \qquad (4-63)$$

对于均匀线性阵列(uniform linear array，ULA)，矩阵 $\boldsymbol{A}$ 是由式(4-55)定义的范德蒙矩阵，只要

$$\theta_i \neq \theta_j, \quad i \neq j \qquad (4-64)$$

每个列就是独立的。如果每个信号源是独立的，则 $\boldsymbol{R}_s$ 是非奇异矩阵，$\boldsymbol{R}_s$ 的秩等于 D，即 $\text{Rank}(\boldsymbol{R}_s)=D$，故有

$$\text{Rank}(\boldsymbol{A}\boldsymbol{R}_s\boldsymbol{A}^{\text{H}})=D \tag{4-65}$$

因为 $\boldsymbol{R}_x=E[\boldsymbol{X}\boldsymbol{X}^{\text{H}}]$，所以

$$\boldsymbol{R}_x^{\text{H}}=\boldsymbol{R}_x \tag{4-66}$$

即 $\boldsymbol{R}_x$ 是 Hermite 矩阵，而 Hermite 矩阵的特征值全部是实数，且矩阵 $\boldsymbol{A}\boldsymbol{R}_s\boldsymbol{A}^{\text{H}}$ 半正定（因为 $\boldsymbol{R}_s$ 正定），因此 $\boldsymbol{R}_x$ 一定有 D 个正特征值，$M-D$ 个零特征值。

如果存在噪声，那么

$$\boldsymbol{R}_x=\boldsymbol{A}\boldsymbol{R}_s\boldsymbol{A}^{\text{H}}+\sigma^2\boldsymbol{I} \tag{4-67}$$

因为 $\sigma^2>0$，所以 $\boldsymbol{R}_x$ 是一个满秩矩阵，$\boldsymbol{R}_x$ 有 M 个正实特征值 λ_1，λ_2，$\cdots$，λ_M，分别对应于 M 个特征向量 $\boldsymbol{v}_1$，$\boldsymbol{v}_2$，$\cdots$，$\boldsymbol{v}_M$。由于 $\boldsymbol{R}_x$ 是 Hermite 矩阵，因此每个特征向量都是正交的，即

$$\boldsymbol{v}_i^{\text{H}}\boldsymbol{v}_j=0,\ i\neq j \tag{4-68}$$

M 个特征值中只有 D 个特征值与信号相关，分别等于矩阵 $\boldsymbol{A}\boldsymbol{R}_s\boldsymbol{A}^{\text{H}}$ 的特征值与 σ^2 的和；其余的 $M-D$ 个特征值为 σ^2。也就是说，σ^2 是 $\boldsymbol{R}_x$ 的最小特征值。对应特征向量 $\boldsymbol{v}_i$，$i=1$，$\cdots$，M 中也有 D 个特征向量与信号相关，另外 $M-D$ 个特征向量与噪声相关。

4. MUSIC 算法的原理与实现

通过对阵列信号的协方差矩阵进行特征值分解，可以得到 MUSIC 算法的原理。

将矩阵 $\boldsymbol{R}_x$ 的特征值按从大到小进行排序，有

$$\lambda_1\geqslant\lambda_2\geqslant\cdots\geqslant\lambda_M>0 \tag{4-69}$$

其中，D 个较大的特征值对应于信号，$M-D$ 个较小的特征值对应于噪声。

同时，$\boldsymbol{R}_x$ 的特征值对应的特征向量也与噪声、信号一一对应。因此，$\boldsymbol{R}_x$ 的特征值可以分为信号的特征值和噪声的特征值；$\boldsymbol{R}_x$ 的特征向量可以分为信号的特征向量和噪声的特征向量。

设 λ_i 为矩阵 $\boldsymbol{R}_x$ 的第 i 个特征值，$\boldsymbol{v}_i$ 为 λ_i 对应的特征向量，则有

$$\boldsymbol{R}_x\boldsymbol{v}_i=\lambda_i\boldsymbol{v}_i \tag{4-70}$$

设 $\boldsymbol{R}_x$ 的最小特征值为 $\lambda_i=\sigma^2$，则有

$$\boldsymbol{R}_x\boldsymbol{v}_i=\sigma^2\boldsymbol{v}_i,\ i=D+1,\ D+2,\ \cdots,\ M \tag{4-71}$$

将式(4-67)代入式(4-71)，得到

$$\sigma^2\boldsymbol{v}_i=(\boldsymbol{A}\boldsymbol{R}_s\boldsymbol{A}^{\text{H}}+\sigma^2\boldsymbol{I})\boldsymbol{v}_i \tag{4-72}$$

展开右侧并与左侧进行比较，可以获得以下结果：

$$\boldsymbol{A}\boldsymbol{R}_s\boldsymbol{A}^{\text{H}}\boldsymbol{v}_i=0 \tag{4-73}$$

因为 $\boldsymbol{A}^{\text{H}}\boldsymbol{A}$ 是 $D\times D$ 维的满秩矩阵，并且 $(\boldsymbol{A}^{\text{H}}\boldsymbol{A})^{-1}$ 存在，$\boldsymbol{R}_s^{-1}$ 也存在，所以在式(4-73)的左右两边均乘 $\boldsymbol{R}_s^{-1}(\boldsymbol{A}^{\text{H}}\boldsymbol{A})^{-1}\boldsymbol{A}^{\text{H}}$，可以得到

$$\boldsymbol{R}_s^{-1}(\boldsymbol{A}^{\text{H}}\boldsymbol{A})^{-1}\boldsymbol{A}^{\text{H}}\boldsymbol{A}\boldsymbol{R}_s\boldsymbol{A}^{\text{H}}\boldsymbol{v}_i=0 \tag{4-74}$$

则

$$\boldsymbol{A}^{\text{H}}\boldsymbol{v}_i=0 \tag{4-75}$$

从式(4-75)中可以看出，噪声特征值对应的特征向量（即噪声特征向量）$\boldsymbol{v}_i(i=D+1$，$D+2$，$\cdots$，$M)$ 与矩阵 $\boldsymbol{A}$ 的列向量正交，而矩阵 $\boldsymbol{A}$ 的每一列对应于信号源的来波方向。这

就是利用噪声特征向量获得信号源来波方向的理论基础。

使用噪声特征向量构造噪声矩阵 $\boldsymbol{E}_n$：

$$\boldsymbol{E}_n = [\boldsymbol{v}_{D+1}, \boldsymbol{v}_{D+2}, \cdots, \boldsymbol{v}_M] \tag{4-76}$$

定义空间谱密度函数 $P_{\max}(\theta)$：

$$P_{\max}(\theta) = \frac{1}{\boldsymbol{a}^H(\theta)\boldsymbol{E}_n\boldsymbol{E}_n^H\boldsymbol{a}(\theta)} = \frac{1}{\|\boldsymbol{E}_n^H\boldsymbol{a}(\theta)\|^2} \tag{4-77}$$

$$\boldsymbol{a}(\theta) = \begin{bmatrix} 1 \\ e^{j\frac{2\pi d}{\lambda_0}\cos\theta} \\ \vdots \\ e^{j(M-1)\frac{2\pi d}{\lambda_0}\cos\theta} \end{bmatrix}$$

其中：(1) $\lambda_0 = \dfrac{c}{f_0}$，$f_0$ 为接收机的中心频率。如前所述，假设 D 个入射信号均为窄带信号，λ_k 为第 k 个信号的波长，$k = 1, 2, \cdots, D$，则对于同时进入接收机的 D 个入射信号和接收机的中心频率信号而言，有 $\lambda_1 \approx \lambda_2 \approx \cdots \approx \lambda_D \approx \lambda_0$。

(2) 式(4-77)的分母是信号向量和噪声矩阵的内积。因为 $\boldsymbol{a}(\theta)$ 与 $\boldsymbol{E}_n$ 的每一列正交，所以该分母的值为零时 $P_{\max}(\theta)$ 为无穷大。但由于噪声的存在，分母的值不等于零，此时 $P_{\max}(\theta)$ 为一个局部最大值，即 $P_{\max}(\theta)$ 有一个局部最大峰值。因此，通过搜索式(4-77)中的 θ，找到 $P_{\max}(\theta)$ 出现局部最大峰值时对应的 θ，就可获得信号源来波方向。

MUSIC 算法的实现步骤如下：

(1) 基于 L 个时刻接收到的阵列信号向量，获得协方差矩阵的估计：

$$\boldsymbol{R}_x = \frac{1}{L}\sum_{i=1}^{L}\boldsymbol{x}(i)\boldsymbol{x}^H(i) \tag{4-78}$$

(2) 对上述协方差矩阵进行特征值分解：

$$\boldsymbol{R}_x = \boldsymbol{A}\boldsymbol{R}_s\boldsymbol{A}^H + \sigma^2\boldsymbol{I} \tag{4-79}$$

(3) 根据特征值的顺序，取个数与信号数 D 相等的特征值和特征向量作为空间的信号部分，将其余 $M-D$ 个特征值和特征向量作为空间的噪声部分，得到噪声矩阵 $\boldsymbol{E}_n$：

$$\boldsymbol{A}^H\boldsymbol{v}_i = \boldsymbol{0}, \quad i = D+1, D+2, \cdots, M \tag{4-80}$$

$$\boldsymbol{E}_n = [\boldsymbol{v}_{D+1}, \boldsymbol{v}_{D+2}, \cdots, \boldsymbol{v}_M] \tag{4-81}$$

(4) 搜索 θ，根据公式

$$P_{\max}(\theta) = \frac{1}{\boldsymbol{a}^H(\theta)\boldsymbol{E}_n\boldsymbol{E}_n^H\boldsymbol{a}(\theta)} = \frac{1}{\|\boldsymbol{E}_n^H\boldsymbol{a}(\theta)\|^2} \tag{4-82}$$

计算空间谱密度函数，找到其出现局部最大峰值时对应的 θ 来获得 DOA 的估计值。

5. MUSIC 算法的 MATLAB 仿真

这里对 MUSIC 算法进行详细仿真，包括用于 DOA 估计的 MUSIC 算法仿真和 DOA 估计与阵元数、阵元间距、采样快拍数、信噪比、入射角差值的关系。

1) 用于 DOA 估计的 MUSIC 算法仿真

假设有两个独立的窄带信号，入射角分别为 40°和 80°，入射信号频率分别为 1000 MHz、995 MHz，这两个信号不相关，噪声为理想高斯白噪声，信噪比为 10 dB，阵元间距 d 为最高

频率输入信号的半波长，阵元数为 7，采样快拍数为 1000，则基于 MUSIC 算法的两个入射信号的 DOA 估计仿真结果如图 4-14 所示。

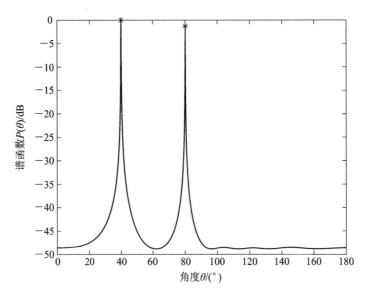

图 4-14　基于 MUSIC 算法的两个入射信号的 DOA 估计仿真结果

图 4-14 中星号标识对应的角度即为估计出的入射信号的来波方向。仿真结果表明，使用 MUSIC 算法构建谱峰值能有效估计入射信号的数目和来波方向。

2）DOA 估计与阵元数的关系

假设存在两个独立的窄带信号，入射角分别为 40° 和 80°，入射信号频率分别为 1000 MHz、995 MHz，这两个信号不相关，噪声为理想高斯白噪声，信噪比为 10 dB，阵元间距 d 为最高频率输入信号的半波长，阵元数分别为 7、35 和 70，采样快拍数为 1000，则 DOA 估计与阵元数关系的仿真结果如图 4-15 所示。

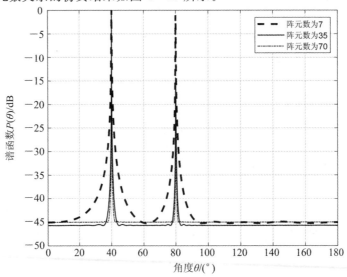

图 4-15　DOA 估计与阵元数关系的仿真结果

由图 4 - 15 可知，随着阵元数的增加，DOA 估计谱的波束宽度变窄，阵列的测向分辨率变高，也就是说，MUSIC 算法区分空间信号的能力增强了。因此，为了获得更精确的 DOA 估计，可以增加阵元数，但阵元数越多，系统越复杂，成本也越高。从图 4 - 15 中可以看出，当阵元数为 35 和 70 时，DOA 估计谱的波束宽度非常相似。因此，在工程实施中，可以根据具体应用场景要求选择适当的阵元数。

3) DOA 估计与阵元间距的关系

假设存在两个独立的窄带信号，入射角分别为 40° 和 80°，入射信号频率分别为 1000 MHz、995 MHz，这两个信号不相关，噪声为理想高斯白噪声，信噪比为 10 dB，阵元数为 7，采样快拍数为 1000，最高频率输入信号的波长为 λ，阵元间距分别为 $\lambda/4$、$\lambda/2$、λ，则 DOA 估计与阵元间距关系的仿真结果如图 4 - 16 所示。

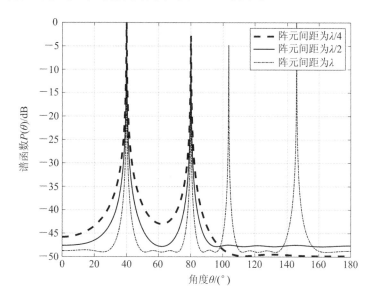

图 4 - 16　DOA 估计与阵元间距关系的仿真结果

由图 4 - 16 可知，当阵元间距不大于半波长时，随着阵元间距的增加，DOA 估计谱的波束宽度变窄，阵列的测向性能变好，测向精度也变高。与干涉仪测向一样，当阵元间距大于波长的一半时，空间谱估计会出现测向模糊。

4) DOA 估计与采样快拍数的关系

假设有两个独立的窄带信号，入射角分别为 40° 和 80°，入射信号频率分别为 1000 MHz、995 MHz，这两个信号不相关，噪声为理想高斯白噪声，信噪比为 10 dB，阵元间距 d 为最高频率输入信号的半波长，阵元数为 7，采样快拍数分别为 1000、8000 和 16 000，则 DOA 估计与采样快拍数关系的仿真结果如图 4 - 17 所示。

由图 4 - 17 可知，随着采样快拍数的增加，DOA 估计谱的波束宽度变窄，阵列的测向性能变好，测向精度也变高。因此，可以增加采样快拍数以提高 DOA 估计的精度。但采样快拍数越多，MUSIC 算法的计算量越大。因此，在工程实施中，可以根据具体应用场景要求和系统处理能力选择适当的采样快拍数。

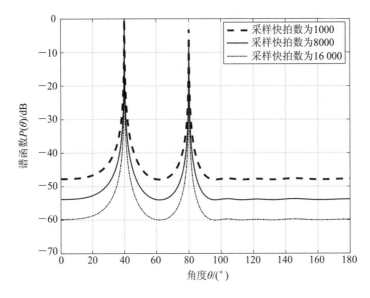

图 4-17　DOA 估计与采样快拍数关系的仿真结果

5）DOA 估计与信噪比的关系

假设有两个独立的窄带信号，入射角分别为 40° 和 80°，入射信号频率分别为 1000 MHz、995 MHz，这两个信号不相关，噪声为理想高斯白噪声，阵元间距 d 为最高频率输入信号的半波长，阵元数为 7，采样快拍数为 1000，信噪比分别为 −20 dB、−10 dB、0 dB 和 10 dB，则 DOA 估计与信噪比关系的仿真结果如图 4-18 所示。

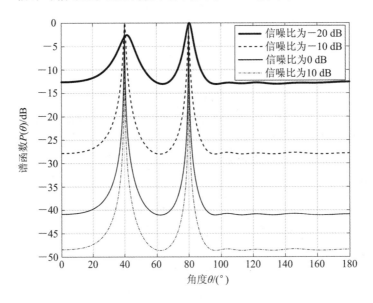

图 4-18　DOA 估计与信噪比关系的仿真结果

由图 4-18 可知，MUSIC 算法对信噪比要求很低，在 −10 dB 信噪比下能有效估计来波方向；同时，随着信噪比的增加，DOA 估计谱的波束宽度变窄，信号方向变得更清晰，MUSIC 算法的估计精度也更高。

6）DOA 估计与入射角差值的关系

假设有两个独立的窄带信号，入射信号频率分别为 1000 MHz、995 MHz，这两个信号不相关，噪声为理想高斯白噪声，信噪比为 10 dB，阵元间距 d 为最高频率输入信号的半波长，阵元数为 7，采样快拍数为 1000，两个信号入射角差值分别为 2°、5°和 10°，则 DOA 估计与入射角差值关系的仿真结果如图 4 – 19 所示。

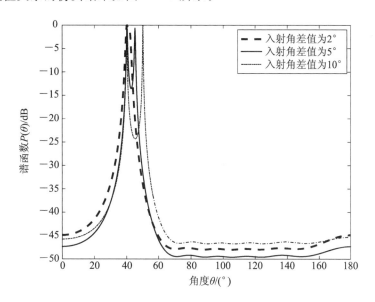

图 4 – 19　DOA 估计与入射角差值关系的仿真结果

由图 4 – 19 可知，在该仿真条件下，当空间两个相邻信号的入射角差值为 5°时，MUSIC 算法可以分辨出这两个相邻信号；当空间两个相邻信号的入射角差值为 2°时，MUSIC 算法无法分辨出这两个相邻信号。

实际上，MUSIC 算法的最小空间分辨能力与阵元数、阵元间距、采样快拍数、信噪比有关。在工程实施中，可以根据具体应用场景要求选择阵元数、阵元间距、采样快拍数。

6. MUSIC 算法的 MATLAB 程序实现示例

这里提供了两个 MUSIC 算法的 MATLAB 程序实现示例，可供读者参考。

1）MUSIC 算法谱函数分布计算示例

MUSIC 算法谱函数分布计算示例的代码如下：

```
1.  % — — — — —music. m
2.  % zengfeng 2023.03.14
3.  % music 谱函数分布计算，考虑信号频率不同
4.  %输入
5.  % 1. source_in          %信号来波方向（DOA），单位为弧度
6.  % 2. lambda              %信号波长
7.  % 3. snr                  %信噪比
8.  % 4. sensor_number      %天线阵列阵元数
9.  % 5. sensor_d           %阵元间距
10. % 6. snapshot_number    %采样快拍数
```

```
11.   % 7. lambda0                    ％接收机中心频率对应的波长
12.   ％输出
13.   % 1. searching_doa             ％搜索角度范围
14.   % 2. Pmusic                    % music 谱函数
15.   % 3. thetak                    ％计算出的信号来波方向(DOA)
16.
17.   function [searching_doa, Pmusic, thetak]=music(source_in, lambda, snr, sensor_num-
      ber, sensor_d, snapshot_number, lambda0)
18.       source_doa=source_in/180 * pi;
19.       source_number=length(source_doa);
20.       A=zeros(source_number, sensor_number);         ％构造一个 D 行 M 列的矩阵
21.       for k=1：source_number
22.             A(k, :)=exp(1i * 2 * pi * sensor_d * cos(source_doa(k))/lambda(k) * (0：sen-
      sor_number-1));      ％构造矩阵 A(D 行 M 列)
23.       end
24.       A=A';                      % M 行 D 列
25.       c=3 * 10^8;
26.       w=(c/2/pi. /lambda)';
27.   %       S=2 * exp(1i * (w * (1：snapshot_number)));      ％仿真输入信号 S(D 行 N 列)
28.       S=exp(1i * (w+randn(source_number, 1)) * (1：snapshot_number));      ％仿真输
      入信号 S(D 行 N 列)
29.       %       S=(randn(source_number, snapshot_number)+1i * randn(source_number,
      snapshot_number))/sqrt(2);
30.       X=A * S;                   ％输出信号(M 行 N 列)
31.       X=X + awgn(X, snr);        ％加入高斯白噪声(M 行 N 列)
32.       Rx=X * X';                 ％求样本协方差矩阵(M 行 M 列)
33.       [v, ~]=eig(Rx);            ％求样本协方差矩阵的特征值和特征向量
34.       % N 的对角线元素为按列从小到大排列的特征值,此处用不上,设为~
35.       % v 的每一列为对应列的特征向量(M 行 M 列)
36.       En=v(:, 1：sensor_number-source_number);      ％估计噪声矩阵(M-D 行 M 列)
37.       searching_doa=0：0.1：180;                      ％峰值搜索,单位为°
38.       Pmusic=zeros(1, length(searching_doa));
39.       a_theta=zeros(1, sensor_number);              % 1 行 M 列
40.       for ii=1：length(searching_doa)
41.           for jj=0：sensor_number-1
42.               a_theta(1+jj)=exp(1i * 2 * jj * pi * sensor_d * cos(searching_doa(ii)/180 *
      pi)/lambda0);
43.           end
44.           PP=a_theta * En * En' * a_theta';
45.           Pmusic(ii)=abs(1/PP);
46.       end
47.
48.       Pmusic=10 * log10(Pmusic/max(Pmusic));      ％归一化空间谱函数
```

```
49.
50.    %求极大值
51.    [pks，locs]=findpeaks(Pmusic);
52.    delta=searching_doa(locs);
53.    %将 pks 按从大到小排列，选出前 k 个数，k 为 source_in 的长度
54.    [~，m]=sort(pks，'descend');
55.    mm=m(1：length(source_in));
56.    thetak=delta(mm);
57.    %从小到大排列
58.    thetak=sort(thetak);
59. end
```

2）用于 DOA 估计的 MUSIC 算法仿真示例

用于 DOA 估计的 MUSIC 算法仿真示例的代码如下：

```
1.   % —————music_tb1. m
2.   % zengfeng 2023. 02. 21
3.   % 用于 DOA 估计的 MUSIC 算法仿真
4.   clc
5.   clear
6.   close all
7.   source_in=[40 80];              %信号来波方向(DOA)，单位为°
8.   snr=10;                         %信噪比
9.   sensor_number=7;                %天线阵列阵元数
10.  %信号频率不同
11.  freq=[1 1−0.005] * 10^9;        %信号频率
12.  %信号频率相同
13.  % freq=[1 1] * 10^9;            %信号频率
14.  freq0=1 * 10^9;                 % 接收机中心频率
15.  c=3 * 10^8;                     %电磁波速度
16.  lambda=c. /freq;               %信号波长
17.  lambda0=c/freq0;                %接收机中心频率对应的波长
18.  lambda_min=min(lambda);
19.  sensor_d=lambda_min/2;          %阵元间距
20.  snapshot_number=1000;           % 采样快拍数
21.
22.  [searching_doa，Pmusic，thetak]=music(source_in，lambda，snr，sensor_number，sensor
     _d，snapshot_number，lambda0);
23.  plot(searching_doa，Pmusic，'−k');
24.  hold on
25.  plot(thetak，Pmusic(round(thetak * 10+1))，'r * ');     % 标记测得的信号来波方向
26.  xlabel('角度 \theta/(°)')
27.  ylabel('谱函数 P(\theta)/dB')
```

4.3.2 ESPRIT 算法

本小节首先对 ESPRIT 算法的特点、ESPRIT 算法的数学模型、旋转不变特性、基于特征向量的 ESPRIT 算法进行详细介绍，然后对 ESPRIT 算法进行 MATLAB 仿真，并给出仿真结果，最后附上 ESPRIT 算法的 MATLAB 程序源代码，以帮助读者理解整个算法原理及软件实现过程。

1. ESPRIT 算法概述

用 ESPRIT 算法估计信号参数时要求阵列的几何结构具有不变性，这个不变性可以通过两个或两个以上相同的子阵实现，而这样的子阵的获取方式有两种：一是阵列本身存在；二是通过某种变换获得[17]。

ESPRIT 算法在估计信号源 DOA 时有很多优越性，主要体现在：ESPRIT 算法不需要精确知道阵列的流形向量，只需要满足某种旋转不变性即可，因此对阵列校准的要求不是很严格；此外，在进行 DOA 估计时由于不需要对所有可能的方向向量进行遍历搜索来估计来波方向，因而显著降低了计算复杂度，提高了测向速度。

2. ESPRIT 算法的数学模型

如图 4-20 所示，假设 M 个(天线)阵元构成均匀直线阵列，D 个相互独立的远场窄带信号分别从方向 θ_k，$k=1, 2, \cdots, D$ 到达阵列，则阵列在采样时刻 t 的接收信号向量为

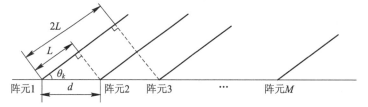

图 4-20   均匀直线阵列

$$x(t) = \sum_{k=1}^{D} a_k S_k(t) + n(t) \tag{4-83}$$

式中，$a_k = [1, \mathrm{e}^{\mathrm{j}\varphi_k}, \cdots, \mathrm{e}^{\mathrm{j}(M-1)\varphi_k}]^{\mathrm{T}}$ 是维度为 $M \times 1$ 的驱动向量，其中 $\varphi_k = 2\pi d \cos(\theta_k)/\lambda_k$，$d$ 为阵元间距，λ_k 为信号波长；$S_k(t)$ 为对应 θ_k 方向的信号；$n(t) \in \mathbf{C}^{M \times 1}$，假设为高斯白噪声。

设采样快拍数为 L，则可以将式(4-83)等效为矩阵形式：

$$X = AS + N \tag{4-84}$$

式中，$X \in \mathbf{C}^{M \times L}$；阵列流形向量 $A = [a_1, a_2, \cdots, a_D]$；信号 $S \in \mathbf{C}^{D \times L}$。假设信号与噪声相互独立，即 $E(SN^{\mathrm{H}}) = 0$，其中 0 是 $D \times M$ 的零矩阵，则可得到自相关矩阵：

$$R = E(XX^{\mathrm{H}}) = AR_s A^{\mathrm{H}} + \sigma^2 I_M \tag{4-85}$$

式中，R_s 为信号的自相关矩阵，σ^2 为噪声的功率，I_M 为 $M \times M$ 的单位矩阵。但在实际应用中只能通过相关矩阵 $\hat{R}$ 对 R 进行估计，即

$$R \approx \hat{R} = \frac{1}{2L} [x(t)x^{\mathrm{H}}(t) + y(t)y^{\mathrm{H}}(t)] \tag{4-86}$$

式中，$y(t)$ 是 $x(t)$ 的倒序共轭向量。R 也可表示为

$$\boldsymbol{R} \approx \hat{\boldsymbol{R}} = \frac{1}{L} \sum_{i=1}^{L} \boldsymbol{x}(t_i) \boldsymbol{x}^{\mathrm{H}}(t_i) \tag{4-87}$$

3. 旋转不变特性

ESPRIT 算法最基本的假设是存在完全相同的两个子阵。针对均匀直线阵列信号模型，可选取阵列的前 $M-1$ 个阵元为子阵 1，后 $M-1$ 个阵元为子阵 2，若两个子阵接收的数据分别为 $\boldsymbol{X}_1$ 和 $\boldsymbol{X}_2$，则

$$\begin{cases} \boldsymbol{X}_1 = \boldsymbol{A}_1 \boldsymbol{S} + \boldsymbol{N}_1 \\ \boldsymbol{X}_2 = \boldsymbol{A}_2 \boldsymbol{S} + \boldsymbol{N}_2 \end{cases} \tag{4-88}$$

其中，

$$\boldsymbol{X}_1 = \begin{bmatrix} x_1(t_1) & x_1(t_2) & \cdots & x_1(t_L) \\ x_2(t_1) & x_2(t_2) & \cdots & x_2(t_L) \\ \vdots & \vdots & & \vdots \\ x_{M-1}(t_1) & x_{M-1}(t_2) & \cdots & x_{M-1}(t_L) \end{bmatrix}$$

$$\boldsymbol{A}_1 = \begin{bmatrix} 1 & 1 & \cdots & 1 \\ \mathrm{e}^{\mathrm{j}\varphi_1} & \mathrm{e}^{\mathrm{j}\varphi_2} & \cdots & \mathrm{e}^{\mathrm{j}\varphi_D} \\ \vdots & \vdots & & \vdots \\ \mathrm{e}^{\mathrm{j}(M-2)\varphi_1} & \mathrm{e}^{\mathrm{j}(M-2)\varphi_2} & \cdots & \mathrm{e}^{\mathrm{j}(M-2)\varphi_D} \end{bmatrix}$$

$$\boldsymbol{S} = \begin{bmatrix} S_1(t_1) & S_1(t_2) & \cdots & S_1(t_L) \\ S_2(t_1) & S_2(t_2) & \cdots & S_2(t_L) \\ \vdots & \vdots & & \vdots \\ S_D(t_1) & S_D(t_2) & \cdots & S_D(t_L) \end{bmatrix}$$

$$\boldsymbol{N}_1 = \begin{bmatrix} n_1(t_1) & n_1(t_2) & \cdots & n_1(t_L) \\ n_2(t_1) & n_2(t_2) & \cdots & n_2(t_L) \\ \vdots & \vdots & & \vdots \\ n_{M-1}(t_1) & n_{M-1}(t_2) & \cdots & n_{M-1}(t_L) \end{bmatrix}$$

$$\boldsymbol{X}_2 = \begin{bmatrix} x_2(t_1) & x_2(t_2) & \cdots & x_2(t_L) \\ x_3(t_1) & x_3(t_2) & \cdots & x_3(t_L) \\ \vdots & \vdots & & \vdots \\ x_M(t_1) & x_M(t_2) & \cdots & x_M(t_L) \end{bmatrix}$$

$$\boldsymbol{A}_2 = \begin{bmatrix} \mathrm{e}^{\mathrm{j}\varphi_1} & \mathrm{e}^{\mathrm{j}\varphi_2} & \cdots & \mathrm{e}^{\mathrm{j}\varphi_D} \\ \mathrm{e}^{\mathrm{j}2\varphi_1} & \mathrm{e}^{\mathrm{j}2\varphi_2} & \cdots & \mathrm{e}^{\mathrm{j}2\varphi_D} \\ \vdots & \vdots & & \vdots \\ \mathrm{e}^{\mathrm{j}(M-1)\varphi_1} & \mathrm{e}^{\mathrm{j}(M-1)\varphi_2} & \cdots & \mathrm{e}^{\mathrm{j}(M-1)\varphi_D} \end{bmatrix}$$

$$N_2 = \begin{bmatrix} n_2(t_1) & n_2(t_2) & \cdots & n_2(t_L) \\ n_3(t_1) & n_3(t_2) & \cdots & n_3(t_L) \\ \vdots & \vdots & & \vdots \\ n_M(t_1) & n_M(t_2) & \cdots & n_M(t_L) \end{bmatrix}$$

由于

$$\begin{bmatrix} 1 & 1 & \cdots & 1 \\ e^{j\varphi_1} & e^{j\varphi_2} & \cdots & e^{j\varphi_D} \\ \vdots & \vdots & & \vdots \\ e^{j(M-2)\varphi_1} & e^{j(M-2)\varphi_2} & \cdots & e^{j(M-2)\varphi_D} \end{bmatrix} \begin{bmatrix} e^{j\varphi_1} & 0 & \cdots & 0 \\ 0 & e^{j\varphi_2} & \cdots & 0 \\ \vdots & \vdots & & \vdots \\ 0 & 0 & \cdots & e^{j\varphi_D} \end{bmatrix} = \begin{bmatrix} e^{j\varphi_1} & e^{j\varphi_2} & \cdots & e^{j\varphi_D} \\ e^{j2\varphi_1} & e^{j2\varphi_2} & \cdots & e^{j2\varphi_D} \\ \vdots & \vdots & & \vdots \\ e^{j(M-1)\varphi_1} & e^{j(M-1)\varphi_2} & \cdots & e^{j(M-1)\varphi_D} \end{bmatrix}$$

因此由阵列流形的范德蒙特性易得到阵列流形旋转不变性关系：

$$A_2 = A_1 \Phi \tag{4-89}$$

式中，$\Phi = \mathrm{diag}(e^{j\varphi_1}, e^{j\varphi_2}, \cdots, e^{j\varphi_D})$，它是阵列流形旋转不变关系矩阵。$\mathrm{diag}(\cdot)$ 代表 Φ 它是一个对角矩阵，对角线上的元素为 $e^{j\varphi_k}$，$k = 1, 2, \cdots, D$，其中：

$$\varphi_k = \frac{2\pi d}{\lambda_k} \cos\theta_k$$

在信号不相关的假设下，阵列流形与自相关矩阵的信号子空间具有相同的值域。因此存在一个唯一的 $D \times D$ 非奇异矩阵 T 使得下式成立：

$$\begin{cases} U_{s1} T = A_1 \\ U_{s2} T = A_2 = A_1 \Phi \end{cases} \tag{4-90}$$

式中，U_{s1}、U_{s2} 分别对应于子阵 1 和子阵 2 的信号子空间，也即对应式（4-91）中前 $M-1$ 行和后 $M-1$ 行：

$$R = U_s \Sigma_s U_s^H + U_n \Sigma_n U_n^H \tag{4-91}$$

式中，$\Sigma_s \in C^{D \times D}$ 和 $\Sigma_n \in C^{(M-D) \times (M-D)}$ 均为对角矩阵，对角线元素为自相关矩阵的特征值，Σ_s 中对应最大的 D 个特征值。

求解式（4-90）有

$$U_{s2} T = U_{s1} T \Phi \tag{4-92}$$

由于 T 可逆，从而得到信号子空间旋转不变关系：

$$\begin{cases} U_{s2} = U_{s1} \Psi \\ \Psi - T \Phi T^{-1} \end{cases} \tag{4-93}$$

4. 基于特征向量的 ESPRIT 算法

这里讨论基于广义特征向量的 ESPRIT 算法推导、广义特征向量矩阵的求解和基于广义特征向量的 ESPRIT 算法实现流程。

1）基于广义特征向量的 ESPRIT 算法推导

基于广义特征向量的 ESPRIT 算法是将求解矩阵 T 和阵列流形旋转不变关系矩阵 Φ 的问题转换为求解 $(U_{s1}^H U_{s2}, U_{s1}^H U_{s1})$ 的广义特征向量和广义特征值的问题。

由式（4-92）得

$$U_{s1}^H U_{s2} T = U_{s1}^H U_{s1} T \Phi \tag{4-94}$$

记由广义特征值组成的对角矩阵为 $\hat{\boldsymbol{\Phi}}$，则传统 ESPRIT 算法基于广义特征值得到的来波方向估计为

$$\hat{\theta}_k = a\cos\left(\frac{\mathrm{angle}(\hat{\boldsymbol{\Phi}}_{kk})\lambda_0}{2\pi d}\right),\ k = 1,\ 2,\ \cdots,\ D \qquad (4-95)$$

式中，$\mathrm{angle}(\cdot)$ 为求相位运算符，$\hat{\boldsymbol{\Phi}}_{kk}$ 是第 k 个广义特征值，$\lambda_0 = \dfrac{c}{f_0}$（$f_0$ 为接收机的中心频率）。

由式(4-90)可见，如果能够得到广义特征向量矩阵 $\boldsymbol{T}$，便可对子阵列流形形成估计：

$$\boldsymbol{A}_1 \approx \boldsymbol{B}_1 = \boldsymbol{U}_{s1}\boldsymbol{T}\boldsymbol{D} \qquad (4-96)$$

式中，$\boldsymbol{D}$ 是一个对角矩阵，反映了广义特征向量的参考相位是不确定的，但是该不确定性对来波方向的估计没有影响。

为了减小噪声对阵列流形估计的影响，再将 $\boldsymbol{B}_1$ 中所有元素做归一化，得到子阵列流形的最终估计 $\hat{\boldsymbol{A}}_1$：

$$\hat{\boldsymbol{A}}_{1(i,j)} = \frac{\hat{\boldsymbol{B}}_{1(i,j)}}{\mathrm{abs}(\hat{\boldsymbol{B}}_{1(i,j)})},\ i \in [1,\ 2,\ \cdots,\ M-1],\ j \in [1,\ 2,\ \cdots,\ D] \qquad (4-97)$$

式中，$\mathrm{abs}(\cdot)$ 表示取绝对值。然后，由矩阵流形的范德蒙特性有

$$\frac{\hat{\boldsymbol{A}}_{1(i,j)}}{\hat{\boldsymbol{A}}_{1(i-1,j)}} = \mathrm{e}^{\mathrm{j}\varphi_j},\ i \in [2,\ \cdots,\ M-1],\ j \in [1,\ 2,\ \cdots,\ D] \qquad (4-98)$$

因此，可以将阵列流形的估计代入式(4-98)，得到 $M-2$ 个相位估计，将其平均，最终得到广义特征向量来波方向估计：

$$\begin{cases} \hat{\varphi}_k = \dfrac{\hat{\boldsymbol{A}}_1^{\mathrm{H}}[1{:}M-2,k]\hat{\boldsymbol{A}}_1[2{:}M-1,k]}{M-2} \\[2mm] \hat{\theta}_k = a\cos\left(\dfrac{\mathrm{angle}(\hat{\varphi}_k)\lambda_0}{2\pi d}\right),\ k = 1,\ 2,\ \cdots,\ D \end{cases} \qquad (4-99)$$

其中，$\lambda_0 = \dfrac{c}{f_0}$（$f_0$ 为接收机的中心频率）。

2）广义特征向量矩阵的求解

广义特征向量矩阵的求解可以采用 QZ 分解。式(4-93)给出了信号子空间旋转不变关系矩阵 $\boldsymbol{\Psi}$ 与阵列流形旋转不变关系矩阵的关系：$\boldsymbol{\Psi} = \boldsymbol{T}\boldsymbol{\Phi}\boldsymbol{T}^{-1}$，从而将求解广义特征向量和广义特征值的问题转化为求 $\boldsymbol{\Psi}$，并通过 $\boldsymbol{\Psi}$ 的特征分解得到特征向量和特征值。

对 $\boldsymbol{\Psi}$ 的估计有直接求解和迭代求解两种算法，其中直接求解算法包括最小二乘(LS)算法和总体最小二乘(TLS)算法。

最小二乘算法的基本思想如下：

$$\min\|\Delta\boldsymbol{U}_{s2}\|_{\mathrm{F}}^2 \quad \mathrm{s.t.}\ \boldsymbol{U}_{s1}\boldsymbol{\Psi} = \boldsymbol{U}_{s2} + \Delta\boldsymbol{U}_{s2} \qquad (4-100)$$

在 $\boldsymbol{U}_{s2}$ 中引入范数平方最小扰动 $\Delta\boldsymbol{U}_{s2}$ 的目的在于校正 $\boldsymbol{U}_{s2}$ 中存在的噪声。将目标函数对位置参量 $\boldsymbol{\Psi}$ 求偏导，很容易得到最小二乘估计式：

$$\boldsymbol{\Psi}_{\mathrm{LS}} = (\boldsymbol{U}_{s1}^{\mathrm{H}}\boldsymbol{U}_{s1})^{-1}\boldsymbol{U}_{s1}^{\mathrm{H}}\boldsymbol{U}_{s2} \qquad (4-101)$$

由于对 $(\boldsymbol{U}_{s1}^{\mathrm{H}}\boldsymbol{U}_{s2},\ \boldsymbol{U}_{s1}^{\mathrm{H}}\boldsymbol{U}_{s1})$ 求广义特征向量的过程可以转化为对 $(\boldsymbol{U}_{s1}^{\mathrm{H}}\boldsymbol{U}_{s1})^{-1}\boldsymbol{U}_{s1}^{\mathrm{H}}\boldsymbol{U}_{s2}$ 求特征向量的过程，因此由式(4-101)可以得到广义特征值求解与最小二乘求解等效。

总体最小二乘算法指的是在 $\boldsymbol{U}_{s1}$ 和 $\boldsymbol{U}_{s2}$ 上分别增加扰动 $\Delta\boldsymbol{U}_{s1}$ 和 $\Delta\boldsymbol{U}_{s2}$，对 $\boldsymbol{U}_{s1}$ 和 $\boldsymbol{U}_{s2}$ 中

的误差进行同时校正。该算法需要先构造块矩阵 $\boldsymbol{U}_{s12} = \begin{bmatrix} \boldsymbol{U}_{s1} & \boldsymbol{U}_{s2} \end{bmatrix} \in \mathbf{C}^{(M-1) \times D}$，再将 $\boldsymbol{U}_{s12}^{\mathrm{H}} \boldsymbol{U}_{s12}$ 进行特征值分解得到 $\boldsymbol{U}_{s12}^{\mathrm{H}} \boldsymbol{U}_{s12} = \boldsymbol{W} \boldsymbol{\Lambda} \boldsymbol{W}^{\mathrm{H}}$（$\boldsymbol{\Lambda}$ 是以 $\boldsymbol{U}_{s12}^{\mathrm{H}} \boldsymbol{U}_{s12}$ 的特征值为对角元的对称阵），并将 $\boldsymbol{W}$ 按照式(4-101)分成 4 个 $D \times D$ 的块矩阵，最终得到估计：

$$\boldsymbol{W} = \begin{bmatrix} \boldsymbol{W}_{11} & \boldsymbol{W}_{12} \\ \boldsymbol{W}_{21} & \boldsymbol{W}_{22} \end{bmatrix} \tag{4-102}$$

$$\boldsymbol{\Psi}_{\mathrm{TLS}} = -\boldsymbol{W}_{12} \boldsymbol{W}_{22}^{-1} \tag{4-103}$$

迭代求解算法包括 STLS 算法、SLS 算法和 CTLS 算法等。这类算法借助高斯迭代或逆迭代求解，运算量大大增加。

3) 基于广义特征向量的 ESPRIT 算法实现流程

根据上述分析可以得到基于广义特征向量的 ESPRIT 算法实现流程如下：

(1) 将采样数据代入式(4-87)估计自相关矩阵 $\boldsymbol{R}$；

(2) 对自相关矩阵进行奇异值分解，通过提取大特征值对应的特征向量划分信号子空间 $\boldsymbol{U}_s$；

(3) 将信号子空间按照子阵列划分形式分块为 $\boldsymbol{U}_{s1}$ 和 $\boldsymbol{U}_{s2}$；

(4) 对式(4-101)或式(4-103)进行特征值分解或者利用 QZ 分解进行广义特征值分解，得到广义特征向量估计矩阵 $\boldsymbol{T}$；

(5) 利用式(4-96)或式(4-97)，估计子阵 1 的阵列流形 $\hat{\boldsymbol{A}}_1$；

(6) 利用式(4-99)对来波方向进行估计。

5. ESPRIT 算法的 MATLAB 仿真

这里对 ESPRIT 算法进行详细仿真，包括 MUSIC 算法和 ESPRIT 算法计算效率对比、信噪比对测向精度的影响、采样快拍数对测向精度的影响。

1) MUSIC 算法和 ESPRIT 算法计算效率对比

假设有三个独立的窄带信号，入射角分别为 20°、60.1°和 120.1°，入射信号频率为 1 GHz，这三个信号互不相关，噪声为理想高斯白噪声，信噪比为 10 dB，阵元间距 d 为输入信号波长的一半，阵元数为 7，采样快拍数为 1000，将 10 000 次的计算结果取平均值。

仿真条件如下：

(1) 计算机配置：CPU 为 Intel(R) Core(TM) i5-1035G4 CPU @ 1.10 GHz 1.50 GHz，内存为 8.00 GB；

(2) MATLAB 版本号：9.6.0.1072779 (R2019a)。

仿真用时：MUSIC 算法的平均时间为 0.0126 s，ESPRIT 算法的平均时间为 0.0016 s。

从仿真结果可以看出，ESPRIT 算法的计算效率大约是 MUSIC 算法计算效率的 10 倍。

2) 信噪比对测向精度的影响

假设有三个独立的窄带信号，入射角分别为 20°、60.1°和 120.1°，入射信号频率为 1 GHz，这三个信号互不相关，噪声为理想高斯白噪声，信噪比为 -5 dB 到 20 dB，间隔 5 dB 取值，阵元间距 d 为输入信号波长的一半，阵元数为 7，采样快拍数为 1000，将 500 次的计算结果取平均值，得信噪比对测向精度影响的仿真结果如图 4-21 所示。

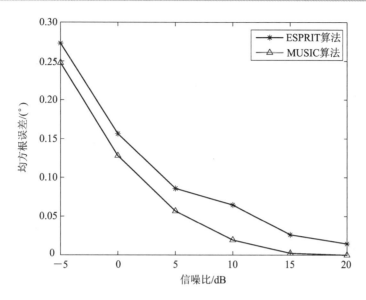

图 4-21 信噪比对测向精度影响的仿真结果

从仿真结果可以看出，ESPRIT 算法的测向误差略大于 MUSIC 算法的测向误差。

3) 采样快拍数对测向精度的影响

假设有三个独立的窄带信号，入射角分别为 20°、60.1°和 120.1°，入射信号频率为 1 GHz，这三个信号互不相关，噪声为理想高斯白噪声，信噪比为 10 dB，阵元间距 d 为输入信号波长的一半，阵元数为 7，采样快拍数分别为 1000、4000、8000、16 000，将 500 次的计算结果取平均值，得采样快拍数对测向精度影响的仿真结果如图 4-22 所示。

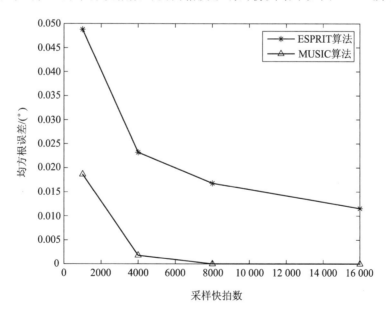

图 4-22 采样快拍数对测向精度影响的仿真结果

从仿真结果可以看出，采样快拍数越大，测向误差越小。

6. ESPRIT 算法的 MATLAB 程序实现示例

这里提供了 ESPRIT 算法、MUSIC 算法及其性能对比的 MATLAB 程序实现示例，可供读者参考。

1）ESPRIT 算法

（1）基于广义特征向量的 ESPRIT 算法，即 LS 算法仿真，相关代码如下：

```
1.   % —————LS_ESPRIT. m
2.   % zengfeng 2023.03.15
3.   % 基于广义特征向量的 ESPRIT 算法，即 LS 算法仿真
4.
5.   function thetak=LS_ESPRIT(source_in, lambda, snr, sensor_number, sensor_d, snap-
     shot_number, lambda0)
6.       source_doa=source_in/180 * pi;       %转换为弧度
7.       source_number=length(source_doa); % D 个信号
8.       A=zeros(sensor_number, source_number);       %构造一个 D 行 M 列的矩阵
9.       for k=1: source_number
10.          A(:, k)=exp(1i * 2 * pi * sensor_d * cos(source_doa(k))/lambda(k) * (0: sen-
     sor_number-1)');       %构造矩阵 A(M 行 D 列)
11.      end
12.      c=3 * 10^8;
13.      w=(c/2/pi. /lambda)';
14.      S=exp(1i * (w+randn(source_number, 1)) * (1: snapshot_number));       %仿真输
     入信号 S(D 行 L 列)
15.      %       S=(randn(source_number, snapshot_number)+1i * randn(source_number,
     snapshot_number))/sqrt(2);
16.
17.      X=A * S;                        %输出信号(M 行 L 列)
18.      X=X + awgn(X, snr);             %加入高斯白噪声(M 行 L 列)
19.      %步骤一：将采样数据代入式(4-87)估计自相关矩阵 R
20.      Rx=X * X';                      %求样本协方差矩阵(M 行 M 列)
21.      %步骤二：对自相关矩阵进行奇异值分解，通过提取大特征值对应的特征向量划分
     信号子空间 Us
22.      [v, N]=eig(Rx);                 %求样本协方差矩阵的特征值和特征向量
23.      % N 的对角线元素为按列从小到大排列的特征值
24.      % v 的每一列为对应列的特征向量(M 行 M 列)
25.
26.      %修改为从大到小排列
27.      N=N(:, end: -1: 1);
28.      v=v(:, end: -1: 1);
29.      %Us=v(:, sensor_number-source_number+1: end);       %M 行 D 列
30.      Us=v(:, 1: source_number);       %M 行 D 列
31.      %步骤三：将信号子空间按照子阵列划分形式分块为 Us1 和 Us2
```

```
32.      Us1=Us(1：end-1，：)；        %前 M-1 行 D 列
33.      Us2=Us(2：end，：)；         %后 M-1 行 D 列
34.      %步骤四.1：构造式(4-101)
35.      phi=pinv(Us1'*Us1)*Us1'*Us2；    % D 行 D 列
36.      %步骤四.2：对式(4-101)进行特征值分解，得到广义特征向量估计矩阵 T
37.      % T 为 phi 的特征向量构成的矩阵
38.      [T，~]=eig(phi)；              %求特征值和特征向量
39.      % N1 的对角线元素为按列从小到大排列的特征值，此处用不上，设为~
40.      % T 的每一列为对应列的特征向量(D 行 D 列)
41.
42.      %修改为从大到小排列
43.      T=T(：，end：-1：1)；
44.      %步骤五：利用式(4-96)或式(4-97)，估计子阵 1 的阵列流形 A1
45.      B1=Us1*T；          %M-1 行 D 列
46.      [m，n]=size(B1)；
47.      A1=zeros(m，n)；
48.      for i=1：m
49.          for j=1：n
50.              A1(i，j)=B1(i，j)/abs(B1(i，j))；
51.          end
52.      end
53.      %步骤六：利用式(4-99)对来波方向进行估计
54.      phik=zeros(1，source_number)；
55.      thetak=zeros(1，source_number)；
56.      for i=1：source_number
57.          phik(i)=(A1(1：sensor_number-2，i))'*A1(2：sensor_number-1，i)/(sensor_number-2)；
58.          thetak(i)=acos(angle(phik(i))*lambda0/(2*pi*sensor_d))*180/pi；
59.      end
60.      %从小到大排列输出
61.      thetak=sort(thetak)；
62. end
```

(2) 求 ESPRIT 算法 N 次实验的均方根误差，相关代码如下：

```
1. % -----LS_ESPRIT_rms.m
2. % zengfeng 2023.03.13
3. % ESPRIT 算法 rmsN 次实验求均方根误差
4. function rms_avg=LS_ESPRIT_rms(source_in，lambda，snr，sensor_number，sensor_d，
    snapshot_number，lambda0，rmsN)
5.      %计算 rmsN 次均方根误差
6.      rmsESPRIT=zeros(rmsN，1)；
7.      for k=1：rmsN
```

```
8.      [thetak]＝LS_ESPRIT(source_in, lambda, snr, sensor_number, sensor_d, snap-
   shot_number, lambda0);
9.        %从小到大排序
10.       source_sorted＝sort(source_in);
11.       %求均方根误差
12.       rmsESPRIT(k)＝sqrt(sum((source_sorted－thetak).^2));
13.    end
14.    rms_avg＝sum(rmsESPRIT)/rmsN;
15. end
```

2) MUSIC 算法

MUSIC 算法示例代码参考 4.3.1 节 6 中的 music.m。求 MUSIC 算法 N 次实验的均方根误差，相关代码如下：

```
1. % －－－－－music_rms.m
2. % zengfeng 2023.03.13
3. % MUSIC 算法 rmsN 次实验求均方根误差
4. function rmsMUSIC_avg＝music_rms(source_in, lambda, snr, sensor_number, sensor_d,
   snapshot_number, lambda0, rmsN)
5. %计算 rmsN 次均方根误差
6.    rmsMUSIC＝zeros(rmsN, 1);
7.    for k＝1：rmsN
8.        [～, ～, thetak]＝music(source_in, lambda, snr, sensor_number, sensor_d,
   snapshot_number, lambda0);
9.        source_sorted＝sort(source_in);
10. %       thetak_sorted＝sort(thetak);
11.        rmsMUSIC(k)＝sqrt(sum((source_sorted－thetak).^2));
12.    end
13.    rmsMUSIC_avg＝sum(rmsMUSIC)/rmsN;
14. end
```

3) ESPRIT 算法与 MUSIC 算法性能对比

（1）ESPRIT 算法与 MUSIC 算法计算效率对比，相关代码如下：

```
1. % －－－－－ESPRITvsMUSIC_time_tb.m
2. % zengfeng 2023.03.13
3. %实验一：ESPRIT 算法与 MUSIC 算法比较　%计算效率
4. clc
5. clear
6. close all
7. source_in＝[20 60.1 120.1];       %信号来波方向(DOA)，单位为°
8. snr＝10;                          %信噪比
9. sensor_number＝7;                 %天线阵列阵元数
```

```
10.   %信号频率不同
11.   % freq=[1 1-0.005] * 10^9;          %信号频率
12.   %信号频率相同
13.   freq=[1 1] * 10^9;                  %信号频率
14.   freq0=1 * 10^9;                     %接收机中心频率
15.   c=3 * 10^8;                         %电磁波速度
16.   lambda=c. /freq;                    %信号波长
17.   lambda0=c/freq0;
18.   lambda_min=min(lambda);
19.   sensor_d=lambda_min/2;              %阵元间距
20.   snapshot_number=1000;               %采样快拍数
21.
22.   rmsN=10000;                         % rmsN 次实验求均方根误差
23.   testN=length(snr);
24.   ESPRIT_time=zeros(testN, 1);
25.   MUSIC_time=zeros(testN, 1);
26.
27.   for k=1: rmsN
28.       tic;
29.       ESPRIT_LS=LS_ESPRIT(source_in, lambda, snr, sensor_number, sensor_d, snap-
      shot_number, lambda0);
30.       toc;
31.       ESPRIT_time(k)=toc;
32.       tic;
33.       [searching_doa, Pmusic, thetak]=music(source_in, lambda, snr, sensor_number,
      sensor_d, snapshot_number, lambda0);
34.       toc;
35.       MUSIC_time(k)=toc;
36.   end
37.   ESPRIT_time_avg=sum(ESPRIT_time)/rmsN;
38.   MUSIC_time_avg=sum(MUSIC_time)/rmsN;
```

（2）信噪比对测向精度的影响，相关代码如下：

```
1.    % －－－－－ESPRITvsMUSIC_snr_tb. m
2.    % zengfeng 2023.03.15
3.    %实验二：ESPRIT 算法与 MUSIC 算法比较 %信噪比的影响
4.
5.    clc
6.    clear
7.    close all
8.    source_in=[20 60.1 120.1];          %信号来波方向（DOA），单位为°
9.    snr=(-5: 5: 20);                    %信噪比
10.   sensor_number=7;                    %天线阵列阵元数
```

```
11. %信号频率不同
12. % freq=[1 1-0.005]*10^9;              %信号频率
13. %信号频率相同
14. freq=[1 1 1]*10^9;                    %信号频率
15. freq0=1*10^9;                         %接收机中心频率
16. c=3*10^8;                             %电磁波速度
17. lambda=c./freq;                       %信号波长
18. lambda0=c/freq0;
19. lambda_min=min(lambda);
20. sensor_d=lambda_min/2;                %阵元间距
21. snapshot_number=1000;                 %采样快拍数
22.
23. rmsN=500;                             % rmsN 次实验求均方根误差
24. testN=length(snr);
25. rmsESPRIT_avg=zeros(testN, 1);
26. rmsMUSIC_avg=zeros(testN, 1);
27. for k=1: length(snr)
28.     rmsESPRIT_avg(k)=LS_ESPRIT_rms(source_in, lambda, snr(k), sensor_number,
    sensor_d, snapshot_number, lambda0, rmsN);
29.     rmsMUSIC_avg(k)=music_rms(source_in, lambda, snr(k), sensor_number, sensor
    _d, snapshot_number, lambda0, rmsN);
30. end
31. figure(1)
32. plot(snr, rmsESPRIT_avg, '-r*');
33. hold on
34. plot(snr, rmsMUSIC_avg, '-b^');
35.
36. legend_str=cell(1, 2);
37. legend_str{1}='ESPRIT 算法';
38. legend_str{2}='MUSIC 算法';
39. legend(legend_str);
40. xlabel('信噪比/dB');
41. ylabel('均方根误差/(°)');
```

（3）采样快拍数对测向精度的影响，相关代码如下：

```
1. % -----ESPRITvsMUSIC_snap_tb. m
2. % zengfeng 2023.03.13
3. %实验三：ESPRIT 算法与 MUSIC 算法比较 %采样快拍数的影响
4.
5. clc
6. clear
7. close all
8. source_in=[20 60.1 120.1];             %信号来波方向（DOA），单位为°
```

```
9. snr＝10;                          %信噪比
10. sensor_number＝7;                %天线阵列阵元数
11. %信号频率不同
12. % freq＝[1 1−0.005]＊10^9;       %信号频率
13. %信号频率相同
14. freq＝[1 1 1]＊10^9;             %信号频率
15. freq0＝1＊10^9;                  %接收机中心频率
16. c＝3＊10^8;                      %电磁波速度
17. lambda＝c./freq;                 %信号波长
18. lambda0＝c/freq0;
19. lambda_min＝min(lambda);
20. sensor_d＝lambda_min/2;          %阵元间距
21. snapshot_number＝[1000 4000 8000 16000];      %采样快拍数
22. rmsN＝500;                       % rmsN 次实验求均方根误差
23.
24. testN＝length(snapshot_number);
25. rmsESPRIT_avg＝zeros(testN, 1);
26. rmsMUSIC_avg＝zeros(testN, 1);
27. for k＝1: testN
28.     rmsESPRIT_avg(k)＝LS_ESPRIT_rms(source_in, lambda, snr, sensor_number,
    sensor_d, snapshot_number(k), lambda0, rmsN);
29.     rmsMUSIC_avg(k)＝music_rms(source_in, lambda, snr, sensor_number, sensor_d,
    snapshot_number(k), lambda0, rmsN);
30. end
31. figure(1)
32. plot(snapshot_number, rmsESPRIT_avg, '−r＊');
33. hold on
34. plot(snapshot_number, rmsMUSIC_avg, '−b·');
35.
36. legend_str＝cell(1, 2);
37. legend_str{1}＝'ESPRIT 算法';
38. legend_str{2}＝'MUSIC 算法';
39. legend(legend_str);
40. xlabel('采样快拍数');
41. ylabel('均方根误差/(°)');
```

4.4　现代无线电测向系统的工程实现

　　如前所述，在进行现代无线电监测系统总体设计时，首先要根据系统的功能和性能指标进行各分机指标的分解，这样就确定了天线、接收机、通信/雷达信号处理机和主控计算机的分机指标参数。

在开展现代无线电测向系统设计时,首先进行总体设计,确定系统的原理框图、系统架构和设备组成;然后进行详细设计,确定每一个设备(或分机)的具体技术指标和实现方法。

本节以九阵元圆阵空间谱测向系统为例,讲述现代无线电测向系统的工程实现方法。

4.4.1　总体设计

九阵元圆阵空间谱测向系统的原理框图如图 4 - 23 所示。各分机的主要功能如下:

(1)九阵元圆阵接收空中辐射的电磁信号,并完成来波方位角和俯仰角的测量;

(2)全相参接收信道分机里的射频接收通道 1~9 接收天线输出的射频信号,并下变频到中频信号;

(3)信号处理分机对 9 路中频信号进行模拟信号到数字信号的采样和中频数字信号实时处理,完成包括测向等参数测量功能;

(4)主控分机完成定位、整个系统的控制管理和外部通信功能。

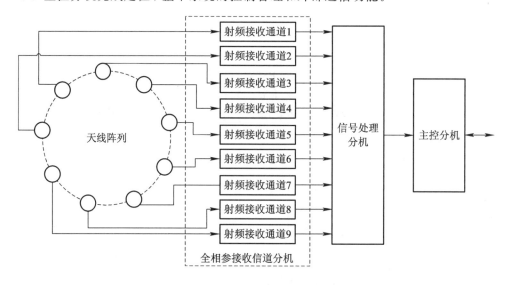

图 4 - 23　九阵元圆阵空间谱测向系统的原理框图

4.4.2　详细设计

九阵元圆阵空间谱测向系统的详细设计主要包括天线设计、全相参接收信道分机设计和信号处理分机设计。

1. 天线设计

测向天线阵列采用九阵元圆阵布局,阵列的尺寸由工作频段和天线类型决定,布局示意图如图 4 - 24 所示。

2. 全相参接收信道分机设计

由于系统需要标校功能,因此全相参接收信道分机实际由射频开关组件、频综标校模

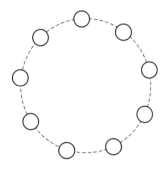

图 4-24　九阵元圆阵布局示意图

块以及全相参接收信道模块组成，如图 4-25 所示。

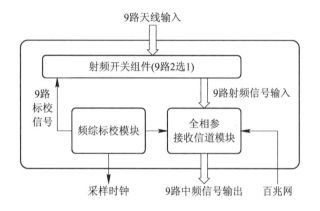

图 4-25　全相参接收信道分机实际组成框图

全相参接收信道分机的原理框图如图 4-26 所示，具体工作原理如下。

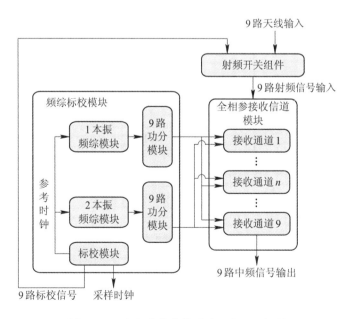

图 4-26　全相参接收信道分机的原理框图

（1）频综标校模块由标校模块、1 本振频综模块、2 本振频综模块和 2 个 9 路功分模块组成。

（2）标校模块不仅为 2 个本振频综模块提供同源的同频同相参考时钟，还输出标校信号至射频开关组件，同时输出采样时钟至信号处理分机，为 ADC 提供采样时钟。

（3）本振频综模块输出的本振信号由 9 路功分模块放大后送至全相参接收信道模块。

（4）9 路接收通道根据本振信号，将输入的射频信号下变频到中频输出。

（5）标校模块产生的 9 路标校信号和 9 路天线输入信号都送到射频开关组件，当系统工作在标校模式下时，9 路接收通道接收 9 路标校信号；当系统工作在测量模式下时，9 路接收通道接收 9 路天线输入信号。

（6）主控分机通过百兆网实现对所有模块工作模式以及工作状态的控制与监控。

3. 信号处理分机设计

信号处理分机通常由一个或多个信号处理板组成。信号处理板的原理框图如图 4 - 27 所示。

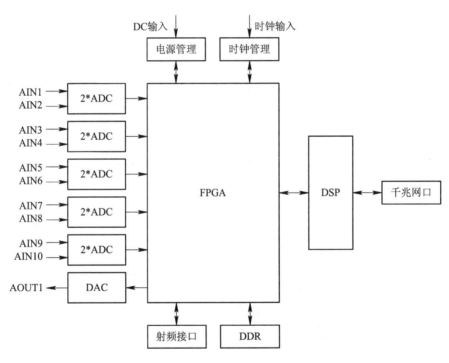

图 4 - 27　信号处理板的原理框图

信号处理板采用 FPGA＋DSP 的通用软件无线电平台架构实现。

板载 10 通道 ADC 和 1 通道 DAC（digital-to-analog converter，数模转换器）可以完成 10 路模拟中频信号的采样和 1 路模拟中频信号的回放。

针对通信信号，FPGA 完成幅度测量、频率测量、带宽测量、码速率测量、测向等参数实时测量功能，DSP 完成调制识别、定位等功能。

针对雷达信号，FPGA 完成 PDW 等参数实时测量功能，DSP 完成调制识别、脉冲分选、定位等功能。

　　根据具体的任务需求，如果一个信号处理板资源紧张，可以采用多个信号处理板并行处理。

本 章 小 结

　　本章首先对现代无线电测向常用的三种方法：幅度测向、干涉仪测向和空间谱测向进行了详细的介绍。三种方法的特点总结如下：

　　幅度测向法具有测向原理简单、对天线的一致性要求很高的特点，但测向精度低。

　　与幅度测向法相比，干涉仪测向法对天线的一致性要求相对较低，但测向精度高，属于高性能测向体制。

　　幅度测向和干涉仪测向本质上都属于时域处理，当多个信号同时进入接收机时，会出现测向错误。换言之，基于幅度测向和干涉仪测向的方法不能完成多信号测向。

　　基于空间谱测向的方法本质上属于空域处理，能够检测出同时来自不同方位的多个信号并进行测向，也就是说，空间谱测向具有多信号同时测向能力。

　　然后，以九阵元圆阵空间谱测向系统为例，简要讲述了现代无线电测向系统的工程实现方法。

思 考 题

　　4－1　简述幅度测向、传统干涉仪测向、相关干涉仪测向和空间谱测向的工作原理及特点。

　　4－2　试用 MATLAB 编程实现一维干涉仪测向算法。

　　4－3　试用 MATLAB 编程实现相关干涉仪测向算法。

　　4－4　简述 MUSIC 算法和 ESPRIT 算法的异同点。

　　4－5　通过查阅资料和实地走访，了解 30～8000 MHz 频段常用的测向天线类型有哪些，具体技术指标有哪些。

　　4－6　设计工作频率范围为 30～8000 MHz 的无线电测向系统的原理框图和详细组成框图。

第 5 章

无线电定位中的坐标变换

为了监测、查找、排除非法无线电信号源或敌方无线电信号源，需要对空中的无线电信号源进行定位，这类未知的无线电信号通常称为非合作信号。非合作信号的定位通常称为无源定位，意指定位系统不主动发射信号，只接收信号，并对接收到的信号进行定位。

常用的无源定位体制有：测向交叉定位体制、时差定位体制、时差频差定位体制、相位差变化率定位体制、多普勒变化率定位体制等。

定位体制与定位设备的安装平台（载体）紧密相关，定位设备的安装平台通常有地面（陆基）平台、舰载平台、机载平台、星载平台几大类。定位结果与安装平台所采用的坐标系有关。

在实际工程应用中，无线电信号源（目标信号）的定位结果通常以地心大地坐标系中的经度、纬度、高程或地心地固坐标系中的 (X, Y, Z) 表示。而定位设备获取到的方位角、俯仰角等参数又是以定位设备安装平台的载体坐标系为参考的，因此，无线电定位中经常需要进行各种坐标系之间的相互转换。

坐标系由坐标原点的位置、坐标轴指向和尺度三个要素定义。基于坐标系，可以用一组数值来精确描述空间位置中的任何一点。本章中直角坐标系均考虑右手坐标系。

本章对无线电定位中的常用坐标系、坐标变换的数学基础和无线电定位中的坐标变换进行详细讲述。

5.1　无线电定位中的常用坐标系

本节对无线电定位中的常用坐标系——地心惯性坐标系、地球坐标系、当地切平面坐标系、载体坐标系的基本概念进行详细介绍。

5.1.1　地心惯性坐标系（i 系）

地心惯性（earth centered inertial，ECI）坐标系，简称 i 系，也称天球坐标系，是在惯性空间中静止或做匀速运动的参考系，它是一个理想坐标系。如图 5-1 所示，该坐标系的原点固定在地球质心，z 轴平行于地球自转轴且指向北极点，x 轴指向春分点，y 轴在赤道平面内且与 x 轴和 z 轴构成右手坐标系，三个轴在惯性空间中固定不动。

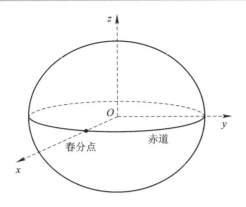

图 5-1　地心惯性坐标系

5.1.2　地球坐标系

与地球相固联的坐标系称为地球坐标系，又称为地固坐标系、地球直角坐标系，主要有两种表达形式：地心地固坐标系和地心大地坐标系。在大地测量中，通常用地球椭球对地球进行建模。

地球是一个赤道略鼓、两极稍扁且很不规则的球体。地球椭球是经过适当选择的旋转椭球。旋转椭球是椭圆绕其短轴旋转而成的几何体。如图 5-2 所示为地球椭球模型，其中 O 是椭球中心，NS 为旋转轴，a 为长半轴，b 为短半轴。包含旋转轴的平面与椭球面相截所得的椭圆叫子午圈，也称为经圈或子午椭圆，如 $NKAS$。旋转椭球上所有的子午圈的大小都是一样的。垂直于旋转轴的平面与椭球面相截所得的圆叫平行圈，也称为纬度，如 QKQ'。通过椭球中心的平行圈叫赤道，如 EAE'。赤道是最大的平行圈，而南极点、北极点是最小的平行圈[18]。

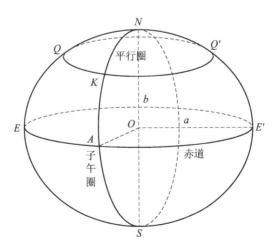

图 5-2　地球椭球模型

旋转椭球的形状和大小是由子午圈的五个基本几何参数(元素)决定的，这几个参数及其符号如表 5-1 所示。

表 5 - 1   子午圈的五个基本几何参数及其符号

几 何 参 数	符 号
椭圆的长半轴	a
椭圆的短半轴	b
椭圆的扁率	$a = \dfrac{a-b}{a}$
椭圆的第一偏心率	$e = \dfrac{\sqrt{a^2-b^2}}{a}$
椭圆的第二偏心率	$e' = \dfrac{\sqrt{a^2-b^2}}{b}$

1. 地心地固坐标系（e 系）

地心地固（earth centered earth fixed，ECEF）坐标系简称 e 系，是一种与地球固联并随着地球一起转动的笛卡儿坐标系。如图 5 - 3 所示，该坐标系以地球质心 O 为原点，z 轴平行于地球自转轴且指向北极点，x 轴指向本初子午线与赤道的交点，y 轴垂直于 xOz 平面且与 x 轴和 z 轴构成右手坐标系。

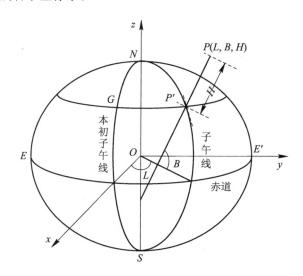

图 5 - 3   地心地固坐标系

用地球椭球对地球进行建模可得到一种较精确的数学模型，则在地心地固坐标系中，地球表面任意点的位置可用地球椭球面方程表述：

$$\frac{x^2}{a^2} + \frac{y^2}{a^2} + \frac{z^2}{a^2(1-e^2)} = 1 \tag{5-1}$$

其中，a 为地球长半径，e 为椭圆的第一偏心率。

地球椭球面方程也可表示为

$$\frac{x^2}{a^2} + \frac{y^2}{a^2} + \frac{z^2}{b^2} = 1 \tag{5-2}$$

其中，a 为地球长半径，b 为地球短半径。

常见的地球椭球体参数如表 5-2 所示。

表 5-2　常见的地球椭球体参数

	克拉索夫斯基椭球	国际椭球	WGS84 椭球	2000 国家大地坐标系椭球
a	6 378 245	6 378 140	6 378 137	6 378 137
b	6 356 863.018 773 047 3	6 356 755.288 157 528 7	6 356 752.314 2	6 356 752.314 1
c	6 399 698.901 782 711 0	6 399 596.651 988 010 5	6 399 593.625 8	6 399 593.635 9
α	1/298.3	1/298.257	1/298.257 223 563	1/298.257 222 101
e^2	0.006 693 421 622 966	0.006 694 384 999 588	0.006 694 379 990 13	0.006 694 380 022 90
e'^2	0.006 738 525 414 683	0.006 739 501 819 473	0.006 739 496 742 27	0.006 739 496 496 775 48

注：a 为长半轴，单位为米；b 为短半轴，单位为米；$c = \dfrac{a^2}{b}$；α 为椭圆的扁率；e 为椭圆的第一偏心率；e' 为椭圆的第二偏心率。

2. 地心大地坐标系

地心大地坐标系即大地坐标系，简称 LLA(longitude latitude altitude)坐标系。该坐标系中空间点的位置可用经度(L)、纬度(B)和高程(H)表示。

如图 5-3 所示，通过 P' 点和 z 轴的子午面 $NP'S$ 与本初子午面 NGS 所构成的二面角的平面角 L 叫作 P' 的大地经度。由本初子午面起算，向东为正，叫东经，范围为 $[0°, 180°]$；向西为负，叫西经，范围为 $[-180°, 0°]$。P' 点的法线 PP' 与赤道面的夹角 B 叫作 P' 点的大地纬度。由赤道面起算，向北为正，叫北纬，范围为 $[0°, 90°]$；向南为负，叫南纬，范围为 $[-90°, 0°]$。

因此，经度的范围是 $[-180°, 180°]$，纬度的范围是 $[-90°, 90°]$。若用弧度表示，则有

$$
\begin{cases}
L \in [-\pi, \pi] \\
B \in \left[-\dfrac{\pi}{2}, \dfrac{\pi}{2}\right]
\end{cases}
\tag{5-3}
$$

在该坐标系中，如果点不在椭球面上，则表示点的位置除 L、B 外，还要附加另一参数——大地高程 H；如果点在椭球面上，则 $H = 0$。

5.1.3　当地切平面坐标系(n 系)

当地切平面坐标系也称为导航或站心坐标系，简称 n 系，常用的有 ENU 坐标系和 NED 坐标系。

1. ENU 坐标系

ENU(east north up，东北天)坐标系以某一基准点为坐标原点，x 轴指向正东，y 轴指向正北，z 轴垂直于地表远离地心，如图 5-4(a)所示。

2. NED 坐标系

NED(north east down，北东地)坐标系以地面基准站为坐标原点，x 轴指向正北，y 轴指向正东，z 轴垂直于地表指向地心，如图 5-4(b)所示。

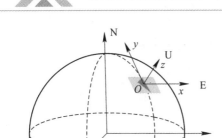
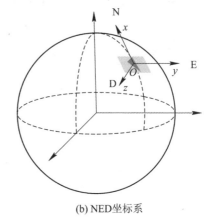

(a) ENU坐标系　　　　　　　　　　　(b) NED坐标系

图 5-4　当地切平面坐标系

5.1.4　载体坐标系(*b* 系)

这里介绍的载体坐标系对机载、舰载、星载平台等均适用。

载体坐标系与载体固联，坐标原点设置在载体的质心，三个坐标轴与滚动(roll)轴、俯仰(pitch)轴、偏航(yaw)轴分别对应。

应用场景不同，坐标轴指向也不同。常用的载体坐标系有如下两种：

(1) 如图 5-5 所示，y 轴沿着载体纵轴指向前方；x 轴指向载体右翼；z 轴与 x 轴和 y 轴构成右手笛卡儿坐标系，指向载体垂直方向向上。也就是说，y 轴对应滚动轴，x 轴对应俯仰轴，z 轴对应偏航轴。

(2) 如图 5-6 所示，x 轴沿着载体纵轴指向前方；y 轴指向载体右翼；z 轴与 x 轴和 y 轴构成右手笛卡儿坐标系，指向载体垂直方向向下。也就是说，x 轴对应滚动轴，y 轴对应俯仰轴，z 轴对应偏航轴。

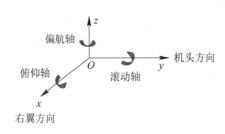
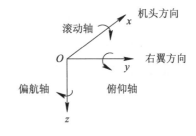

图 5-5　载体坐标系一　　　　　　　　图 5-6　载体坐标系二

5.2　坐标变换的数学基础

本节对坐标变换的数学基础进行详细介绍，包括坐标系原点平移、坐标旋转(向量旋转和坐标系旋转)的计算公式推导，并且在坐标旋转部分的最后提供了坐标轴旋转矩阵计算的 MATLAB 程序实现示例，可供读者参考。

5.2.1 坐标系原点平移

如图 5-7 所示为三维坐标系的原点平移，坐标原点由 O 点平移至 O' 点，即在 x 轴方向上平移 t_x、在 y 轴方向上平移 t_y、在 z 轴方向上平移 t_z，同时坐标轴指向和尺度不变，则三维坐标系 $Oxyz$ 平移后得到 $O'x'y'z'$ 坐标系。

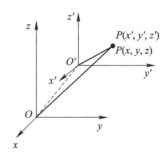

图 5-7 三维坐标系的原点平移

规定坐标轴指向方向为平移正向。

假设 P 点在坐标系 $Oxyz$ 中的坐标值为 $\begin{bmatrix} x \\ y \\ z \end{bmatrix}$，在坐标系 $O'x'y'z'$ 中的坐标值为 $\begin{bmatrix} x' \\ y' \\ z' \end{bmatrix}$，则 P 点的坐标在平移前后的关系可以表述为

$$\begin{bmatrix} x' \\ y' \\ z' \end{bmatrix} = \boldsymbol{T} \begin{bmatrix} x \\ y \\ z \end{bmatrix} \tag{5-4}$$

式中，$\boldsymbol{T}$ 为转换矩阵。

在 $Oxyz$ 坐标系中，O 点坐标为 $\begin{bmatrix} 0 \\ 0 \\ 0 \end{bmatrix}$，$P$ 点坐标为 $\begin{bmatrix} x \\ y \\ z \end{bmatrix}$，$O'$ 点坐标为 $\begin{bmatrix} t_x \\ t_y \\ t_z \end{bmatrix}$，则向量 $\overrightarrow{O'P}$ 可以表述为

$$\overrightarrow{O'P} = \overrightarrow{OP} - \overrightarrow{OO'} = \begin{bmatrix} x \\ y \\ z \end{bmatrix} - \begin{bmatrix} t_x \\ t_y \\ t_z \end{bmatrix} \tag{5-5}$$

在 $O'x'y'z'$ 坐标系中，O' 点坐标为 $\begin{bmatrix} 0 \\ 0 \\ 0 \end{bmatrix}$，$P$ 点坐标为 $\begin{bmatrix} x' \\ y' \\ z' \end{bmatrix}$，则向量 $\overrightarrow{O'P}$ 可以表述为

$$\overrightarrow{O'P} = \begin{bmatrix} x' \\ y' \\ z' \end{bmatrix} - \begin{bmatrix} 0 \\ 0 \\ 0 \end{bmatrix} = \begin{bmatrix} x' \\ y' \\ z' \end{bmatrix} \tag{5-6}$$

由于平移前后向量不变，因此有

$$\begin{bmatrix} x' \\ y' \\ z' \end{bmatrix} = \begin{bmatrix} x \\ y \\ z \end{bmatrix} - \begin{bmatrix} t_x \\ t_y \\ t_z \end{bmatrix} = \begin{bmatrix} 1 & 0 & 0 & -t_x \\ 0 & 1 & 0 & -t_y \\ 0 & 0 & 1 & -t_z \end{bmatrix} \begin{bmatrix} x \\ y \\ z \\ 1 \end{bmatrix} \tag{5-7}$$

于是坐标原点平移 $\begin{bmatrix} t_x \\ t_y \\ t_z \end{bmatrix}$，同一点 P 变换前后的向量关系可表述为

$$\begin{bmatrix} x' \\ y' \\ z' \\ 1 \end{bmatrix} = \boldsymbol{T} \begin{bmatrix} x \\ y \\ z \\ 1 \end{bmatrix} = \begin{bmatrix} 1 & 0 & 0 & -t_x \\ 0 & 1 & 0 & -t_y \\ 0 & 0 & 1 & -t_z \\ 0 & 0 & 0 & 1 \end{bmatrix} \begin{bmatrix} x \\ y \\ z \\ 1 \end{bmatrix} \tag{5-8}$$

5.2.2　坐标旋转

坐标旋转涉及向量旋转和坐标系旋转。向量旋转是向量在固定坐标系内按照一定角度进行旋转，而坐标系旋转则是整个坐标系统绕某个轴或点进行转动。坐标旋转与旋转矩阵紧密相关。旋转矩阵是一种特殊的方阵，它能够描述坐标旋转的几何变换。通过将原始坐标与旋转矩阵相乘，我们可以得到旋转后的新坐标，从而实现坐标的旋转操作。

规定向量沿逆时针方向旋转的角度为正，即右手大拇指指向坐标轴正向时，另外四指的弯曲方向（即旋转方向）为正。

1. 向量旋转

1）二维向量旋转

如图 5-8 所示为二维向量旋转，在 Oxy 坐标系中，向量 $\overrightarrow{OP}$ 绕 O 点逆时针旋转 β 角度到了 $\overrightarrow{OP'}$ 的位置。

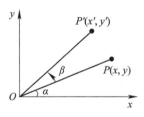

图 5-8　二维向量旋转

根据三角函数关系，可以列出向量 $\overrightarrow{OP}$ 与 $\overrightarrow{OP'}$ 的坐标表示形式为

$$\overrightarrow{OP} = \begin{bmatrix} x \\ y \end{bmatrix} = \begin{bmatrix} |\overrightarrow{OP}| \cos\alpha \\ |\overrightarrow{OP}| \sin\alpha \end{bmatrix} \tag{5-9}$$

$$\overrightarrow{OP'} = \begin{bmatrix} x' \\ y' \end{bmatrix} = \begin{bmatrix} |\overrightarrow{OP'}| \cos(\alpha+\beta) \\ |\overrightarrow{OP'}| \sin(\alpha+\beta) \end{bmatrix} = \begin{bmatrix} |\overrightarrow{OP}| \cos(\alpha+\beta) \\ |\overrightarrow{OP}| \sin(\alpha+\beta) \end{bmatrix} \tag{5-10}$$

将式(5-10)展开得

$$\begin{bmatrix} x' \\ y' \end{bmatrix} = \begin{bmatrix} |\overrightarrow{OP}| \cos(\alpha + \beta) \\ |\overrightarrow{OP}| \sin(\alpha + \beta) \end{bmatrix} = \begin{bmatrix} |\overrightarrow{OP}| (\cos\alpha \cos\beta - \sin\alpha \sin\beta) \\ |\overrightarrow{OP}| (\sin\alpha \cos\beta + \cos\alpha \sin\beta) \end{bmatrix} \qquad (5-11)$$

因而可得向量在旋转前后的坐标变换关系为

$$\begin{bmatrix} x' \\ y' \end{bmatrix} = \begin{bmatrix} \cos\beta & -\sin\beta \\ \sin\beta & \cos\beta \end{bmatrix} \begin{bmatrix} x \\ y \end{bmatrix} \qquad (5-12)$$

2）三维向量旋转

（1）绕 z 轴旋转。

Oxy 坐标系中的二维向量旋转实际上就是 $Oxyz$ 坐标系中向量绕 z 轴的旋转，如图 5-9 所示。三维向量 $\overrightarrow{OP}$ 绕 z 轴旋转 β 角度对应为 z 坐标不变，向量 $\overrightarrow{OP} = (x, y, z)$ 在 xOy 平面的投影 $\overrightarrow{OP_1} = (x, y, 0)$ 在 xOy 平面内旋转 β 角度。

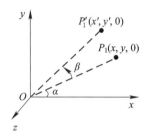

图 5-9　向量绕 z 轴旋转

根据二维向量旋转可知，向量绕 z 轴旋转前后的坐标变换关系为

$$\begin{bmatrix} x' \\ y' \\ z' \end{bmatrix} = \begin{bmatrix} \cos\beta & -\sin\beta & 0 \\ \sin\beta & \cos\beta & 0 \\ 0 & 0 & 1 \end{bmatrix} \begin{bmatrix} x \\ y \\ z \end{bmatrix} \qquad (5-13)$$

（2）绕 y 轴旋转。

如图 5-10 所示为向量绕 y 轴旋转，同理，这里直接改变坐标轴的符号表示，注意坐标顺序要符合右手坐标系，得到向量绕 y 轴旋转前后的坐标变换关系为

$$\begin{bmatrix} z' \\ x' \\ y' \end{bmatrix} = \begin{bmatrix} \cos\beta & -\sin\beta & 0 \\ \sin\beta & \cos\beta & 0 \\ 0 & 0 & 1 \end{bmatrix} \begin{bmatrix} z \\ x \\ y \end{bmatrix}$$

改写为 x、y、z 的顺序，得到向量绕 y 轴旋转前后的坐标变换关系为

$$\begin{bmatrix} x' \\ y' \\ z' \end{bmatrix} = \begin{bmatrix} \cos\beta & 0 & \sin\beta \\ 0 & 1 & 0 \\ -\sin\beta & 0 & \cos\beta \end{bmatrix} \begin{bmatrix} x \\ y \\ z \end{bmatrix} \qquad (5-14)$$

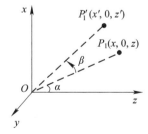

图 5-10　向量绕 y 轴旋转

（3）绕 x 轴旋转。

如图 5-11 所示为向量绕 x 轴旋转，参考向量绕 y 轴旋转的推导，可以得到向量绕 x 轴旋转前后的坐标变换关系为

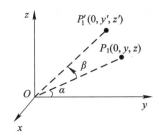

图 5-11 向量绕 x 轴旋转

$$\begin{bmatrix} y' \\ z' \\ x' \end{bmatrix} = \begin{bmatrix} \cos\beta & -\sin\beta & 0 \\ \sin\beta & \cos\beta & 0 \\ 0 & 0 & 1 \end{bmatrix} \begin{bmatrix} y \\ z \\ x \end{bmatrix}$$

改写为 x、y、z 的顺序，得到向量绕 x 轴旋转前后的坐标变换关系为

$$\begin{bmatrix} x' \\ y' \\ z' \end{bmatrix} = \begin{bmatrix} 1 & 0 & 0 \\ 0 & \cos\beta & -\sin\beta \\ 0 & \sin\beta & \cos\beta \end{bmatrix} \begin{bmatrix} x \\ y \\ z \end{bmatrix} \tag{5-15}$$

综上可知，在右手坐标系中，向量绕坐标轴旋转 β 角度的旋转矩阵如下。

（1）绕 z 轴旋转的旋转矩阵：

$$\boldsymbol{T}_z = \begin{bmatrix} \cos\beta & -\sin\beta & 0 \\ \sin\beta & \cos\beta & 0 \\ 0 & 0 & 1 \end{bmatrix} \tag{5-16}$$

（2）绕 y 轴旋转的旋转矩阵：

$$\boldsymbol{T}_y = \begin{bmatrix} \cos\beta & 0 & \sin\beta \\ 0 & 1 & 0 \\ -\sin\beta & 0 & \cos\beta \end{bmatrix} \tag{5-17}$$

（3）绕 x 轴旋转的旋转矩阵：

$$\boldsymbol{T}_x = \begin{bmatrix} 1 & 0 & 0 \\ 0 & \cos\beta & -\sin\beta \\ 0 & \sin\beta & \cos\beta \end{bmatrix} \tag{5-18}$$

3）反向旋转

如前所述，规定向量沿逆时针方向（正向）旋转的角度为正，则向量沿顺时针方向（反向）旋转的角度为负。如图 5-12 所示，假设向量沿顺时针方向旋转 β 角度，则有

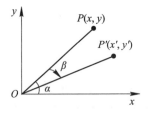

图 5-12 向量沿顺时针方向旋转

$$\begin{cases} x = |\overrightarrow{OP}| \cdot \cos\alpha \\ y = |\overrightarrow{OP}| \cdot \sin\alpha \end{cases}$$

$$\begin{cases} x' = |\overrightarrow{OP}| \cdot \cos(\alpha - \beta) = |\overrightarrow{OP}| \cdot (\cos\alpha\cos\beta + \sin\alpha\sin\beta) = x \cdot \cos\beta + y \cdot \sin\beta \\ y' = |\overrightarrow{OP}| \cdot \sin(\alpha - \beta) = |\overrightarrow{OP}| \cdot (-\cos\alpha\sin\beta + \sin\alpha\cos\beta) = -x \cdot \sin\beta + y \cdot \cos\beta \end{cases}$$

因而可得向量在旋转前后的坐标变换关系为

$$\begin{bmatrix} x' \\ y' \end{bmatrix} = \begin{bmatrix} \cos\beta & \sin\beta \\ -\sin\beta & \cos\beta \end{bmatrix} \cdot \begin{bmatrix} x \\ y \end{bmatrix} \tag{5-19}$$

式(5-19)中的旋转矩阵其实是正向旋转矩阵的逆矩阵，由于正向旋转矩阵是正交阵，所以其逆矩阵就是转置矩阵。反向旋转 β 角度可以认为是正向旋转 $-\beta$ 角度。

2. 坐标系旋转

描述两个坐标系的旋转关系可以采用旋转矩阵、欧拉角、四元数和旋转矢量四种数学工具，下面主要探讨旋转矩阵和欧拉角，并给出坐标轴旋转矩阵计算的 MATLAB 程序实现示例。

1）旋转矩阵

（1）二维坐标系旋转。

在 Oxy 坐标系中，有一向量 $\overrightarrow{OP}$，其坐标可表示为 (x, y)，该向量与 x 轴的夹角为 α。如图 5-13 所示，坐标系的坐标原点不变，坐标轴沿逆时针方向旋转 β 角度，形成了新的坐标系 $Ox'y'$，向量 $\overrightarrow{OP}$ 在新的坐标系中的坐标表示为 (x', y')，根据几何关系可以得到

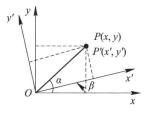

图 5-13　坐标轴旋转

$$\begin{cases} x = |\overrightarrow{OP}| \cdot \cos\alpha \\ y = |\overrightarrow{OP}| \cdot \sin\alpha \end{cases} \tag{5-20}$$

$$\begin{cases} x' = |\overrightarrow{OP}| \cdot \cos(\alpha - \beta) = x \cdot \cos\beta + y \cdot \sin\beta \\ y' = |\overrightarrow{OP}| \cdot \sin(\alpha - \beta) = -x \cdot \sin\beta + y \cdot \cos\beta \end{cases} \tag{5-21}$$

最终得到旋转前后的坐标变换关系为

$$\begin{bmatrix} x' \\ y' \end{bmatrix} = \begin{bmatrix} \cos\beta & \sin\beta \\ -\sin\beta & \cos\beta \end{bmatrix} \cdot \begin{bmatrix} x \\ y \end{bmatrix} \tag{5-22}$$

从式(5-22)中可以看出，坐标系旋转的旋转矩阵与向量旋转的旋转矩阵正好是转置关系。实际上二者也是互逆关系，因为旋转矩阵为正交阵，其逆矩阵与转置矩阵相同。这两种旋转本质上是相对运动，互为逆过程。

（2）三维坐标系旋转。

① 绕 z 轴旋转。

Oxy（二维）坐标系旋转实际上就是 $Oxyz$（三维）坐标系的坐标原点不变、坐标轴绕 z 轴的旋转，如图 5-14 所示。此时坐标系绕 z 轴旋转 β 角度，向量 $\overrightarrow{OP}$ 的 z 坐标不变，且向量 $\overrightarrow{OP} = (x, y, z)$ 在 xOy 平面的投影为 $\overrightarrow{OP_1} = (x, y, 0)$。在新的坐标系 $Ox'y'z'$ 中，向量 $\overrightarrow{OP'} = (x', y', z')$ 在 $x'Oy'$ 平面的投影为 $\overrightarrow{OP_1'} = (x', y', 0)$。于是坐标系绕 z 轴旋转时的坐标变换关系为

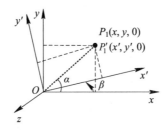

图 5-14 坐标轴绕 z 轴旋转

$$\begin{bmatrix} x' \\ y' \\ z' \end{bmatrix} = \begin{bmatrix} \cos\beta & \sin\beta & 0 \\ -\sin\beta & \cos\beta & 0 \\ 0 & 0 & 1 \end{bmatrix} \begin{bmatrix} x \\ y \\ z \end{bmatrix} \tag{5-23}$$

② 绕 y 轴旋转。

同理，坐标系的坐标原点不变、坐标轴绕 y 轴旋转时，y 坐标不变，如图 5-15 所示，此时的坐标变换关系为

$$\begin{bmatrix} z' \\ x' \\ y' \end{bmatrix} = \begin{bmatrix} \cos\beta & \sin\beta & 0 \\ -\sin\beta & \cos\beta & 0 \\ 0 & 0 & 1 \end{bmatrix} \begin{bmatrix} z \\ x \\ y \end{bmatrix}$$

整理为 x、y、z 的顺序，得到坐标系的坐标原点不变、坐标轴绕 y 轴旋转时的坐标变换关系为

$$\begin{bmatrix} x' \\ y' \\ z' \end{bmatrix} = \begin{bmatrix} \cos\beta & 0 & -\sin\beta \\ 0 & 1 & 0 \\ \sin\beta & 0 & \cos\beta \end{bmatrix} \begin{bmatrix} x \\ y \\ z \end{bmatrix} \tag{5-24}$$

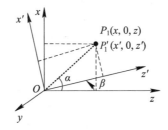

图 5-15 坐标轴绕 y 轴旋转

③ 绕 x 轴旋转。

同理，坐标系的坐标原点不变、坐标轴绕 x 轴旋转时，x 坐标不变，如图 5-16 所示，此时的坐标变换关系为

$$\begin{bmatrix} y' \\ z' \\ x' \end{bmatrix} = \begin{bmatrix} \cos\beta & \sin\beta & 0 \\ -\sin\beta & \cos\beta & 0 \\ 0 & 0 & 1 \end{bmatrix} \begin{bmatrix} y \\ z \\ x \end{bmatrix} \tag{5-25}$$

整理为 x、y、z 的顺序，得到坐标系的坐标原点不变、坐标轴绕 x 轴旋转时的坐标变换关系为

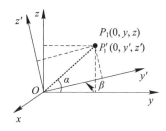

图 5 - 16　坐标轴绕 x 轴旋转

$$\begin{bmatrix} x' \\ y' \\ z' \end{bmatrix} = \begin{bmatrix} 1 & 0 & 0 \\ 0 & \cos\beta & \sin\beta \\ 0 & -\sin\beta & \cos\beta \end{bmatrix} \begin{bmatrix} x \\ y \\ z \end{bmatrix} \tag{5-26}$$

我们用 1、2、3 分别标记绕 x 轴、y 轴、z 轴旋转的旋转矩阵，可以得到在右手坐标系中，坐标系的坐标原点不变、坐标轴沿逆时针方向旋转 β 角度时的旋转矩阵如下。

① 绕 x 轴旋转的旋转矩阵：

$$\boldsymbol{R}_1(\beta) = \begin{bmatrix} 1 & 0 & 0 \\ 0 & \cos\beta & \sin\beta \\ 0 & -\sin\beta & \cos\beta \end{bmatrix} \tag{5-27}$$

② 绕 y 轴旋转的旋转矩阵：

$$\boldsymbol{R}_2(\beta) = \begin{bmatrix} \cos\beta & 0 & -\sin\beta \\ 0 & 1 & 0 \\ \sin\beta & 0 & \cos\beta \end{bmatrix} \tag{5-28}$$

③ 绕 z 轴旋转的旋转矩阵：

$$\boldsymbol{R}_3(\beta) = \begin{bmatrix} \cos\beta & \sin\beta & 0 \\ -\sin\beta & \cos\beta & 0 \\ 0 & 0 & 1 \end{bmatrix} \tag{5-29}$$

在三维空间坐标系中，绕某个固定轴旋转被称为 Givens 初等旋转，空间中的任意转动都可以由这三种初等旋转合成。

2）欧拉角

三维空间中刚体或者坐标系定点转动需要三个自由度，最常用的就是欧拉角表示。但是由于旋转顺序问题，欧拉角表示并不唯一。一般在给出欧拉角表示的时候，都要指定欧拉角的定义方式。

通过一定顺序的三个坐标旋转可以描述任意坐标系的旋转。目前坐标旋转没有统一的旋转顺序描述。我们用 1、2、3 表示分别绕 x 轴、y 轴、z 轴旋转，如先绕 z 轴旋转，然后绕 x 轴旋转，最后绕 y 轴旋转，则旋转顺序记为"312"。

由 1、2、3 构成的三个数字的旋转组合有 27 种，但是满足两个连续数字不相等的约束的组合只有 12 种，即 121、123、131、132、212、213、231、232、312、313、321、323。

欧拉角和旋转矩阵有密切关系，两者统称为转角系统。定义转角系统要考虑如下三个要素：① 旋转顺序；② 欧拉角的符号与阈值定义；③ 奇点问题。

下面定义两种常用的转角系统。

（1）转角系统 1。

如图 5-17 所示为转角系统 1，这种转角系统在国内导航领域常用，以 ENU 坐标系为参考坐标系，对应旋转顺序为 $z \rightarrow x \rightarrow y$，即 312。第一次旋转为绕 z 轴旋转 ψ，ψ 称为航向角；第二次旋转为绕 x 轴旋转 θ，θ 称为俯仰角；第三次旋转为绕 y 轴旋转 ϕ，ϕ 称为滚动角。

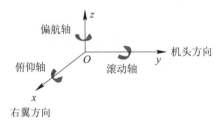

图 5-17 转角系统 1（箭头方向为正）

三次旋转得到的单轴旋转矩阵为

$$\begin{cases}
\boldsymbol{R}_z(\psi) = \boldsymbol{R}_3(\psi) = \begin{bmatrix} \cos\psi & \sin\psi & 0 \\ -\sin\psi & \cos\psi & 0 \\ 0 & 0 & 1 \end{bmatrix} \\[6pt]
\boldsymbol{R}_x(\theta) = \boldsymbol{R}_1(\theta) = \begin{bmatrix} 1 & 0 & 0 \\ 0 & \cos\theta & \sin\theta \\ 0 & -\sin\theta & \cos\theta \end{bmatrix} \\[6pt]
\boldsymbol{R}_y(\phi) = \boldsymbol{R}_2(\phi) = \begin{bmatrix} \cos\phi & 0 & -\sin\phi \\ 0 & 1 & 0 \\ \sin\phi & 0 & \cos\phi \end{bmatrix}
\end{cases} \quad (5-30)$$

最终，将各次旋转合并后得到总的旋转矩阵：

$$\boldsymbol{R}(\psi,\theta,\phi) = \boldsymbol{R}_y(\phi)\boldsymbol{R}_x(\theta)\boldsymbol{R}_z(\psi) = \boldsymbol{R}_2(\phi)\boldsymbol{R}_1(\theta)\boldsymbol{R}_3(\psi) \quad (5-31)$$

将式（5-30）代入式（5-31）后得

$$\boldsymbol{R}(\psi,\theta,\phi) = \begin{bmatrix} \cos\psi\cos\phi - \sin\psi\sin\phi\sin\theta & \sin\psi\cos\phi + \cos\psi\sin\phi\sin\theta & -\sin\phi\cos\theta \\ -\sin\psi\cos\theta & \cos\psi\cos\theta & \sin\theta \\ \cos\psi\sin\phi + \sin\psi\cos\phi\sin\theta & \sin\psi\sin\phi - \cos\psi\cos\phi\sin\theta & \cos\phi\cos\theta \end{bmatrix}$$

$$(5-32)$$

若已知旋转矩阵 $\boldsymbol{R}(\psi,\theta,\phi)$ 求欧拉角，则有

$$\begin{cases}
\psi = \arctan2\left(-\dfrac{\boldsymbol{R}_{21}}{\cos\theta}, \dfrac{\boldsymbol{R}_{22}}{\cos\theta}\right) \\[6pt]
\theta = \arcsin(\boldsymbol{R}_{23}) \\[6pt]
\phi = \arctan2\left(-\dfrac{\boldsymbol{R}_{13}}{\cos\theta}, \dfrac{\boldsymbol{R}_{33}}{\cos\theta}\right)
\end{cases} \quad (5-33)$$

式中，$\boldsymbol{R}_{ij}$ 表示 $\boldsymbol{R}(\psi,\theta,\phi)$ 中第 $i(i=1,2,3)$ 行第 $j(j=1,2,3)$ 列元素。$\arctan2(y,x)$ 的输入不是正切值，而是两个数 y 和 x，其值域为 $(-\pi, \pi]$，可以根据 x 和 y 来确定点落在哪个象限。$\arctan2(y,x)$ 的取值与 x 和 y 的关系如下：

$$
\text{arctan2}(y, x) \in
\begin{cases}
\left(-\pi, -\dfrac{\pi}{2}\right) & x < 0,\ y < 0 \\[2mm]
-\dfrac{\pi}{2} & x = 0,\ y < 0 \\[2mm]
\left(-\dfrac{\pi}{2}, 0\right] & x > 0,\ y \leqslant 0 \\[2mm]
0 & x = 0,\ y = 0 \\[2mm]
\left(0, \dfrac{\pi}{2}\right) & x > 0,\ y > 0 \\[2mm]
\dfrac{\pi}{2} & x = 0,\ y > 0 \\[2mm]
\left(\dfrac{\pi}{2}, \pi\right] & x < 0,\ y \geqslant 0
\end{cases}
\tag{5-34}
$$

于是欧拉角的值域为

$$
\begin{cases}
\psi \in (-\pi, \pi] \\[2mm]
\theta \in \left(-\dfrac{\pi}{2}, \dfrac{\pi}{2}\right) \\[2mm]
\phi \in (-\pi, \pi]
\end{cases}
\tag{5-35}
$$

所有的欧拉角的符号均服从右手系规则。如图 5-17 中绕 z 轴旋转 ψ 角度表示从正向 y 轴开始起算（0°），转至负向 x 轴再转至负向 y 轴（180°），该区域内为正；而绕 z 轴标识的反方向旋转 ψ 角度表示从正向 y 轴开始起算，转至正向 x 轴再转至负向 y 轴（−180°），该区域内为负。

由式（5-32）可知，当 $\theta = \dfrac{\pi}{2}$ 时，

$$
\boldsymbol{R}(\psi, \theta, \phi) =
\begin{bmatrix}
\cos\psi\cos\phi - \sin\psi\sin\phi & \sin\psi\cos\phi + \cos\psi\sin\phi & 0 \\
0 & 0 & 1 \\
\cos\psi\sin\phi + \sin\psi\cos\phi & \sin\psi\sin\phi - \cos\psi\cos\phi & 0
\end{bmatrix}
$$

整理得

$$
\boldsymbol{R}(\psi, \theta, \phi) =
\begin{bmatrix}
\cos(\psi + \phi) & \sin(\psi + \phi) & 0 \\
0 & 0 & 1 \\
\sin(\psi + \phi) & -\cos(\psi + \phi) & 0
\end{bmatrix}
\tag{5-36}
$$

同理，当 $\theta = -\dfrac{\pi}{2}$ 时，

$$
\boldsymbol{R}(\psi, \theta, \phi) =
\begin{bmatrix}
\cos\psi\cos\phi + \sin\psi\sin\phi & \sin\psi\cos\phi - \cos\psi\sin\phi & 0 \\
0 & 0 & -1 \\
\cos\psi\sin\phi - \sin\psi\cos\phi & \sin\psi\sin\phi + \cos\psi\cos\phi & 0
\end{bmatrix}
$$

整理得

$$
\boldsymbol{R}(\psi, \theta, \phi) =
\begin{bmatrix}
\cos(\psi - \phi) & \sin(\psi - \phi) & 0 \\
0 & 0 & -1 \\
-\sin(\psi - \phi) & \cos(\psi - \phi) & 0
\end{bmatrix}
\tag{5-37}
$$

已知旋转矩阵 $\boldsymbol{R}(\psi, \theta, \phi)$ 求解 ψ 和 ϕ，当 $\theta = \pm\dfrac{\pi}{2}$ 时，由式(5-33)中求解 ψ 和 ϕ 的式子中分母 $\cos\theta = 0$ 可知，ψ 和 ϕ 不可求解；当 $\theta = \pm\dfrac{\pi}{2}$ 时，由式(5-36)和式(5-37)可知，此时同一个 ψ 和 ϕ 有无穷多种组合，出现转角系统的奇点问题。

（2）**转角系统 2**。

如图 5-18 所示为转角系统 2，这种转角系统在国外导航领域常用，以 NED 坐标系为参考坐标系，对应旋转顺序为 $z \to y \to x$，即 321。第一次旋转为绕 z 轴旋转 ψ，ψ 称为航向角；第二次旋转为绕 y 轴旋转 θ，θ 称为俯仰角；第三次旋转为绕 x 轴旋转 ϕ，ϕ 称为滚动角。

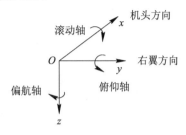

图 5-18 转角系统 2（箭头方向为正）

三次旋转得到的单轴旋转矩阵为

$$
\begin{cases}
\boldsymbol{R}_z(\psi) = \boldsymbol{R}_3(\psi) = \begin{bmatrix} \cos\psi & \sin\psi & 0 \\ -\sin\psi & \cos\psi & 0 \\ 0 & 0 & 1 \end{bmatrix} \\[3mm]
\boldsymbol{R}_y(\theta) = \boldsymbol{R}_2(\theta) = \begin{bmatrix} \cos\theta & 0 & -\sin\theta \\ 0 & 1 & 0 \\ \sin\theta & 0 & \cos\theta \end{bmatrix} \\[3mm]
\boldsymbol{R}_x(\phi) = \boldsymbol{R}_1(\phi) = \begin{bmatrix} 1 & 0 & 0 \\ 0 & \cos\phi & \sin\phi \\ 0 & -\sin\phi & \cos\phi \end{bmatrix}
\end{cases}
\tag{5-38}
$$

最终，将各次旋转合并后得到总的旋转矩阵：

$$
\boldsymbol{R}(\psi, \theta, \phi) = \boldsymbol{R}_x(\phi)\boldsymbol{R}_y(\theta)\boldsymbol{R}_z(\psi) = \boldsymbol{R}_1(\phi)\boldsymbol{R}_2(\theta)\boldsymbol{R}_3(\psi)
\tag{5-39}
$$

将式(5-38)代入式(5-39)后得

$$
\boldsymbol{R}(\psi, \theta, \phi) = \begin{bmatrix} \cos\psi\cos\theta & \sin\psi\cos\theta & -\sin\theta \\ -\sin\psi\cos\phi + \cos\psi\sin\theta\sin\phi & \cos\psi\cos\phi + \sin\psi\sin\theta\sin\phi & \cos\theta\sin\phi \\ \sin\psi\sin\phi + \cos\psi\sin\theta\cos\phi & -\cos\psi\sin\phi + \sin\psi\sin\theta\cos\phi & \cos\theta\cos\phi \end{bmatrix}
\tag{5-40}
$$

若已知旋转矩阵 $\boldsymbol{R}(\psi, \theta, \phi)$ 求欧拉角，则有

$$
\begin{cases}
\psi = \arctan2\left(\dfrac{\boldsymbol{R}_{12}}{\cos\theta}, \dfrac{\boldsymbol{R}_{11}}{\cos\theta}\right) \\[3mm]
\theta = -\arcsin(\boldsymbol{R}_{13}) \\[3mm]
\phi = \arctan2\left(\dfrac{\boldsymbol{R}_{23}}{\cos\theta}, \dfrac{\boldsymbol{R}_{33}}{\cos\theta}\right)
\end{cases}
\tag{5-41}
$$

当 $\theta = \pm\dfrac{\pi}{2}$ 时，式(5-41)中求解 ψ 和 ϕ 的式子中分母 $\cos\theta = 0$，ψ 和 ϕ 不可求解，出现转角系统的奇点问题。

3）坐标轴旋转矩阵计算的 MATLAB 程序实现示例

（1）坐标轴绕 x 轴旋转，相关操作代码如下：

```
1. % ————AxisRotx.m
2. % zengfeng 2022.12.26
3. %功能：求坐标轴绕 x 轴逆时针旋转 theta 角度的旋转矩阵
4. %向量[x y z]'在变换后的坐标 [x1 y1 z1]'=AxisRotx*[x y z]'
5. %输入：theta 旋转角度，单位：rad
6. %输出：Tx     旋转矩阵，单位：无量纲
7.
8. function Tx=AxisRotx(theta)
9.     Tx=[1 0 0；0 cos(theta) sin(theta)；0 -sin(theta) cos(theta)];
10. end
```

（2）坐标轴绕 y 轴旋转，相关操作代码如下：

```
1. % ————AxisRoty.m
2. % zengfeng 2022.12.26
3. %功能：求坐标轴绕 y 轴逆时针旋转 theta 角度的旋转矩阵
4. %向量 [x y z]'在变换后的坐标 [x1 y1 z1]'=AxisRoty*[x y z]'
5. %输入：theta 旋转角度，单位：rad
6. %输出：Ty     旋转矩阵，单位：无量纲
7.
8. function Ty=AxisRoty(theta)
9.     Ty=[cos(theta) 0 -sin(theta)；0 1 0；sin(theta) 0 cos(theta)];
10. end
```

（3）坐标轴绕 z 轴旋转，相关操作代码如下：

```
1. % ————AxisRotz.m
2. % zengfeng 2022.12.26
3. %功能：求坐标轴绕 z 轴逆时针旋转 theta 角度的旋转矩阵
4. %向量[x y z]'在变换后的坐标 [x1 y1 z1]'=AxisRotz*[x y z]'
5. %输入：theta 旋转角度，单位：rad
6. %输出：Tz     旋转矩阵，单位：无量纲
7.
8. function Tz=AxisRotz(theta)
9.     Tz=[cos(theta) sin(theta) 0；-sin(theta) cos(theta) 0；0 0 1];
10. end
```

5.3　无线电定位中的坐标变换

本节将系统地介绍常用坐标系之间的坐标转换，包括地心惯性坐标系（i 系）与地心地固坐标系（e 系）之间的坐标转换、地球坐标系之间的坐标转换、当地切平面坐标系之间的

坐标转换、地心地固(ECEF)坐标系与 ENU 坐标系之间的坐标转换、地心地固(ECEF)坐标系与 NED 坐标系之间的坐标转换、当地切平面坐标系与载体坐标系之间坐标转换的旋转矩阵,这些坐标转换公式在实际工程中可以直接应用。

5.3.1 地心惯性坐标系(i 系)与地心地固坐标系(e 系)之间的坐标转换

如图 5-19 所示为 i 系与 e 系的表示,i 系和 e 系的 z 轴指向相同,i 系和 e 系之间的夹角为春分点的格林尼治视恒星时(Greenwich apparent sidereal time,GAST),i 系绕 z 轴逆时针旋转 GAST 可得到 e 系,故 i 系坐标(x_i,y_i,z_i)转换为 e 系坐标(x_e,y_e,z_e)的公式可以表示为

$$\begin{bmatrix} x_e \\ y_e \\ z_e \end{bmatrix} = \boldsymbol{R}_3(\text{GAST}) \begin{bmatrix} x_i \\ y_i \\ z_i \end{bmatrix} = \begin{bmatrix} \cos(\text{GAST}) & \sin(\text{GAST}) & 0 \\ -\sin(\text{GAST}) & \cos(\text{GAST}) & 0 \\ 0 & 0 & 1 \end{bmatrix} \begin{bmatrix} x_i \\ y_i \\ z_i \end{bmatrix} \quad (5-42)$$

同理,e 系坐标转换为 i 系坐标的公式可以表示为

$$\begin{bmatrix} x_i \\ y_i \\ z_i \end{bmatrix} = \boldsymbol{R}_3(-\text{GAST}) \begin{bmatrix} x_e \\ y_e \\ z_e \end{bmatrix} = \begin{bmatrix} \cos(\text{GAST}) & -\sin(\text{GAST}) & 0 \\ \sin(\text{GAST}) & \cos(\text{GAST}) & 0 \\ 0 & 0 & 1 \end{bmatrix} \begin{bmatrix} x_e \\ y_e \\ z_e \end{bmatrix} \quad (5-43)$$

其中,$\text{GAST} = \beta + \omega_{ie}t$,$\beta$ 为春分点格林尼治时角,ω_{ie} 为地球自转的角速度。

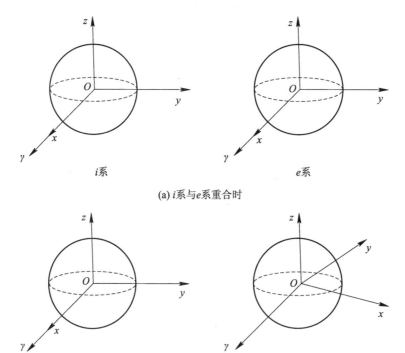

(a) i 系与 e 系重合时

(b) i 系与 e 系不重合时

图 5-19　i 系与 e 系的表示

5.3.2　地球坐标系之间的坐标转换

如图 5-20 所示为 P 点在地球坐标系中的表示：一种是在地心地固（ECEF）坐标系中，其坐标为 (X, Y, Z)；另一种是在地心大地坐标系（LLA 坐标系）中，其坐标为 (L, B, H)。下面考虑两种坐标系之间的坐标转换。

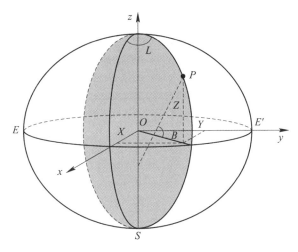

图 5-20　P 点在地球坐标系中的表示

1. 地心大地坐标系到地心地固坐标系的坐标转换

已知 P 点在地心大地坐标系中的坐标值为 (L, B, H)，求其在地心地固坐标系中的坐标值 (X, Y, Z)。首先考虑 P 点高程 $H=0$ 的情况。

建立如图 5-21 所示的 P 点子午直角坐标系 Oxy：以地球质心 O 为原点，y 轴平行于地球自转轴且指向北极点，x 轴指向 P 点的本地子午线与赤道的交点。给出 P 点所在的子午椭圆，使得 P 点始终位于平面的右半平面，则 x 为正，y 可正可负。

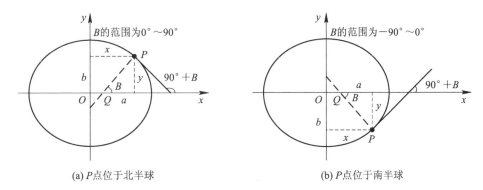

(a) P 点位于北半球　　　　　　　(b) P 点位于南半球

图 5-21　P 点子午直角坐标系 Oxy

对照地心地固坐标系，得出

$$\begin{cases} Z = y \\ X = x \cdot \cos L \\ Y = x \cdot \sin L \end{cases} \qquad (5-44)$$

过 P 点作子午椭圆的法线,它与子午直角坐标系 x 轴的夹角为 B;过 P 点作子午椭圆的切线,它与 x 轴的夹角为 $90°+B$。

根据椭圆的方程,椭圆上的 P 点满足

$$\frac{x^2}{a^2}+\frac{y^2}{b^2}=1 \tag{5-45}$$

对 x 求导,有

$$\frac{\mathrm{d}y}{\mathrm{d}x}=-\frac{b^2}{a^2}\cdot\frac{x}{y} \tag{5-46}$$

又根据解析几何可知,函数曲线(椭圆)上某一点(就是 P 点)的导数为曲线在该点处切线的斜率,也就是正切值,故有

$$\frac{\mathrm{d}y}{\mathrm{d}x}=\tan(90°+B)=-\cot B \tag{5-47}$$

联立式(5-46)、式(5-47)可得

$$y=x(1-e^2)\tan B \tag{5-48}$$

其中,e 为椭圆第一偏心率:

$$e=\frac{\sqrt{a^2-b^2}}{a}$$

令 P 点到过 P 点的法线与 y 轴交点的距离为 N,那么

$$x=N\cos B \tag{5-49}$$

联立式(5-48)、式(5-49)可得

$$y=N(1-e^2)\sin B \tag{5-50}$$

将式(5-49)、式(5-50)代入式(5-44)可得

$$\begin{cases} X=N\cos B\cdot\cos L \\ Y=N\cos B\cdot\sin L \\ Z=N(1-e^2)\sin B \end{cases} \tag{5-51}$$

那么唯一的未知量就是 N。将式(5-48)代入椭圆方程(5-45)可得

$$\frac{x^2}{a^2}+\frac{x^2(1-e^2)^2\tan^2 B}{b^2}=1 \tag{5-52}$$

化简得

$$x=\frac{a\cos B}{\sqrt{1-e^2\sin^2 B}} \tag{5-53}$$

联立式(5-49)、式(5-53)得

$$N=\frac{a}{\sqrt{1-e^2\sin^2 B}} \tag{5-54}$$

N 称为卯酉圈的曲率半径。

通过式(5-51)、式(5-54)可以计算出椭球上任意一点的坐标。

由式(5-51)可知,在地心地固坐标系中,当 $H=0$ 时,地面任意点位置满足方程

$$\frac{X^2}{N^2}+\frac{Y^2}{N^2}+\frac{Z^2}{N^2(1-e^2)^2}=1 \tag{5-55}$$

当 $H \neq 0$ 时，点 $P(L, B, H)$ 是椭球面法向量上 H 高度处的点，如图 5-22 所示。

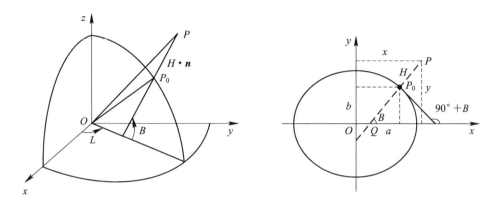

图 5-22　P 点高程 H 不为 0 时的情况

如果 P 点在子午椭圆面上的投影为 P_0，那么根据矢量相加的性质，有

$$\overrightarrow{OP} = \overrightarrow{OP_0} + H \cdot \boldsymbol{n} \tag{5-56}$$

其中，$\boldsymbol{n}$ 是椭球面在 P_0 点处的法线单位矢量。

由于矢量在任意位置的方向都是一样的，所以我们可以假设存在一个单位球（球的半径为单位 1），将法线单位矢量移动到球心位置，可得法线单位矢量为

$$\boldsymbol{n} = \begin{bmatrix} \cos B \cos L \\ \cos B \sin L \\ \sin B \end{bmatrix} \tag{5-57}$$

由式（5-51）可知

$$\overrightarrow{OP_0} = \begin{bmatrix} N \cos B \cdot \cos L \\ N \cos B \cdot \sin L \\ N(1-e^2) \sin B \end{bmatrix} \tag{5-58}$$

将式（5-57）、式（5-58）代入式（5-56）可得

$$\overrightarrow{OP} = \begin{bmatrix} (N+H) \cos B \cdot \cos L \\ (N+H) \cos B \cdot \sin L \\ [N(1-e^2) \mid H] \sin B \end{bmatrix} \tag{5-59}$$

因此，地心大地坐标系到地心地固坐标系的坐标转换公式为

$$\begin{bmatrix} X \\ Y \\ Z \end{bmatrix} = \begin{bmatrix} (N+H) \cos B \cdot \cos L \\ (N+H) \cos B \cdot \sin L \\ [N(1-e^2)+H] \sin B \end{bmatrix} \tag{5-60}$$

其中：a 为地球椭球的长半轴，b 为地球椭球的短半轴，$e = \dfrac{\sqrt{a^2-b^2}}{a}$ 为椭圆第一偏心率，

$N = \dfrac{a}{\sqrt{1-e^2 \sin^2 B}}$ 为椭球卯酉圈的曲率半径。

由式（5-60）可知，在地心地固坐标系中，地面高程为 H 处任意点位置满足方程

$$\frac{X^2}{(N+H)^2} + \frac{Y^2}{(N+H)^2} + \frac{Z^2}{[N(1-e^2)+H]^2} - 1 \tag{5-61}$$

2. 地心地固坐标系到地心大地坐标系的坐标转换

已知 P 点在地心地固坐标系中的坐标值为 (X,Y,Z)，计算其在地心大地坐标系中的坐标值 (L,B,H)。

根据式 (5-60) 可知

$$\frac{Y}{X} = \tan L$$

因此有

$$L = \tan^{-1}\left(\frac{Y}{X}\right) \tag{5-62}$$

由三角函数间关系可得

$$\cos L = \frac{X}{\sqrt{X^2 + Y^2}} \tag{5-63}$$

则有

$$L = \begin{cases} \cos^{-1}\left(\dfrac{X}{\sqrt{X^2 + Y^2}}\right) & Y > 0 \\[2ex] -\cos^{-1}\left(\dfrac{X}{\sqrt{X^2 + Y^2}}\right) & Y < 0 \end{cases} \tag{5-64}$$

计算纬度 B，首先需要计算过 P 点的法线在赤道两侧的长度，令该法线与 x 轴、y 轴的交点分别为 Q、Q'，如图 5-23 所示，有

$$y = PQ \sin B \tag{5-65}$$

联立式 (5-50) 和式 (5-65) 得

$$PQ = N(1 - e^2) \tag{5-66}$$

由于

$$PQ' = N = PQ + QQ' \tag{5-67}$$

因此

$$QQ' = Ne^2 \tag{5-68}$$

在图 5-23 中，将 PQ' 平移至 P_3O 的位置并过 P 点作 x 轴的垂线交 x 轴于 P_2 点。由几何关系得

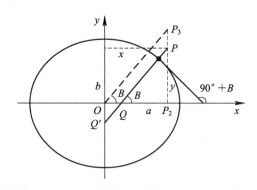

图 5-23　子午圈椭圆

$$\begin{cases} PP_2 = Z \\ OP_2 = \sqrt{X^2 + Y^2} \\ PP_3 = OQ' = QQ'\sin B = Ne^2\sin B \\ P_2P_3 = PP_3 + PP_2 \end{cases} \tag{5-69}$$

因而可得

$$\tan B = \frac{P_2P_3}{OP_2} = \frac{Z + Ne^2\sin B}{\sqrt{X^2 + Y^2}} \tag{5-70}$$

这个式子两边都有待定量 B，需要用迭代法对 B 进行求解。具体可看代码实现，初始的待定值可取 $\tan B = \dfrac{Z}{\sqrt{X^2 + Y^2}}$。

大地纬度 B 确定后，由式(5-60)中的第三式逆推可得

$$H = \frac{Z}{\sin B} - N(1 - e^2) \tag{5-71}$$

当纬度 B 为 0 时，$\sin B = 0$，式(5-71)不可用来计算 H，需要特殊考虑。此时 P 点位于赤道上，赤道上的高程

$$H = \sqrt{X^2 + Y^2} - a \tag{5-72}$$

汇总式(5-62)、式(5-70)、式(5-71)，可得地心地固坐标系到地心大地坐标系的坐标转换公式为

$$\begin{bmatrix} L \\ B \\ H \end{bmatrix} = \begin{bmatrix} \tan^{-1}\left(\dfrac{Y}{X}\right) \\ \tan^{-1}\dfrac{Z + Ne^2\sin B}{\sqrt{X^2 + Y^2}} \\ \dfrac{Z}{\sin B} - N(1 - e^2) \end{bmatrix} \tag{5-73}$$

考虑到 L、B、H 的范围与反三角函数范围的对应，地心地固坐标系到地心大地坐标系的坐标转换公式可以更精确地表述为

$$\begin{bmatrix} L \\ B \\ H \end{bmatrix} = \begin{cases} \begin{bmatrix} \cos^{-1}\left(\dfrac{X}{\sqrt{X^2 + Y^2}}\right) \\ \tan^{-1}\dfrac{Z + Ne^2\sin B}{\sqrt{X^2 + Y^2}} \\ \dfrac{Z}{\sin B} - N(1 - e^2) \end{bmatrix} & Y > 0, B \neq 0 \\ \begin{bmatrix} -\cos^{-1}\left(\dfrac{X}{\sqrt{X^2 + Y^2}}\right) \\ \tan^{-1}\dfrac{Z + Ne^2\sin B}{\sqrt{X^2 + Y^2}} \\ \dfrac{Z}{\sin B} - N(1 - e^2) \end{bmatrix} & Y < 0, B \neq 0 \end{cases} \tag{5-74}$$

其中，N 为椭球卯酉圈的曲率半径且 $N=\dfrac{a}{\sqrt{1-e^2\sin^2 B}}$，$e^2=\dfrac{a^2-b^2}{a^2}$，$a$ 为地球椭球的长半轴，b 为地球椭球的短半轴。当 $B=0$ 时，使用式(5-72)计算 H。

3. 地球坐标系之间的坐标转换实现代码

这里提供了地心大地坐标系到地心地固坐标系和地心地固坐标系到地心大地坐标系的坐标转换的 MATLAB 程序实现示例，供读者参考。

（1）地心大地坐标系到地心地固坐标系的坐标转换的 MATLAB 程序实现示例如下：

```
1.  % −−−−−LBH2XYZ.m
2.  % zengfeng 2022.12.26
3.  %功能：实现地心大地坐标系到地心地固坐标系的坐标转换
4.  %       将经度 L、纬度 B、高程 H 转换为地心地固坐标系的 X、Y、Z
5.  %       地球椭球默认为 WGS84 椭球体模型，采用其他模型时相应改变 aAxis 和 bAxis
6.
7.  %输入：
8.  % 1   L        经度（单位：°），[−180°，180°]
9.  % 2   B        纬度（单位：°），[−90°，90°]
10. % 3   H        高程（单位：米）
11. % 4   aAxis    地球椭球的长半轴（单位：米）
12. % 5   bAxis    地球椭球的短半轴（单位：米）
13.
14. %输出：
15. % 1   targetX   地心地固坐标系的 X 坐标值（单位：米）
16. % 2   targetY   地心地固坐标系的 Y 坐标值（单位：米）
17. % 3   targetZ   地心地固坐标系的 Z 坐标值（单位：米）
18. function [targetX, targetY, targetZ]=LBH2XYZ(L, B, H, aAxis, bAxis)
19. %如果没有给定 aAxis 和 bAxis 的值，则默认采用 WGS84 椭球体模型参数
20. if nargin==3
21.     aAxis=6378137;
22.     bAxis=6356752.3142;
23. end
24. dblD2R=pi/180;
25. e1=sqrt(power(aAxis, 2) − power(bAxis, 2))/aAxis;
26. N=aAxis/sqrt(1.0 − power(e1, 2) * power(sin(B * dblD2R), 2));
27.
28. targetX=(N + H) * cos(B * dblD2R) * cos(L * dblD2R);
29. targetY=(N + H) * cos(B * dblD2R) * sin(L * dblD2R);
30. targetZ=(N * (1.0 − power(e1, 2)) + H) * sin(B * dblD2R);
31. end
```

（2）地心地固坐标系到地心大地坐标系的坐标转换的 MATLAB 程序实现示例如下：

```
1.  % −−−−−XYZ2LBH.m
2.  % zengfeng 2022.12.26
```

3.　%功能：实现地心地固坐标系到地心大地坐标系的坐标转换

4.　%　　　将地心地固坐标系的 X、Y、Z 转换为经度 L、纬度 B、高程 H

5.　%　　　地球椭球默认为 WGS84 椭球体模型，采用其他模型时相应改变 aAxis 和 bAxis

6.

7.　%输入：

8.　% 1　　X　　　地心地固坐标系的 X 坐标值（单位：米）

9.　% 2　　Y　　　地心地固坐标系的 Y 坐标值（单位：米）

10.　% 3　　Z　　　地心地固坐标系的 Z 坐标值（单位：米）

11.　% 4　　aAxis　　地球椭球的长半轴（单位：米）

12.　% 5　　bAxis　　　地球椭球的短半轴（单位：米）

13.　%输出：

14.　% 1　　targetL　　经度（单位：°），[−180°，180°]

15.　% 2　　targetB　　纬度（单位：°），[−90°，90°]

16.　% 3　　targetH　　高程（单位：°）

17.　function [targetL, targetB, targetH]=XYZ2LBH(X, Y, Z, aAxis, bAxis)

18.　%如果没有给定 aAxis 和 bAxis 的值，则默认采用 WGS84 椭球体模型参数

19.　**if** nargin==3

20.　　　aAxis=6378137;

21.　　　bAxis=6356752.3142;

22.　end

23.　　　% e1 为地球椭圆的第一偏心率的平方

24.　　　e1=(power(aAxis, 2) − power(bAxis, 2))/power(aAxis, 2);

25.　　　S=sqrt(power(X, 2) + power(Y, 2));

26.

27.　　　%计算经度 L

28.　　　cosL=X/S;

29.　　　L=acos(cosL);　%取值范围为 0 ～ pi

30.　　　**if** Y<0 %当 Y 为负数时，L 的范围应该为 −pi ～ 0

31.　　　　　L=−L;

32.　　　end

33.

34.　　　%计算纬度 B

35.　　　tanB=Z/S;　　%设置纬度的初值

36.　　　B=atan(tanB);　　　%B 在此处的单位为弧度

37.

38.　%迭代计算纬度

39.　**while** 1

40.　　　preB0=B;

41.　　　N=aAxis/sqrt(1.0 − e1 * power(sin(B), 2));

42.　　　tanB=(Z + N * e1 * sin(B))/S;

43.　　　B=atan(tanB);

44.　　　**if**(abs(preB0 − B) < 0.0000000001)

45.　　　**break**；%跳出循环

46.　　　end

```
47.  end
48.      N＝aAxis/sqrt(1.0 − e1 * power(sin(B), 2));
49.      if B＝＝0
50.          targetH＝sqrt(power(X, 2)＋power(Y, 2))−aAxis;
51.      else
52.          targetH＝Z/sin(B) − N * (1 − e1);
53.      end
54.      targetB＝B * 180/pi；%将弧度转换为度
55.      targetL＝L * 180/pi；%将弧度转换为度
56.  end
```

5.3.3 当地切平面坐标系之间的坐标转换

当地切平面坐标系之间的坐标转换包括 ENU 坐标系到 NED 坐标系的坐标转换和 NED 坐标系到 ENU 坐标系的坐标转换。

1. ENU 坐标系到 NED 坐标系的坐标转换

对于以同一基准点为坐标原点的 ENU 坐标系和 NED 坐标系，ENU 坐标系到 NED 坐标系的坐标转换可以通过坐标轴旋转实现：先绕 z 轴旋转 $\dfrac{\pi}{2}$，再绕 x 轴旋转 π。由式 (5−27) 和式(5−29)得旋转矩阵为

$$T＝R_1(\pi)R_3\left(\frac{\pi}{2}\right)$$

展开得

$$T=\begin{bmatrix} 1 & 0 & 0 \\ 0 & \cos\pi & \sin\pi \\ 0 & -\sin\pi & \cos\pi \end{bmatrix}\begin{bmatrix} \cos\dfrac{\pi}{2} & \sin\dfrac{\pi}{2} & 0 \\ -\sin\dfrac{\pi}{2} & \cos\dfrac{\pi}{2} & 0 \\ 0 & 0 & 1 \end{bmatrix}=\begin{bmatrix} 0 & 1 & 0 \\ 1 & 0 & 0 \\ 0 & 0 & -1 \end{bmatrix} \tag{5−75}$$

2. NED 坐标系到 ENU 坐标系的坐标转换

对于以同一基准点为坐标原点的 ENU 坐标系和 NED 坐标系，NED 坐标系到 ENU 坐标系的坐标转换可以通过坐标轴旋转实现：先绕 x 轴旋转 $-\pi$，再绕 z 轴旋转 $-\dfrac{\pi}{2}$。由式 (5−27) 和式(5−29)得旋转矩阵为

$$T＝R_3\left(-\frac{\pi}{2}\right)R_1(-\pi)$$

展开得

$$T=\begin{bmatrix} \cos\left(-\dfrac{\pi}{2}\right) & \sin\left(-\dfrac{\pi}{2}\right) & 0 \\ -\sin\left(-\dfrac{\pi}{2}\right) & \cos\left(-\dfrac{\pi}{2}\right) & 0 \\ 0 & 0 & 1 \end{bmatrix}\begin{bmatrix} 1 & 0 & 0 \\ 0 & \cos(-\pi) & \sin(-\pi) \\ 0 & -\sin(-\pi) & \cos(-\pi) \end{bmatrix}=\begin{bmatrix} 0 & 1 & 0 \\ 1 & 0 & 0 \\ 0 & 0 & -1 \end{bmatrix}$$

$$\tag{5−76}$$

综上，可以看出 ENU 坐标系与 NED 坐标系之间坐标转换的旋转矩阵相同。转换前后 x 坐标值和 y 坐标值互换，z 坐标值取反。

3. 当地切平面坐标系之间的坐标转换实现代码

这里提供了 ENU 坐标系到 NED 坐标系和 NED 坐标系到 ENU 坐标系的坐标转换的 MATLAB 程序实现示例，供读者参考。

（1）ENU 坐标系到 NED 坐标系的坐标转换的相关操作代码如下：

```
1.  % −−−−−ENU2NED. m
2.  % zengfeng 2022. 12. 26
3.  %功能：求 ENU 坐标系到 NED 坐标系的坐标转换的旋转矩阵
4.  %输入：无
5.  %输出：ENU 坐标系到 NED 坐标系的坐标转换的旋转矩阵
6.
7.  function T＝ENU2NED()
8.      %方法一：
9.      % T＝AxisRotx(pi) * AxisRotz(pi/2);
10.     %方法二：
11.     T＝[ 0 1 0
12.          1 0 0
13.          0 0 −1];
14. end
```

（2）NED 坐标系到 ENU 坐标系的坐标转换的相关操作代码如下：

```
1.  % −−−−−NED2ENU. m
2.  % zengfeng 2022. 12. 26
3.  %功能：求 NED 坐标系到 ENU 坐标系的坐标转换的旋转矩阵
4.  %输入：无
5.  %输出：NED 坐标系到 ENU 坐标系的坐标转换的旋转矩阵
6.
7.  function T＝NED2ENU()
8.      %方法一：
9.      %   T＝AxisRotz(−pi/2) * AxisRotx(−pi);
10.     %方法二：
11.     T＝[ 0 1 0
12.          1 0 0
13.          0 0 −1];
14. end
```

5.3.4　ECEF 坐标系与 ENU 坐标系之间的坐标转换

ECEF 坐标系与 ENU 坐标系之间的坐标转换包括 ECEF 坐标系到 ENU 坐标系的坐标转换和 ENU 坐标系到 ECEF 坐标系的坐标转换。

1. ECEF 坐标系到 ENU 坐标系的坐标转换

ECEF 坐标系到 ENU 坐标系的坐标转换，需要先平移，再旋转。如图 5 - 24 所示，先将坐标原点平移至 P_0 点，再以 P_0 点为中心进行坐标轴旋转即可实现 ECEF 坐标系到 ENU 坐标系的坐标转换。

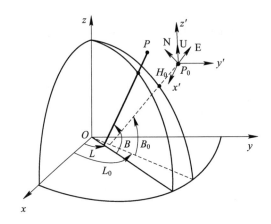

图 5 - 24　ECEF 坐标系到 ENU 坐标系的坐标转换示意图

1）考虑坐标系平移

将 $Oxyz$ 坐标系的坐标原点 O 点平移至地面基准站 P_0 点，得到 $P_0x'y'z'$ 坐标系。

已知在 $Oxyz$ 坐标系中，P_0 点坐标为 $\begin{bmatrix} x_0 \\ y_0 \\ z_0 \end{bmatrix}$。平移时，坐标原点在 x、y、z 方向移动的

距离可以表示为 $\begin{bmatrix} t_x \\ t_y \\ t_z \end{bmatrix} = \begin{bmatrix} x_0 \\ y_0 \\ z_0 \end{bmatrix}$。对于任意一点 P，假设其在 $Oxyz$ 坐标系中的坐标值为 $\begin{bmatrix} x \\ y \\ z \end{bmatrix}$，

在 $P_0x'y'z'$ 坐标系中的坐标值为 $\begin{bmatrix} x_1 \\ y_1 \\ z_1 \end{bmatrix}$，那么根据坐标平移公式(5-8)可得

$$\begin{bmatrix} x_1 \\ y_1 \\ z_1 \\ 1 \end{bmatrix} = \begin{bmatrix} 1 & 0 & 0 & -x_0 \\ 0 & 1 & 0 & -y_0 \\ 0 & 0 & 1 & -z_0 \\ 0 & 0 & 0 & 1 \end{bmatrix} \begin{bmatrix} x \\ y \\ z \\ 1 \end{bmatrix} \qquad (5-77)$$

2）考虑坐标轴旋转

$P_0x'y'z'$ 坐标系可通过如下旋转变换到 ENU 坐标系：坐标原点 P_0 点不变，坐标轴先绕 z' 轴旋转 $\dfrac{\pi}{2} + L_0$，得到 $P_0x''y''z''$ 坐标系；再绕 x'' 轴旋转 $\dfrac{\pi}{2} - B_0$，得到以地面基准站 P_0 点为坐标原点的 ENU 坐标系。

根据坐标旋转公式(5-27)、公式(5-28)、公式(5-29)可得上述过程的旋转矩阵如下。

（1）绕 z' 轴旋转的旋转矩阵为

$$\boldsymbol{R}_3\left(\frac{\pi}{2}+L_0\right)=\begin{bmatrix}\cos\left(\frac{\pi}{2}+L_0\right) & \sin\left(\frac{\pi}{2}+L_0\right) & 0 \\ -\sin\left(\frac{\pi}{2}+L_0\right) & \cos\left(\frac{\pi}{2}+L_0\right) & 0 \\ 0 & 0 & 1\end{bmatrix}=\begin{bmatrix}-\sin L_0 & \cos L_0 & 0 \\ -\cos L_0 & -\sin L_0 & 0 \\ 0 & 0 & 1\end{bmatrix}$$

$$(5-78)$$

（2）绕 x'' 轴旋转的旋转矩阵为

$$\boldsymbol{R}_1\left(\frac{\pi}{2}-B_0\right)=\begin{bmatrix}1 & 0 & 0 \\ 0 & \cos\left(\frac{\pi}{2}-B_0\right) & \sin\left(\frac{\pi}{2}-B_0\right) \\ 0 & -\sin\left(\frac{\pi}{2}-B_0\right) & \cos\left(\frac{\pi}{2}-B_0\right)\end{bmatrix}=\begin{bmatrix}1 & 0 & 0 \\ 0 & \sin B_0 & \cos B_0 \\ 0 & -\cos B_0 & \sin B_0\end{bmatrix}$$

$$(5-79)$$

于是 $P_0x'y'z'$ 坐标系变换到 ENU 坐标系的旋转矩阵为

$$\boldsymbol{R}_1\left(\frac{\pi}{2}-B_0\right)\boldsymbol{R}_3\left(\frac{\pi}{2}+L_0\right)=\begin{bmatrix}-\sin L_0 & \cos L_0 & 0 \\ -\sin B_0\cos L_0 & -\sin B_0\sin L_0 & \cos B_0 \\ \cos B_0\cos L_0 & \cos B_0\sin L_0 & \sin B_0\end{bmatrix} \quad (5-80)$$

假设任意一点 P 在 ENU 坐标系中的坐标值为 $\begin{bmatrix}x' \\ y' \\ z'\end{bmatrix}$，则有

$$\begin{bmatrix}x' \\ y' \\ z'\end{bmatrix}=\begin{bmatrix}-\sin L_0 & \cos L_0 & 0 \\ -\sin B_0\cos L_0 & -\sin B_0\sin L_0 & \cos B_0 \\ \cos B_0\cos L_0 & \cos B_0\sin L_0 & \sin B_0\end{bmatrix}\begin{bmatrix}x_1 \\ y_1 \\ z_1\end{bmatrix} \quad (5-81)$$

故 ECEF 坐标系到 ENU 坐标系的坐标转换公式为

$$\begin{bmatrix}x' \\ y' \\ z'\end{bmatrix}=\begin{bmatrix}-\sin L_0 & \cos L_0 & 0 \\ -\sin B_0\cos L_0 & -\sin B_0\sin L_0 & \cos B_0 \\ \cos B_0\cos L_0 & \cos B_0\sin L_0 & \sin B_0\end{bmatrix}\begin{bmatrix}1 & 0 & 0 & -x_0 \\ 0 & 1 & 0 & -y_0 \\ 0 & 0 & 1 & -z_0\end{bmatrix}\begin{bmatrix}x \\ y \\ z \\ 1\end{bmatrix} \quad (5-82)$$

也可写为

$$\begin{bmatrix}x' \\ y' \\ z' \\ 1\end{bmatrix}=\begin{bmatrix}-\sin L_0 & \cos L_0 & 0 & 0 \\ -\sin B_0\cos L_0 & -\sin B_0\sin L_0 & \cos B_0 & 0 \\ \cos B_0\cos L_0 & \cos B_0\sin L_0 & \sin B_0 & 0 \\ 0 & 0 & 0 & 1\end{bmatrix}\begin{bmatrix}1 & 0 & 0 & -x_0 \\ 0 & 1 & 0 & -y_0 \\ 0 & 0 & 1 & -z_0 \\ 0 & 0 & 0 & 1\end{bmatrix}\begin{bmatrix}x \\ y \\ z \\ 1\end{bmatrix} \quad (5-83)$$

其中，L_0、B_0 可由 x_0、y_0、z_0 通过 ECEF 坐标系到 LLA 坐标系的坐标转换得到，故只要知道地面基准站 P_0 点的地心地固坐标就可以得到转换公式。

2. ENU 坐标系到 ECEF 坐标系的坐标转换

同理可得 ENU 坐标系到 ECEF 坐标系的坐标转换公式。

（1）考虑旋转。ENU 坐标系的坐标原点不变，坐标轴先绕 x 轴旋转 $-\left(\frac{\pi}{2}-B_0\right)$，再绕

z 轴旋转 $-\left(\dfrac{\pi}{2}+L_0\right)$。该过程的旋转矩阵如下。

① 绕 x 轴旋转的旋转矩阵为

$$
\begin{bmatrix}
1 & 0 & 0 \\
0 & \cos\left[-\left(\dfrac{\pi}{2}-B_0\right)\right] & \sin\left[-\left(\dfrac{\pi}{2}-B_0\right)\right] \\
0 & -\sin\left[-\left(\dfrac{\pi}{2}-B_0\right)\right] & \cos\left[-\left(\dfrac{\pi}{2}-B_0\right)\right]
\end{bmatrix}
=
\begin{bmatrix}
1 & 0 & 0 \\
0 & \sin B_0 & -\cos B_0 \\
0 & \cos B_0 & \sin B_0
\end{bmatrix}
\tag{5-84}
$$

② 绕 z 轴旋转的旋转矩阵为

$$
\begin{bmatrix}
\cos\left[-\left(\dfrac{\pi}{2}+L_0\right)\right] & \sin\left[-\left(\dfrac{\pi}{2}+L_0\right)\right] & 0 \\
-\sin\left[-\left(\dfrac{\pi}{2}+L_0\right)\right] & \cos\left[-\left(\dfrac{\pi}{2}+L_0\right)\right] & 0 \\
0 & 0 & 1
\end{bmatrix}
=
\begin{bmatrix}
-\sin L_0 & -\cos L_0 & 0 \\
\cos L_0 & -\sin L_0 & 0 \\
0 & 0 & 1
\end{bmatrix}
$$

$$\tag{5-85}$$

综上，得到总的旋转矩阵为

$$
\boldsymbol{R}_3\left[-\left(\dfrac{\pi}{2}+L_0\right)\right]\boldsymbol{R}_1\left(B_0-\dfrac{\pi}{2}\right)
=
\begin{bmatrix}
-\sin L_0 & -\cos L_0 \sin B_0 & \cos L_0 \cos B_0 \\
\cos L_0 & -\sin L_0 \sin B_0 & \sin L_0 \cos B_0 \\
0 & \cos B_0 & \sin B_0
\end{bmatrix}
$$

$$\tag{5-86}$$

（2）考虑平移。平移时，坐标原点在 x、y、z 方向移动的距离可以表示为

$$
\begin{bmatrix} t_x \\ t_y \\ t_z \end{bmatrix}
=
\begin{bmatrix} -x_0 \\ -y_0 \\ -z_0 \end{bmatrix}
\tag{5-87}
$$

故 ENU 坐标系到 ECEF 坐标系的坐标转换公式为

$$
\begin{bmatrix} x' \\ y' \\ z' \end{bmatrix}
=
\begin{bmatrix}
1 & 0 & 0 & x_0 \\
0 & 1 & 0 & y_0 \\
0 & 0 & 1 & z_0
\end{bmatrix}
\begin{bmatrix}
-\sin L_0 & -\cos L_0 \sin B_0 & \cos L_0 \cos B_0 & 0 \\
\cos L_0 & -\sin L_0 \sin B_0 & \sin L_0 \cos B_0 & 0 \\
0 & \cos B_0 & \sin B_0 & 0 \\
0 & 0 & 0 & 1
\end{bmatrix}
\begin{bmatrix} x \\ y \\ z \\ 1 \end{bmatrix}
\tag{5-88}
$$

也可写为

$$
\begin{bmatrix} x' \\ y' \\ z' \\ 1 \end{bmatrix}
=
\begin{bmatrix}
1 & 0 & 0 & x_0 \\
0 & 1 & 0 & y_0 \\
0 & 0 & 1 & z_0 \\
0 & 0 & 0 & 1
\end{bmatrix}
\begin{bmatrix}
-\sin L_0 & -\cos L_0 \sin B_0 & \cos L_0 \cos B_0 & 0 \\
\cos L_0 & -\sin L_0 \sin B_0 & \sin L_0 \cos B_0 & 0 \\
0 & \cos B_0 & \sin B_0 & 0 \\
0 & 0 & 0 & 1
\end{bmatrix}
\begin{bmatrix} x \\ y \\ z \\ 1 \end{bmatrix}
\tag{5-89}
$$

3. ENU 坐标系与 ECEF 坐标系之间的坐标转换实现代码

（1）求解 ECEF 坐标系到 ENU 坐标系的坐标转换矩阵的代码。

已知点 P_0 的经度、纬度和高程，求 ECEF 坐标系到 ENU 坐标系的坐标转换矩阵。

```
1.  % ——————ECEF2ENU. m
2.  % zengfeng 2022.12.26
```

3.　%功能：求 ECEF 坐标系到 ENU 坐标系的坐标转换矩阵

4.　%输入：

5.　%1　　L　　　　站心 P0 点的经度（单位：°），[−180°，180°]

6.　%2　　B　　　　站心 P0 点的纬度（单位：°），[−90°，90°]

7.　%3　　H　　　　站心 P0 点的高程（单位：米）

8.　%4　　aAxis　　地球椭球的长半轴（单位：米），可选参数

9.　%5　　bAxis　　地球椭球的短半轴（单位：米），可选参数

10.　%输出：

11.　%1　　　ECEF 坐标系到 ENU 坐标系的坐标转换矩阵

12.

13.　function T＝ECEF2ENU(L，B，H，aAxis，bAxis)

14.　%如果没有给定 aAxis 和 bAxis 的值，则默认采用 WGS84 椭球体模型参数

15.　　　**if** nargin＝＝3

16.　　　　　aAxis＝6378137;

17.　　　　　bAxis＝6356752.3142;

18.　　　end

19.　　　dblD2R＝pi/180;

20.　　　%根据 P0 点的经度、纬度、高程求取站心 P0 点的地心地固坐标 X、Y、Z

21.　　　[tx，ty，tz]＝LBH2XYZ(L，B，H，aAxis，bAxis);

22.　　　%平移

23.　　　translation＝[1，0，0，−tx;0，1，0，−ty;0，0，1，−tz;0，0，0，1];

24.　　　% 将度变为弧度

25.　　　L＝L * dblD2R;

26.　　　B＝B * dblD2R;

27.　　　%旋转

28.　　　rotation＝[−sin(L)，cos(L)，0，0;...

29.　　　　　−sin(B) * cos(L)，−sin(B) * sin(L)，cos(B)，0;...

30.　　　　　cos(B) * cos(L)，cos(B) * sin(L)，sin(B)，0;...

31.　　　　　0，0，0，1];

32.　　　T＝rotation * translation;

33.　end

（2）求解 ENU 坐标系到 ECEF 坐标系的坐标转换矩阵的代码。

已知点 P_0 的经度、纬度和高程，求 ENU 坐标系到 ECEF 坐标系的坐标转换矩阵。

1.　% −−−−−ENU2ECEF.m

2.　% zengfeng 2022.12.26

3.　%功能：求 ENU 坐标系到 ECEF 坐标系的坐标转换矩阵

4.　%向量在变换后的坐标 [x1 y1 z1]′＝ENU2ECEF * [x y z]

5.　%输入：

6.　%1　　L　　　　经度（单位：°），[−180°，180°]

7.　%2　　B　　　　纬度（单位：°），[−90°，90°]

```
8.  % 3      H         高程(单位：米)
9.  % 4      aAxis     地球椭球的长半轴(单位：米)，可选参数
10. % 5      bAxis     地球椭球的短半轴(单位：米)，可选参数
11. %输出：
12. %1       ENU 坐标系到 ECEF 坐标系的坐标转换矩阵
13.
14. function T＝ENU2ECEF(L，B，H，aAxis，bAxis)
15. %如果没有给定 aAxis 和 bAxis 的值，则默认采用 WGS84 椭球体模型参数
16.     if nargin＝＝3
17.         aAxis＝6378137;
18.         bAxis＝6356752.3142;
19.     end
20.     dblD2R＝pi/180;
21.     [tx，ty，tz]＝LBH2XYZ(L，B，H，aAxis，bAxis);
22.     L＝L * dblD2R;
23.     B＝B * dblD2R;
24.     %旋转
25.     rotation＝[－sin(L)，－cos(L) * sin(B)，cos(L) * cos(B)，0；...
26.         cos(L)，－sin(L) * sin(B)，sin(L) * cos(B)，0；...
27.         0，cos(B)，sin(B)，0；...
28.         0，0，0，1];
29.     %平移
30.     translation＝[1，0，0，tx；0，1，0，ty；0，0，1，tz；0，0，0，1];
31.     T＝translation * rotation;
32. end
```

5.3.5　ECEF 坐标系与 NED 坐标系之间的坐标转换

ECEF 坐标系与 NED 坐标系之间的坐标转换包括 ECEF 坐标系到 NED 坐标系的坐标转换和 NED 坐标系到 ECEF 坐标系的坐标转换。

1. ECEF 坐标系到 NED 坐标系的坐标转换

方法一：ECEF 坐标系到 NED 坐标系的坐标转换可以由两步获得，第一步为 ECEF 坐标系到 ENU 坐标系的坐标转换，第二步为 ENU 坐标系到 NED 坐标系的坐标转换。因而可以得到坐标转换矩阵为

$$
\begin{bmatrix} 0 & 1 & 0 & 0 \\ 1 & 0 & 0 & 0 \\ 0 & 0 & -1 & 0 \\ 0 & 0 & 0 & 1 \end{bmatrix}
\begin{bmatrix} -\sin L_0 & \cos L_0 & 0 & 0 \\ -\sin B_0 \cos L_0 & -\sin B_0 \sin L_0 & \cos B_0 & 0 \\ \cos B_0 \cos L_0 & \cos B_0 \sin L_0 & \sin B_0 & 0 \\ 0 & 0 & 0 & 1 \end{bmatrix}
\begin{bmatrix} 1 & 0 & 0 & -x_0 \\ 0 & 1 & 0 & -y_0 \\ 0 & 0 & 1 & -z_0 \\ 0 & 0 & 0 & 1 \end{bmatrix}
$$

(5－90)

则 ECEF 坐标系列到 NED 坐标系的坐标转换公式为

$$
\begin{bmatrix} x' \\ y' \\ z' \\ 1 \end{bmatrix} = \begin{bmatrix} -\sin B_0\cos L_0 & -\sin B_0\sin L_0 & \cos B_0 & 0 \\ -\sin L_0 & \cos L_0 & 0 & 0 \\ -\cos B_0\cos L_0 & -\cos B_0\sin L_0 & -\sin B_0 & 0 \\ 0 & 0 & 0 & 1 \end{bmatrix} \begin{bmatrix} 1 & 0 & 0 & -x_0 \\ 0 & 1 & 0 & -y_0 \\ 0 & 0 & 1 & -z_0 \\ 0 & 0 & 0 & 1 \end{bmatrix} \begin{bmatrix} x \\ y \\ z \\ 1 \end{bmatrix}
$$

$$(5-91)$$

方法二：先将 $Oxyz$ 坐标系（ECEF 坐标系）的坐标原点 O 点平移至地面基准站 P_0 点，再旋转（先绕 z 轴旋转 L_0，再绕 y 轴旋转 $-B_0$）得到 ENU 坐标系，最后旋转（绕 y 轴旋转 $-\dfrac{\pi}{2}$）得到以地面基准站 P_0 点为坐标原点的 NED 坐标系。该过程的旋转矩阵为

$$
\begin{aligned}
\boldsymbol{T} &= \boldsymbol{R}_2\left(-\frac{\pi}{2}\right)\boldsymbol{R}_2(-B_0)\boldsymbol{R}_3(L_0) \\[2mm]
&= \begin{bmatrix} \cos\left(-\dfrac{\pi}{2}\right) & 0 & -\sin\left(-\dfrac{\pi}{2}\right) \\ 0 & 1 & 0 \\ \sin\left(-\dfrac{\pi}{2}\right) & 0 & \cos\left(-\dfrac{\pi}{2}\right) \end{bmatrix} \begin{bmatrix} \cos(-B_0) & 0 & -\sin(-B_0) \\ 0 & 1 & 0 \\ \sin(-B_0) & 0 & \cos(-B_0) \end{bmatrix} \begin{bmatrix} \cos L_0 & \sin L_0 & 0 \\ -\sin L_0 & \cos L_0 & 0 \\ 0 & 0 & 1 \end{bmatrix} \\[2mm]
&= \begin{bmatrix} -\sin B_0\cos L_0 & -\sin B_0\sin L_0 & \cos B_0 \\ -\sin L_0 & \cos L_0 & 0 \\ -\cos B_0\cos L_0 & -\cos B_0\sin L_0 & -\sin B_0 \end{bmatrix}
\end{aligned}
$$

$$(5-92)$$

2. NED 坐标系到 ECEF 坐标系的坐标转换

NED 坐标系到 ECEF 坐标系的坐标转换可以由两步获得：第一步为 NED 坐标系到 ENU 坐标系的坐标转换，第二步为 ENU 坐标系到 ECEF 坐标系的坐标转换。因而可以得到坐标转换矩阵为

$$
\begin{bmatrix} 1 & 0 & 0 & x_0 \\ 0 & 1 & 0 & y_0 \\ 0 & 0 & 1 & z_0 \\ 0 & 0 & 0 & 1 \end{bmatrix} \begin{bmatrix} -\sin L_0 & -\cos L_0\sin B_0 & \cos L_0\cos B_0 & 0 \\ \cos L_0 & -\sin L_0\sin B_0 & \sin L_0\cos B_0 & 0 \\ 0 & \cos B_0 & \sin B_0 & 0 \\ 0 & 0 & 0 & 1 \end{bmatrix} \begin{bmatrix} 0 & 1 & 0 & 0 \\ 1 & 0 & 0 & 0 \\ 0 & 0 & -1 & 0 \\ 0 & 0 & 0 & 1 \end{bmatrix}
$$

$$(5-93)$$

则 NED 坐标系到 ECEF 坐标系的坐标转换公式为

$$
\begin{bmatrix} x' \\ y' \\ z' \\ 1 \end{bmatrix} = \begin{bmatrix} 1 & 0 & 0 & x_0 \\ 0 & 1 & 0 & y_0 \\ 0 & 0 & 1 & z_0 \\ 0 & 0 & 0 & 1 \end{bmatrix} \begin{bmatrix} -\cos L_0\sin B_0 & -\sin L_0 & -\cos L_0\cos B_0 & 0 \\ -\sin L_0\sin B_0 & \cos L_0 & -\sin L_0\cos B_0 & 0 \\ \cos B_0 & 0 & -\sin B_0 & 0 \\ 0 & 0 & 0 & 1 \end{bmatrix} \begin{bmatrix} x \\ y \\ z \\ 1 \end{bmatrix} \quad (5-94)
$$

3. NED 坐标系与 ECEF 坐标系之间的坐标转换实现代码

（1）求解 ECEF 坐标系到 NED 坐标系的坐标转换矩阵的代码。

已知点 P_0 的经度、纬度和高程，求 ECEF 坐标系到 NED 坐标系的坐标转换矩阵。

```
1.  % —————ECEF2NED.m
2.  % zengfeng 2022.12.26
3.  %功能：求 ECEF 坐标系到 NED 坐标系的坐标转换矩阵
4.  %输入：
5.  % 1  L          站心 P0 点的经度（单位：°），[−180°，180°]
6.  % 2  B          站心 P0 点的纬度（单位：°），[−90°，90°]
7.  % 3  H          站心 P0 点的高程（单位：米）
8.  % 4  aAxis      地球椭球的长半轴（单位：米），可选参数
9.  % 5  bAxis      地球椭球的短半轴（单位：米），可选参数
10. %输出：
11. %1      ECEF 坐标系到 NED 坐标系的坐标转换矩阵
12.
13. function T=ECEF2NED(L, B, H, aAxis, bAxis)
14.     if nargin==3    %如果没有给定 aAxis 和 bAxis 的值，则默认采用 WGS84 椭球体模型参数
15.         aAxis=6378137；
16.         bAxis=6356752.3142；
17.     end
18.     dblD2R=pi/180；
19.     [tx, ty, tz]=LBH2XYZ(L, B, H, aAxis, bAxis)；
20.     translation=[1, 0, 0, −tx; 0, 1, 0, −ty; 0, 0, 1, −tz; 0, 0, 0, 1]；
21.     L=L * dblD2R；
22.     B=B * dblD2R；
23.     %旋转
24.     rotation=[−sin(L), cos(L), 0, 0; ...
25.               −sin(B) * cos(L), −sin(B) * sin(L), cos(B), 0; ...
26.               cos(B) * cos(L), cos(B) * sin(L), sin(B), 0; ...
27.               0, 0, 0, 1]；
28.     T=[0, 1, 0, 0; 1, 0, 0, 0; 0, 0, −1, 0; 0, 0, 0, 1] * rotation * translation；
29. end
```

（2）求解 NED 坐标系到 ECEF 坐标系的坐标转换矩阵的代码。

已知点 P_0 的经度、纬度和高程，求 NED 坐标系到 ECEF 坐标系的坐标转换矩阵。

```
1.  % —————NED2ECEF.m
2.  %zengfeng 2022.12.26
3.  %功能：求 NED 坐标系到 ECEF 坐标系的坐标转换矩阵
4.  %向量在变换后的坐标 [x1 y1 z1]′=NED2ECEF * [x y z]
5.  %输入：
6.  % 1  L          经度（单位：°），[−180°，180°]
7.  % 2  B          纬度（单位：°），[−90°，90°]
8.  % 3  H          高程（单位：米）
9.  % 4  aAxis      地球椭球的长半轴（单位：米），可选参数
10. % 5  bAxis      地球椭球的短半轴（单位：米），可选参数
```

11. ％输出：
12. ％1　　NED 坐标系到 ECEF 坐标系的坐标转换矩阵
13.
14. function T＝NED2ECEF(L, B, H, aAxis, bAxis)
15. 　　**if** nargin＝＝3　％如果没有给定 aAxis 和 bAxis 的值，则默认采用 WGS84 椭球体模型参数
16. 　　　　aAxis＝6378137;
17. 　　　　bAxis＝6356752.3142;
18. 　　end
19. 　　dblD2R＝pi/180;
20. 　　[tx, ty, tz]＝LBH2XYZ(L, B, H, aAxis, bAxis);
21. 　　％平移
22. 　　translation＝[1, 0, 0, tx; 0, 1, 0, ty; 0, 0, 1, tz; 0, 0, 0, 1];
23. 　　L＝L ＊ dblD2R;
24. 　　B＝B ＊ dblD2R;
25. 　　％旋转
26. 　　rotation＝[−sin(L), −cos(L) ＊ sin(B), cos(L) ＊ cos(B), 0; …
27. 　　　　　　　cos(L), −sin(L) ＊ sin(B), sin(L) ＊ cos(B), 0; …
28. 　　　　　　　0, cos(B), sin(B), 0; …
29. 　　　　　　　0, 0, 0, 1];
30. 　　T＝translation ＊ rotation ＊ [0, 1, 0, 0; 1, 0, 0, 0; 0, 0, −1, 0; 0, 0, 0, 1];
31. end

5.3.6　当地切平面坐标系与载体坐标系之间坐标转换的旋转矩阵

　　当地切平面坐标系与载体坐标系之间坐标转换的旋转矩阵包括以 ENU 坐标系为参考系的旋转矩阵和以 NED 坐标系为参考系的旋转矩阵。

1. 以 ENU 坐标系为参考系的旋转矩阵

　　如图 5 − 25 所示，以 ENU($Oxyz$)坐标系为参考系，先绕 z 轴旋转 ψ、再绕 x 轴旋转 θ、最后绕 y 轴旋转 ϕ（即 312 顺序），得到载体坐标系 $Ox'y'z'$。记载体在参考系中的方位角/航向角、俯仰角、滚动角分别为 ψ、θ、ϕ，则 ENU 坐标系到载体坐标系的坐标转换的旋转矩阵为

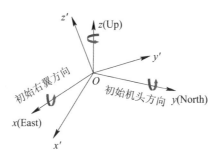

图 5 − 25　载体/机体坐标系和 ENU 坐标系关系图

$$\boldsymbol{T}(\psi,\theta,\phi)=\boldsymbol{R}_2(\phi)\boldsymbol{R}_1(\theta)\boldsymbol{R}_3(\psi)\tag{5-95}$$

根据坐标旋转公式(5-27)、公式(5-28)、公式(5-29)将式(5-95)展开后即得到具体的旋转矩阵,同式(5-32)。

按照同样方法可以得到载体坐标系到 ENU 坐标系的坐标转换的旋转矩阵为

$$\boldsymbol{T}'=\boldsymbol{R}_3(-\psi)\boldsymbol{R}_1(-\theta)\boldsymbol{R}_2(-\phi)\tag{5-96}$$

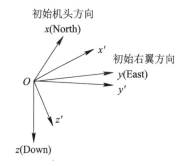

图 5-26　载体/机体坐标系和 NED 坐标系关系图

2. 以 NED 坐标系为参考系的旋转矩阵

如图 5-26 所示,以 NED($Oxyz$)坐标系为参考系,先绕 z 轴旋转 ψ、再绕 y 轴旋转 θ、最后绕 x 轴旋转 ϕ(即 321 顺序),得到载体坐标系 $Ox'y'z'$。记载体在参考系中的方位角/航向角、俯仰角、滚动角分别为 ψ、θ、ϕ,则 NED 坐标系到载体坐标系的坐标转换的旋转矩阵为

$$\boldsymbol{T}(\psi,\theta,\phi)=\boldsymbol{R}_1(\phi)\boldsymbol{R}_2(\theta)\boldsymbol{R}_3(\psi)\tag{5-97}$$

根据坐标旋转公式(5-27)、公式(5-28)、公式(5-29)将式(5-97)展开后即得到具体的旋转矩阵,同式(5-40)。

按照同样方法可以得到载体坐标系到 NED 坐标系的坐标转换的旋转矩阵为

$$\boldsymbol{T}'=\boldsymbol{R}_3(-\psi)\boldsymbol{R}_2(-\theta)\boldsymbol{R}_1(-\phi)\tag{5-98}$$

本 章 小 结

在无线电定位实际应用中,最终的定位结果通常都是给出辐射源的空间地理坐标位置,因此,计算的定位结果需要在多个坐标系中进行转换。

本章全面系统地对无线电定位中要用到的各种坐标系(地心大地坐标系、地心地固坐标系、当地切平面坐标系及安装定位设备的载体坐标系)的基本概念和它们之间的坐标转换进行了详细的阐述。在工程实现中,本章中的各种坐标系之间的坐标转换公式可以直接应用。

思 考 题

5-1　坐标系三要素是什么?

5 - 2　推导坐标系原点平移前后同一向量的变换矩阵，并用 MATLAB 程序实现。

5 - 3　推导坐标系绕 x 轴旋转 θ 角度后同一向量的变换矩阵，并用 MATLAB 程序实现。

5 - 4　推导坐标系绕 y 轴旋转 θ 角度后同一向量的变换矩阵，并用 MATLAB 程序实现。

5 - 5　推导坐标系绕 z 轴旋转 θ 角度后同一向量的变换矩阵，并用 MATLAB 程序实现。

5 - 6　求解经度为 30.5°、纬度为 45.20°、大地高程为 $H = 600$ m 的位置在地心地固坐标系下的 x、y、z 坐标值。

第 6 章

卫星的运动

如前所述,定位体制与定位设备的安装平台(载体)紧密相关。定位设备的安装平台通常有地面(陆基)平台、舰载平台、机载平台、星载平台几大类。与采用地面、舰载、机载平台的无线电监测设备相比,采用星载平台的无线电监测设备具有监测范围广、不受地形地貌影响等优点,可进行全球范围内长期监测,不容易被干扰,是现代无线电监测的发展方向之一,具有广阔的应用前景。

要研究基于星载平台的无线电定位体制,首先需要对卫星运动的轨道高度、周期、运行速度等参数进行建模,得到卫星在地心地固坐标系中的瞬时速度、瞬时位置、瞬时姿态等参数。

开普勒定律是德国天文学家开普勒提出的关于行星运动的三大定律。第一定律和第二定律发表于 1609 年,是开普勒从天文学家第谷观测火星位置所得资料中总结出来的;第三定律发表于 1619 年。这三大定律又分别称为椭圆定律、面积定律、调和定律。牛顿利用他的第二定律和万有引力定律,在数学上严格地证明了开普勒定律。

根据开普勒定律,可以计算出卫星运行周期、运行速度等轨道参数[19]。

6.1 开普勒三定律

太阳系中的行星是绕着太阳公转的,而行星绕太阳公转所遵循的规律被称为行星运动规律。行星运动定律又称为开普勒三定律。

卫星在地球中心引力作用下的运动称为无摄运动,也称为开普勒运动,其运动规律可用开普勒定律来描述。

6.1.1 开普勒第一定律

开普勒第一定律又称为椭圆定律,即卫星运行的轨道为一个椭圆,该椭圆的一个焦点与地球质心重合。

此定律阐明了卫星运行轨道的基本形态及其与地心的关系,即在中心引力场中,卫星绕地球运行的轨道面是一个通过地球质心的静止的椭圆平面。这个椭圆轨道一般称为开普勒椭圆,其形状和大小不变,在椭圆轨道上,卫星离地球质心最远的一点称为远地点,而离地球质心最近的一点称为近地点,如图 6-1 所示。由万有引力定律可得卫星绕地球质心运

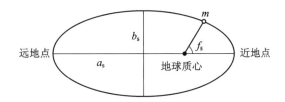

图 6-1　开普勒椭圆

动的轨道方程为

$$r = \frac{a_s(1-e_s)}{1+e_s\cos f_s} \tag{6-1}$$

式中，r 为卫星到地球质心的距离；a_s 为开普勒椭圆的长半径；e_s 为开普勒椭圆的偏心率，$e_s^2 = 1 - \dfrac{b_s^2}{a_s^2}$，其中 b_s 为开普勒椭圆的短半径；f_s 为真近点角，可以描述任意时刻卫星在轨道上相对近地点的位置，是时间的函数。

6.1.2　开普勒第二定律

　　开普勒第二定律又称为面积定律，即卫星在过地球质心的平面内运动，其向径（地球质心与卫星质心间的距离向量）在相同的时间内扫过的面积相等。

　　开普勒第二定律如图 6-2 所示，若卫星在弧线 AB、CD 及 EF 段的运行时间相等，则由开普勒第二定律可知

$$S_{OAB} = S_{OCD} = S_{OEF} \tag{6-2}$$

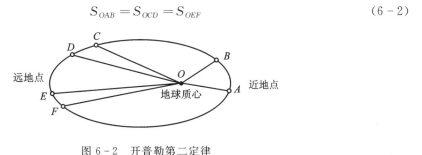

图 6-2　开普勒第二定律

6.1.3　开普勒第三定律

　　开普勒第三定律又称为调和定律，即卫星运行周期的平方与轨道椭圆长半径的立方之比为一常数，且该常数等于地球引力常数 GM 倒数的 $4\pi^2$ 倍，即

$$\frac{T_s^2}{a_s^3} = \frac{4\pi^2}{GM} \tag{6-3}$$

式中，T_s 为卫星运行的周期（单位为秒），即卫星绕地球运行一周所需要的时间；M 是地球质量（单位为千克）；G 是万有引力常数（2006 年国际推荐数值为 $G = 6.674\,28 \times 10^{-11}$ N·m²/kg²）。假设卫星运动的平均角速度为 n，则 $n = \dfrac{2\pi}{T_s}$，于是开普勒第三定律可写为

$$n = \sqrt{\frac{GM}{a_s^3}} \tag{6-4}$$

开普勒第三定律表明，卫星运行周期仅取决于轨道的长半径，而与短半径无关，即一旦开普勒椭圆的长半径确定之后，卫星运行的平均角速度也随之确定。

6.2 卫星的轨道参数

在描述卫星的运行轨道时，需要用到卫星的轨道参数，这些轨道参数可用来说明卫星的轨道、位置和姿态及卫星通过特殊点的公转时间。

由开普勒第一定律可知，卫星无摄轨道是一个椭圆。描述椭圆的形状和大小，只需要椭圆半径 a_s 和偏心率 e_s 即可。为了确定卫星轨道平面与地球本体的相对位置和方向，还需引入其他参数。

参数的选择并不唯一，其中应用最广泛的一组经典轨道参数就是开普勒轨道参数，也称为开普勒轨道根数。a_s、e_s、Ω、i、ω_s 和 f_s 这 6 个参数合称为开普勒轨道参数，其中后 4 个参数如图 6-3 所示。

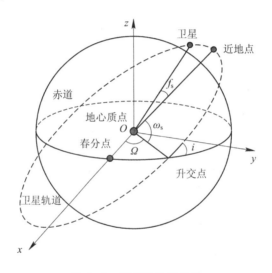

图 6-3 开普勒轨道参数

根据参数属性的不同，开普勒轨道参数可以分为 4 类，每类参数的常用符号及含义介绍如下。

（1）轨道形状参数，用于确定轨道椭圆的形状和大小，包括 a_s 和 e_s。① a_s 称为轨道椭圆的长半径，为卫星近地点和远地点连线的一半。② e_s 称为轨道椭圆的偏心率。当轨道为圆形时，有 $e_s=0$；而 $e_s\neq0$ 时则为椭圆。

（2）轨道平面定向参数，用于确定卫星轨道与地球之间的相对定向，包括 Ω 和 i。① Ω 称为升交点赤经。升交点是卫星轨道与赤道平面的角点，卫星通过这一点从南半球逆时针越过赤道进入北半球。Ω 是指赤道平面上春分点与升交点之间的赤经，用于确定升交点的位置。② i 称为轨道倾角。该角为赤道平面与卫星轨道平面之间的夹角，面向升交点由赤道平面逆时针方向起算，范围是 $0°\sim180°$。当 $i=0°$ 时，卫星运行轨道平面与赤道平面重合，此时卫星运行轨道为赤道轨道。

（3）轨道椭圆定向参数，用于确定轨道椭圆在轨道平面上的定向，主要指 ω_s，即近地点角距。ω_s 是在卫星轨道平面内升交点向径和近地点向径之间的夹角，由升交点向径逆时针方向算起。它确定了卫星轨道长半径在空间的方向。

（4）卫星瞬时位置参数，用于确定卫星在轨道上的瞬时位置，主要指 f_s，即卫星的真近点角。卫星过近地点的时刻是确定卫星位置的时间基准，f_s 是卫星向径和近地点向径之间的夹角。通过 f_s 可以确定卫星任意时刻在空间的瞬时位置，f_s 是时间 t 的函数。

选用上述 6 个参数来描述卫星的运动轨道是合理的，也是必要的。由参数 a_s、e_s、Ω、i、ω_s 和 f_s 所构成的坐标系统通常称为轨道坐标系统，其中参数 a_s、e_s、Ω、i、ω_s 的大小由卫星的发射条件决定。这 6 个参数确定之后，卫星在任意瞬间相对于地球的空间位置及速度就可以唯一确定了。

人造地球卫星轨道按轨道高度分为低轨道和高轨道，按地球自转方向分为顺行轨道和逆行轨道。这中间有一些特殊意义的轨道，如低地球轨道、地球同步轨道、对地静止轨道、极地轨道和太阳同步轨道等。

一般把离地球表面最高可达 2000 千米的卫星轨道称为低地球轨道。

当轨道高度为 35 786 km 时，卫星的运行周期和地球的自转周期相同，这种轨道叫作地球同步轨道。

如果地球同步轨道的倾角为零，则卫星正好在地球赤道上空，以与地球自转角速度相同的角速度绕地球飞行，从地面上看，卫星好像是静止的，这种卫星轨道叫作对地静止轨道，它是地球同步轨道的特例。对地静止轨道只有一条。

当轨道倾角为 90° 时，轨道平面通过地球两极，这种轨道叫作极地轨道。

如果卫星绕地球自转轴旋转的方向、角速度与地球绕太阳公转的方向、角速度相同，则它的轨道叫作太阳同步轨道。太阳同步轨道为逆行轨道，轨道倾角大于 90°。

6.3　卫星星历的计算

卫星的轨道参数也称为星历参数。卫星瞬时位置和瞬时速度的计算，通常称为卫星星历的计算。根据卫星的 6 个轨道参数 a_s、e_s、Ω、i、ω_s 和 f_s 就可以计算出卫星的瞬时位置和瞬时速度。

6.3.1　卫星位置的计算

在二体问题意义下卫星位置的计算包括以下过程。

（1）由已知轨道椭圆的长半径 a_s，根据开普勒第三定律，计算平均角速度 n：

$$n = \sqrt{\frac{\mu}{a_s^3}} \tag{6-5}$$

式中，μ 为地球（包含大气层）的引力常数，$\mu = 3.986\ 004\ 418 \times 10^{14}\ \mathrm{m^3/s^2}$。

（2）由卫星过近地点的时刻 τ 和平均角速度 n，计算观测时刻 t 的平近点角 M_s：

$$M_s = n(t - \tau) \tag{6-6}$$

(3) 由轨道椭圆的偏心率 e_s 和平近点角 M_s，根据下列开普勒方程，计算偏近点角 E_s：

$$E_s = M_s + e_s \sin E_s \tag{6-7}$$

(4) 由轨道椭圆的偏心率 e_s 和偏近点角 E_s 计算真近点角 f_s：

$$\cos f_s = \frac{\cos E_s - e_s}{1 - e_s \cos E_s}$$

$$\sin f_s = \frac{\sqrt{1 - e_s^2} \sin E_s}{1 - e_s \cos E_s}$$

$$\tan \frac{f_2}{2} = \sqrt{\frac{1 + e_s}{1 - e_s}} \tan \frac{E_s}{2} \tag{6-8}$$

(5) 由近地点角距 ω_s 和真近点角 f_s 计算升交角距 ϕ：

$$\phi = f_s + \omega_s \tag{6-9}$$

(6) 计算卫星在轨道直角坐标系中的位置。取轨道直角坐标系 $1(Ox_0y_0z_0)$ 的原点与地球质心 M 相重合，x_0 轴指向升交点，z_0 轴垂直于平面向上，y_0 轴在平面上垂直于 x_0 轴构成右手直角坐标系。于是，在该坐标系统中，卫星在任意时刻的坐标 (x_0, y_0, z_0) 为

$$\begin{bmatrix} x_0 \\ y_0 \\ z_0 \end{bmatrix} = \begin{bmatrix} r\cos\phi \\ r\sin\phi \\ 0 \end{bmatrix} = \begin{bmatrix} a_s(1 - e_s\cos E_s)\cos\phi \\ a_s(1 - e_s\cos E_s)\sin\phi \\ 0 \end{bmatrix} \tag{6-10}$$

取轨道直角坐标系 $2(O\xi_s\eta_s\zeta_s)$ 的原点与地球质心 M 重合，ξ_s 轴指向近地点，ζ_s 轴垂直于轨道平面向上，η_s 轴在轨道平面上垂直于 ξ_s 轴构成右手直角坐标系。于是，在该坐标系统中，卫星在任意时刻的坐标 (ξ_s, η_s, ζ_s) 为

$$\begin{bmatrix} \xi_s \\ \eta_s \\ \zeta_s \end{bmatrix} = \begin{bmatrix} r\cos f_s \\ r\sin f_s \\ 0 \end{bmatrix} = \begin{bmatrix} a_s(\cos E_s - e_s) \\ a_s\sqrt{1 - e_s^2}\sin E_s \\ 0 \end{bmatrix} \tag{6-11}$$

(7) 计算卫星在天球坐标系中的瞬时位置。轨道直角坐标系在卫星位置计算中主要作为一种过渡性的坐标系统。卫星轨道平面和地球体相对定向由轨道参数 Ω、i、ω_s 确定。

为了在天球坐标系中表示卫星瞬时位置，需要建立卫星在天球坐标系 $Oxyz$ 中的瞬时位置与轨道参数之间的数学关系式，这可通过坐标变换实现。根据定义可知，天球坐标系与轨道直角坐标系 $O\xi_s\eta_s\zeta_s$ 具有相同的原点，其差别在于坐标系的定向不同，通过坐标旋转可以实现二者之间的坐标变换。将坐标系 $O\xi_s\eta_s\zeta_s$ 依次做如下旋转：

① 绕 ζ_s 轴顺时针旋转角度 ω_s，使 ξ_s 轴的指向由近地点改为升交点；

② 绕 ξ_s 轴顺时针旋转角度 i，使 ζ_s 轴与 z 轴重合；

③ 绕 ζ_s 轴顺时针旋转角度 Ω，使 ξ_s 轴与 x 轴重合。

上述坐标旋转过程的旋转矩阵为

$$\boldsymbol{R} = \boldsymbol{R}_3(-\Omega)\boldsymbol{R}_1(-i)\boldsymbol{R}_3(-\omega_s) \tag{6-12}$$

因此，卫星在天球坐标系中的瞬时位置可以表示为

$$\begin{bmatrix} x \\ y \\ z \end{bmatrix} = \boldsymbol{R} \begin{bmatrix} a_s(\cos E_s - e_s) \\ a_s\sqrt{1 - e_s^2}\sin E_s \\ 0 \end{bmatrix} \tag{6-13}$$

(8) 计算卫星在地球坐标系中的瞬时位置。为了利用卫星进行定位，一般应使观测的卫星和观测站的位置处于统一的坐标系统中，因此，需要给出在地球坐标系中卫星位置的表示形式。

地球坐标系与天球坐标系的差别在于 x 轴指向不同，若取其间的夹角为春分点的格林尼治视恒星时（Greenwich apparent sidereal time，GAST），则地球坐标系中卫星的瞬时位置坐标 (X, Y, Z) 与天球坐标系中卫星的瞬时位置坐标 (x, y, z) 之间的关系为

$$\begin{bmatrix} X \\ Y \\ Z \end{bmatrix} = \boldsymbol{R}_3(\text{GAST}) \begin{bmatrix} x \\ y \\ z \end{bmatrix} = \begin{bmatrix} \cos(\text{GAST}) & \sin(\text{GAST}) & 0 \\ -\sin(\text{GAST}) & \cos(\text{GAST}) & 0 \\ 0 & 0 & 1 \end{bmatrix} \begin{bmatrix} x \\ y \\ z \end{bmatrix} \qquad (6-14)$$

6.3.2　卫星速度的计算

描述卫星的运动，除了要了解卫星的瞬时位置，还应了解卫星相应的运行速度。根据开普勒第二定律可知，卫星在轨道上的运行速度是时间的函数。

1. 轨道直角坐标系中卫星的运行速度

在轨道直角坐标系中，卫星运行的瞬时速度显然可以表示为

$$\begin{bmatrix} \dot{\xi}_s \\ \dot{\eta}_s \\ \dot{\zeta}_s \end{bmatrix} = \begin{bmatrix} \dfrac{\partial \xi_s}{\partial t} \\ \dfrac{\partial \eta_s}{\partial t} \\ \dfrac{\partial \zeta_s}{\partial t} \end{bmatrix} = \begin{bmatrix} -a_s \sin E_s \dfrac{\partial E_s}{\partial t} \\ a_s \sqrt{1-e_s^2} \cos E_s \dfrac{\partial E_s}{\partial t} \\ 0 \end{bmatrix} \qquad (6-15)$$

由开普勒方程 $E_s = M_s + e_s \sin E_s$ 和平近点角 M_s 的表达式 $M_s = n(t-\tau)$ 可得

$$\frac{\partial E_s}{\partial t} = \frac{n}{1 - e_s \cos E_s} \qquad (6-16)$$

将式(6-15)、式(6-16)代入式(6-14)中，可得卫星在轨道直角坐标系中的运行速度为

$$\begin{bmatrix} \dot{\xi}_s \\ \dot{\eta}_s \\ \dot{\zeta}_s \end{bmatrix} = \frac{a_s n}{1 - e_s \cos E_s} \begin{bmatrix} -\sin E_s \\ \sqrt{1-e_s^2} \cos E_s \\ 0 \end{bmatrix} \qquad (6-17)$$

2. 轨道极坐标系中卫星的运行速度

将卫星的运行速度分解为径向速度 v_r、切向速度 v_t 和法向速度 v_n，在卫星的无摄运动中，由开普勒第一定律可知，垂直于轨道面的法向速度 v_n 为 0，则卫星的运行速度可表示为

$$\begin{bmatrix} v_r \\ v_t \\ v_n \end{bmatrix} = \begin{bmatrix} \dfrac{\partial r}{\partial t} \\ r \dfrac{\partial f_s}{\partial t} \\ 0 \end{bmatrix} \qquad (6-18)$$

根据 $r = a_s(1 - e_s \cos E_s)$ 和 $\dfrac{\partial E_s}{\partial t} = \dfrac{n}{1 - e_s \cos E_s}$ 得

$$v_r = \frac{a_s n e_s \sin E_s}{1 - e_s \cos E_s} \qquad (6-19)$$

根据 $\cos f_s = \dfrac{\cos E_s - e_s}{1 - e_s \cos E_s}$、$\sin f_s = \dfrac{\sqrt{1 - e_s^2}\sin E_s}{1 - e_s \cos E_s}$ 及 $\dfrac{\partial E_s}{\partial t} = \dfrac{n}{1 - e_s \cos E_s}$ 可得

$$\frac{\partial f_s}{\partial t} = \frac{n\sqrt{1 - e_s^2}}{(1 - e_s \cos E_s)^2} = \frac{n a_s \sqrt{1 - e_s^2}}{r(1 - e_s \cos E_s)} \qquad (6-20)$$

将式(6-19)和式(6-20)代入式(6-18)，可得卫星在轨道极坐标系中的运行速度为

$$\begin{bmatrix} v_r \\ v_t \\ v_n \end{bmatrix} = \frac{a_s n}{1 - e_s \cos E_s} \begin{bmatrix} e_s \sin E_s \\ \dfrac{\sqrt{1 - e_s^2}}{r} \\ 0 \end{bmatrix} \qquad (6-21)$$

3. 天球坐标系中卫星的运行速度

若以 $(\dot{x}, \dot{y}, \dot{z})$ 表示卫星在天球坐标系中的运行速度，即

$$\begin{bmatrix} \dot{x} & \dot{y} & \dot{z} \end{bmatrix}^T = \begin{bmatrix} \dfrac{\partial x}{\partial t} & \dfrac{\partial y}{\partial t} & \dfrac{\partial z}{\partial t} \end{bmatrix}^T \qquad (6-22)$$

则由 $\begin{bmatrix} x \\ y \\ z \end{bmatrix} = \boldsymbol{R} \begin{bmatrix} a_s(\cos E_s - e_s) \\ a_s \sqrt{1 - e_s^2}\sin E_s \\ 0 \end{bmatrix}$ 和 $\dfrac{\partial E_s}{\partial t} = \dfrac{n}{1 - e_s \cos E_s}$，可得卫星在天球坐标系中的运行速度为

$$\begin{bmatrix} \dot{x} \\ \dot{y} \\ \dot{z} \end{bmatrix} = \boldsymbol{R} \begin{bmatrix} -\dfrac{a_s^2 n}{r}\sin E_s \\ \dfrac{a_s^2 n}{r}\sqrt{1 - e_s^2}\cos E_s \\ 0 \end{bmatrix} \qquad (6-23)$$

4. 地球坐标系中卫星的运行速度

根据式(6-14)，在地球坐标系中，卫星的运行速度可表示为

$$\begin{bmatrix} \dot{X} \\ \dot{Y} \\ \dot{Z} \end{bmatrix} = \frac{\partial \boldsymbol{R}_3(\text{GAST})}{\partial t} \begin{bmatrix} x \\ y \\ z \end{bmatrix} + \boldsymbol{R}_3(\text{GAST}) \begin{bmatrix} \dot{x} \\ \dot{y} \\ \dot{z} \end{bmatrix} \qquad (6-24)$$

式中

$$\frac{\partial \boldsymbol{R}_3(\text{GAST})}{\partial t} = \begin{bmatrix} -\sin(\text{GAST}) & \cos(\text{GAST}) & 0 \\ -\cos(\text{GAST}) & -\sin(\text{GAST}) & 0 \\ 0 & 0 & 1 \end{bmatrix} \frac{\partial(\text{GAST})}{\partial t} \qquad (6-25)$$

考虑到 $\dfrac{\partial(\text{GAST})}{\partial t} = \dot{\Omega}_e$ 为地球自转角速度，其值为 $\dot{\Omega}_e = 7.292\,115\,0 \times 10^{-5}$ rad/s，所以

卫星在地球坐标系中的运行速度可表示为

$$
\begin{bmatrix} \dot{X} \\ \dot{Y} \\ \dot{Z} \end{bmatrix} = \begin{bmatrix} -\sin(GAST) & \cos(GAST) & 0 \\ -\cos(GAST) & -\sin(GAST) & 0 \\ 0 & 0 & 1 \end{bmatrix} \begin{bmatrix} x \\ y \\ z \end{bmatrix} \dot{\Omega}_e +
$$

$$
\begin{bmatrix} \cos(GAST) & \sin(GAST) & 0 \\ -\sin(GAST) & \cos(GAST) & 0 \\ 0 & 0 & 1 \end{bmatrix} \begin{bmatrix} \dot{x} \\ \dot{y} \\ \dot{z} \end{bmatrix} \quad\quad (6-26)
$$

应当指出，上述讨论都是基于卫星在球形对称的地球引力场中运行而进行的，没有考虑其他摄动力的影响。实际上卫星在运行中将受到多种摄动力的作用，从而使卫星的运行在一定程度上偏离理想轨道。虽然这种偏差不大，但是对于现代精密导航和定位都是不能忽略的。

本 章 小 结

如第 1 章所述，国外的无线电监测系统已经扩展到卫星平台上，以弥补现有地面无线电监测体系能力的不足，基于卫星平台的无线电监测系统将是未来的一个重点发展方向。

研究星载无线电监测定位系统首先就要了解卫星的运动轨道，本章对开普勒三定律、卫星的轨道参数、卫星位置和速度的计算进行了详细阐述，这些内容是了解卫星定位体制的基础。

思 考 题

6-1　简述卫星轨道运动的开普勒第一定律。

6-2　简述卫星轨道运动的开普勒第二定律。

6-3　简述卫星轨道运动的开普勒第三定律。

6-4　已知某卫星的轨道高度为 800 km，轨道倾角为 30°，求其运行周期、平均角速度和线速度。

第7章

现代无线电监测定位体制及工程实现

评价无源定位系统性能优劣的一个重要指标就是定位精度(或定位误差)。

定位误差一般用精度衰减因子(dilution of precision,DOP)来评价,DOP 又称为精度因子、精度稀释因子、精度系数、误差系数。几何精度衰减因子(geometric dilution of precision,GDOP)又称为几何稀释度,用来说明测量中的误差将如何影响最终定位精度。

在无源定位中,定义待测辐射源的定位误差几何精度衰减因子为

$$\text{GDOP} = \sqrt{\sigma_x^2 + \sigma_y^2 + \sigma_z^2} \qquad (7-1)$$

其中:GDOP 的单位是 m,σ_x、σ_y、σ_z 分别是定位直角坐标系中的 x 轴、y 轴、z 轴三个方向的距离测量标准差。

圆概率误差(circular error probable,CEP)是弹道学中的一种表征测量武器系统精确度的指标。其定义是:以目标为圆心画一个圆圈,如果武器命中此圆圈的概率至少有 50%,则此圆圈的半径就是圆概率误差。举例来说,美军三叉戟二型导弹的圆概率误差是 90 m,则一枚此型导弹有 50%的概率会落在目标 90 m 以内。CEP 是定位精度单位,如 2.5m CEP 就是定位在 2.5 m 精度的概率是 50%。

在无源定位中,定义待测辐射源的圆概率定位(绝对)误差为

$$R_{\text{CEP}} = 0.75 \times \text{GDOP} = 0.75\sqrt{\sigma_x^2 + \sigma_y^2 + \sigma_z^2} \qquad (7-2)$$

其中:R_{CEP} 的单位是 m,σ_x、σ_y、σ_z 分别是定位直角坐标系中的 x 轴、y 轴、z 轴三个方向的距离测量标准差。

由于待测辐射源的圆概率定位(绝对)误差与辐射源和测量站之间的距离及相对位置有关,因此为了更准确地比较不同体制无源定位系统之间的定位性能优劣,通常采用相对定位精度,即定义待测辐射源的圆概率定位相对误差为

$$\text{rel}_{\text{CEP}} = \frac{R_{\text{CEP}}}{\text{distance}(P-S)} \qquad (7-3)$$

其中:rel_{CEP} 的单位是%,R_{CEP} 是待测辐射源 P 的圆概率定位(绝对)误差,S 是测量站(或多个测量站的中心),$\text{distance}(P-S)$ 表示 P 和 S 之间的距离。

本章重点探讨几种常见的无源定位体制:测向交叉定位体制、时差定位体制、单星测向定位体制、双星时差频差定位体制、三星时差定位体制、相位差变化率定位体制、多普勒变化率定位体制,最后,对一种微型化现代无线电监测定位系统的工程实现方法进行了简单介绍。

7.1　测向交叉定位体制

测向设备（或测向机）是一种专门用于测量辐射源来波方位角的设备。如果用布置于不同位置的两个测向机对同一辐射源进行测向，那么两个测向机所测得的示向线的交点就是辐射源的位置。

如图 7-1 所示，通过测量 α_1 和 α_2，得到辐射源的位置，称为交叉定位、交会定位或交汇定位。在实际应用中，为了提高定位精度，可采用多个测向站进行交叉定位[1]。

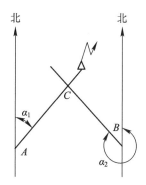

图 7-1　两个测向站进行一维交叉定位示意图

如果要测量空中飞行器（飞机、飞艇等）、宇宙飞船、卫星等空中载体上辐射源的空间坐标位置，或确定用天波传播的高频辐射源的空间坐标位置，就必须用二维测向机，这种测向机能够测量出辐射源的来波方位角和俯仰角。

如图 7-2 所示，用分别位于 A 点和 B 点的两部测向机同时测量出辐射源的方位角 α_1 和 α_2 及俯仰角 β_1 和 β_2，就可以计算出该辐射源的空间坐标位置。

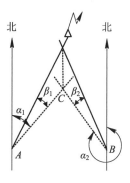

图 7-2　测向机测向二维交叉定位示意图

在实际使用中，测向机的读数是以测向机或者天线系统的参考方向为基准的。因此，如果这个参考方向与子午线正北方向有一个差值，则必须对测得的方位角进行修正，即应先将测向机的读数值换算到当地切平面坐标系中的方位角，再进行定位计算。

7.1.1 定位模型

测向交叉定位体制就是通过多次测量同一辐射源到达测向站的来波方位角来确定辐射源的空间位置，或者通过多个测向站同时测量同一辐射源的来波方位角进行组网定位。

如图 7-3 所示，在 Oxy 坐标系中，规定方位角为 x 轴正向逆时针旋转到测向机与辐射源的连线所形成的角度，范围为 $0°\sim 360°$。为了方便表示，将 x 轴正向逆时针旋转至 x 轴负向范围内的角度表示为 $0°\sim 180°$，将 x 轴正向顺时针旋转至 x 轴负向范围内的角度表示为 $0°\sim -180°$。

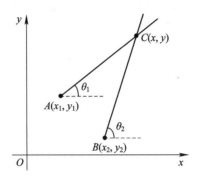

图 7-3 两站测向定位模型

假设两个测向站 A 和 B 的位置坐标分别为 (x_1, y_1) 和 (x_2, y_2)，辐射信号到达测向站 A 的来波方位角为 θ_1，辐射信号到达测向站 B 的来波方位角为 θ_2，并设辐射源 C 的坐标为 (x, y)，则两条测向线的方程分别为

$$\tan\theta_1 = \frac{y-y_1}{x-x_1} \tag{7-4}$$

$$\tan\theta_2 = \frac{y-y_2}{x-x_2} \tag{7-5}$$

联立上述两个方程，可以求出

$$\begin{cases} x = \dfrac{x_2\tan\theta_2 - x_1\tan\theta_1 + y_1 - y_2}{\tan\theta_2 - \tan\theta_1} \\ y = \dfrac{(x_2-x_1)\tan\theta_1\tan\theta_2 + y_1\tan\theta_2 - y_2\tan\theta_1}{\tan\theta_2 - \tan\theta_1} \end{cases} \tag{7-6}$$

当 $\theta_2 = \theta_1$，即辐射源位于基线上时，式 (7-6) 的分母为 0，无法定位。

当 $x = x_1$ 时，有

$$\begin{cases} x = x_1 \\ y = (x_1 - x_2)\tan\theta_2 + y_2 \end{cases} \tag{7-7}$$

当 $x = x_2$ 时，有

$$\begin{cases} x = x_2 \\ y = (x_2 - x_1)\tan\theta_1 + y_1 \end{cases} \tag{7-8}$$

7.1.2　定位精度分析

下面对测向交叉定位体制的定位精度进行理论分析。

假设有 N 个测向站对同一辐射源进行测向，第 i 个测向站的坐标为 (x_i, y_i)，$i = 1$，$2, \cdots, N$，辐射信号到达第 i 个测向站的方位角为 θ_i，并设辐射源的坐标为 (x, y)，则第 i 条测向线的方程为

$$\tan\theta_i = \frac{y - y_i}{x - x_i}, \ i = 1, 2, \cdots, N \tag{7-9}$$

可写为

$$\tan\theta_i = f_i(x, y) \tag{7-10}$$

其中

$$f_i(x, y) = \frac{y - y_i}{x - x_i}, \ i = 1, 2, \cdots, N \tag{7-11}$$

对式(7-10)等号两边同时作微分，得

$$\frac{1}{\cos^2\theta_i}\mathrm{d}\theta_i = f_{i, x}\mathrm{d}x + f_{i, y}\mathrm{d}y, \ i = 1, 2, \cdots, N \tag{7-12}$$

其中

$$f_{i, x} = \frac{\partial f_i(x, y)}{\partial x} = \frac{y_i - y}{(x - x_i)^2} \tag{7-13}$$

$$f_{i, y} = \frac{\partial f_i(x, y)}{\partial y} = \frac{1}{x - x_i} \tag{7-14}$$

$$\cos\theta_i = \frac{x - x_i}{\sqrt{(x - x_i)^2 + (y - y_i)^2}} \tag{7-15}$$

因此，式(7-12)可写为

$$\mathrm{d}\theta_i = (f_{i, x}\mathrm{d}x + f_{i, y}\mathrm{d}y)\cos^2\theta_i, \ i = 1, 2, \cdots, N \tag{7-16}$$

将式(7-16)写为矩阵形式，得

$$\begin{bmatrix} \mathrm{d}\theta_1 \\ \mathrm{d}\theta_2 \\ \vdots \\ \mathrm{d}\theta_N \end{bmatrix} = \begin{bmatrix} f_{1, x}\cos^2\theta_1 & f_{1, y}\cos^2\theta_1 \\ f_{2, x}\cos^2\theta_2 & f_{2, y}\cos^2\theta_2 \\ \vdots & \vdots \\ f_{N, x}\cos^2\theta_N & f_{N, y}\cos^2\theta_N \end{bmatrix} \begin{bmatrix} \mathrm{d}x \\ \mathrm{d}y \end{bmatrix} \tag{7-17}$$

其中

$$f_{i, x}\cos^2\theta_i = \frac{y_i - y}{(x - x_i)^2 + (y_i - y)^2} \tag{7-18}$$

$$f_{i, y}\cos^2\theta_i = \frac{x - x_i}{(x - x_i)^2 + (y_i - y)^2} \tag{7-19}$$

令

$$\begin{bmatrix} \mathrm{d}\theta_1 \\ \mathrm{d}\theta_2 \\ \vdots \\ \mathrm{d}\theta_N \end{bmatrix} = \mathrm{d}\boldsymbol{\theta} \tag{7-20}$$

$$\begin{bmatrix} f_{1,x}\cos^2\theta_1 & f_{1,y}\cos^2\theta_1 \\ f_{2,x}\cos^2\theta_2 & f_{2,y}\cos^2\theta_2 \\ \vdots & \vdots \\ f_{N,x}\cos^2\theta_N & f_{N,y}\cos^2\theta_N \end{bmatrix} = \boldsymbol{C} \tag{7-21}$$

$$\begin{bmatrix} \mathrm{d}x \\ \mathrm{d}y \end{bmatrix} = \mathrm{d}\boldsymbol{X} \tag{7-22}$$

则

$$\mathrm{d}\boldsymbol{\theta} = \boldsymbol{C}\,\mathrm{d}\boldsymbol{X} \tag{7-23}$$

定义定位误差矢量 $\mathrm{d}\boldsymbol{X}$：

$$\mathrm{d}\boldsymbol{X} = \boldsymbol{C}^{-1}\mathrm{d}\boldsymbol{\theta} \tag{7-24}$$

定义定位误差协方差矩阵 $\boldsymbol{P}_{\mathrm{d}X}$：

$$\boldsymbol{P}_{\mathrm{d}X} = E\left[\mathrm{d}\boldsymbol{X}\,\mathrm{d}\boldsymbol{X}^{\mathrm{T}}\right] = \boldsymbol{C}^{-1}E\left[\mathrm{d}\boldsymbol{\theta}\,\mathrm{d}\boldsymbol{\theta}^{\mathrm{T}}\right](\boldsymbol{C}^{-1})^{\mathrm{T}} \tag{7-25}$$

其中：$E[\cdot]$ 表示数学期望。

当 N 个测向站的方位角测量误差服从零均值的高斯分布，且各个测量值之间相互独立时，有 $E\left[\mathrm{d}\boldsymbol{\theta}\,\mathrm{d}\boldsymbol{\theta}^{\mathrm{T}}\right] = \begin{bmatrix} \sigma_\theta^2 & \cdots & \mathbf{0} \\ \vdots & & \vdots \\ \mathbf{0} & \cdots & \sigma_\theta^2 \end{bmatrix}$，$\sigma_\theta^2$ 为方位角测量误差的方差。又

$$E\left[\mathrm{d}\boldsymbol{X}\,\mathrm{d}\boldsymbol{X}^{\mathrm{T}}\right] = \begin{bmatrix} \mathrm{d}\boldsymbol{x}^2 & \mathrm{d}\boldsymbol{x}\,\mathrm{d}\boldsymbol{y} \\ \mathrm{d}\boldsymbol{x}\,\mathrm{d}\boldsymbol{y} & \mathrm{d}\boldsymbol{y}^2 \end{bmatrix}$$

所以定位误差几何精度衰减因子为

$$\mathrm{GDOP} = \sqrt{\sigma_x^2 + \sigma_y^2} = \sqrt{\mathrm{tr}(\boldsymbol{P}_{\mathrm{d}X})} = \boldsymbol{C}^{-1}\begin{bmatrix} \sigma_\theta^2 & \cdots & \mathbf{0} \\ \vdots & & \vdots \\ \mathbf{0} & \cdots & \sigma_\theta^2 \end{bmatrix}(\boldsymbol{C}^{-1})^{\mathrm{T}} \tag{7-26}$$

其中：$\mathrm{tr}(\cdot)$ 表示矩阵的迹。因此，圆概率定位（绝对）误差为

$$R_{\mathrm{CEP}} = 0.75 \times \mathrm{GDOP} = 0.75 \times \boldsymbol{C}^{-1}\begin{bmatrix} \sigma_\theta^2 & \cdots & \mathbf{0} \\ \vdots & & \vdots \\ \mathbf{0} & \cdots & \sigma_\theta^2 \end{bmatrix}(\boldsymbol{C}^{-1})^{\mathrm{T}} \tag{7-27}$$

圆概率定位相对误差为

$$\mathrm{rel}_{\mathrm{CEP}} = \frac{R_{\mathrm{CEP}}}{\mathrm{distance}(P-S)} \tag{7-28}$$

其中：$\mathrm{rel}_{\mathrm{CEP}}$ 的单位是 %，R_{CEP} 是待测辐射源 P 的圆概率定位（绝对）误差，S 是测量站位置或者多个测量站的中心，$\mathrm{distance}(P-S)$ 表示 P 和 S 之间的距离。

7.1.3　定位精度仿真

1. 两站和三站测向定位精度仿真

1）两站测向定位精度仿真

考虑二维平面，假设两个测向站相距 60 km，测向精度均为 1°，对以站点中心为中心的 1000 km×1000 km 矩形区域内目标的定位精度进行仿真。

不失一般性，以两个站点的中心为原点 O、两个站点的连线（基线）为 x 轴、垂直于 x 轴的方向为 y 轴建立直角坐标系 Oxy，则两个站点的坐标分别为 $(x_1, y_1) = (-30, 0)$ 和 $(x_2, y_2) = (30, 0)$，单位为 km。每 10 km 距离取一个目标点，经过仿真计算，得到两站测向定位误差分布图如图 7-4 所示。由仿真结果可知，基线上无法定位，基线附近定位误差较大；离站点中心越近定位误差越小，离站点中心越远定位误差越大。

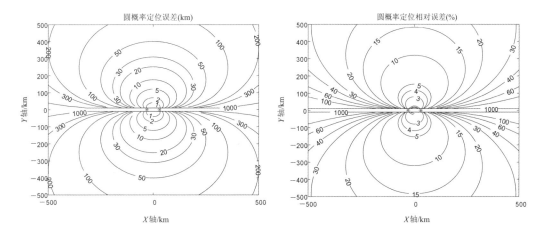

图 7-4　两站测向定位误差分布图

2）三站测向定位精度仿真

考虑二维平面，假设三个基站呈等边三角形分布，站间距为 60 km，测向精度均为 1°，对以站点中心为中心的 1000 km×1000 km 矩形区域内目标的定位精度进行仿真。

不失一般性，以三个站点的中心为原点 O 建立直角坐标系，则三个站点的位置坐标分别为 $(x_1, y_1) = (-30, -17.3205)$、$(x_2, y_2) = (30, -17.3205)$ 和 $(x_3, y_3) = (0, 34.6410)$，单位为 km。每 10 km 距离取一个目标点，经过仿真计算，得到三站测向定位误差分布图如图 7-5 所示。

2. 不同测向精度对测向定位精度的影响

下面对不同测向精度的两站测向定位精度进行仿真。考虑二维平面，假设两个测向站相距 60 km，当测向精度分别为 0.1°、0.5°、1°时，对以站点中心为中心的 1000 km×1000 km 矩形区域内目标的定位精度进行仿真，得到不同测向精度的定位误差分布图如图 7-6 所示。由图中可以看出，测向精度越小，定位精度越高。

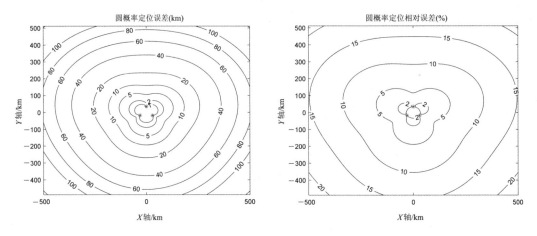

图 7-5　三站测向定位误差分布图

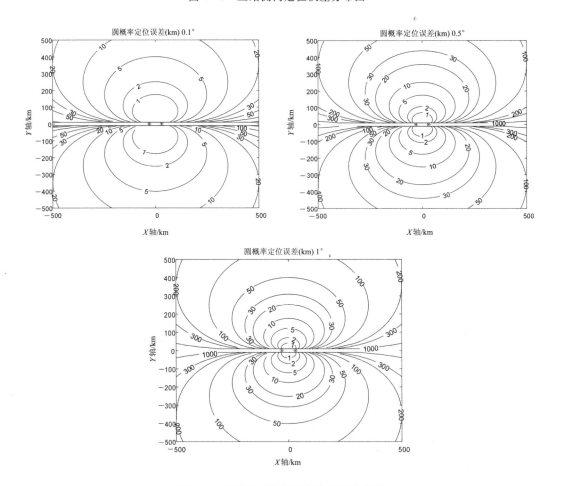

图 7-6　不同测向精度的定位误差分布图

7.1.4　定位精度仿真的 MATLAB 程序实现示例

本小节提供了 7.1.3 小节中定位精度仿真的 MATLAB 程序实现示例，供读者参考。

1. N 站测向定位误差计算程序

N 站测向定位误差计算程序代码如下：

```
1.  %-----DOAn.m
2.  % zengfeng 2022.12.26
3.  %功能：求 n 站测向定位误差分布函数
4.  %输入：
5.  % 1. candidates；//站点位置      candidates=[S1, S2, S3, ..., Sn]
6.       %基站 1 的位置：S1      S1=(X1, Y1), X1 为基站 1 的 x 坐标，Y1 为基站 1 的 y 坐标，单位为 m
7.       %基站 2 的位置：S2      S2=(X2, Y2), X2 为基站 2 的 x 坐标，Y2 为基站 2 的 y 坐标，单位为 m
8.       % ...
9.       %基站 n 的位置：Sn      Sn=(Xn, Yn), Xn 为基站 n 的 x 坐标，Yn 为基站 n 的 y 坐标，单位为 m
10. % 2. radiatorPosition；//辐射源的位置 T=(x, y)，单位为 m
11. % 3. directionFindingAccuracy；//测向定位误差，单位为°
12. %输出：圆概率误差
13. % 1：     Rcep       对目标定位的圆概率误差绝对值，单位为 m
14. % 2：     RelatRcep   对目标定位的圆概率误差相对值，单位为%
15.
16. %备注：当辐射源位于基线上时，无法定位，此程序不可用
17.
18. function [Rcep, RelatRcep]=DOAn(candidates, radiatorPosition, directionFindingAccuracy)
19.      n=size(candidates, 2)/2；%站点的个数
20.      xt=radiatorPosition(1)；yt=radiatorPosition(2)；      %辐射源坐标
21.      sumx=0；
22.      sumy=0；
23.      %各个站点测量的角度误差
24.      dTheta=directionFindingAccuracy * pi/180；%转换为弧度
25.      Edd=eye(n). * (dTheta^2)；
26.      C=zeros(n, 2)；
27.      for i=1：n      %构造基站 i 的 x 及 y 坐标
28.          xi=candidates(2 * i−1)；
29.          yi=candidates(2 * i)；
30.          %站点中心
31.          sumx=sumx+xi；
32.          sumy=sumy+yi；
33.          R=(xt−xi)^2+(yt−yi)^2；
```

```
34.              c=[(yi-yt)/R, (xt-xi)/R];
35.              C(i, :)=c;
36.          end
37.      %在使用 pinv 前判断是否有 nan 或者 inf
38.      if (numel(find(isnan(C))) || numel(find(isinf(C))))
39.          Rcep=inf;
40.          RelatRcep=inf;
41.      else
42.          invC=pinv(C);
43.          pdx=sqrt(trace(invC * Edd * invC'));
44.          Rcep=0.75 * pdx;    %单位为 m
45.          %站点中心
46.          Xcenter=sumx/n;
47.          Ycenter=sumy/n;
48.          % Rcenter=sqrt((candidates(1)-xt)^2+(candidates(2)-yt)^2);
49.          Rcenter=sqrt((Xcenter-xt)^2+(Ycenter-yt)^2);    %单位为 m
50.          %圆概率误差相对值
51.          RelatRcep=Rcep/Rcenter * 100;%单位为%
52.      end
53. end
```

2. 两站测向定位圆概率误差分布程序

两站测向定位圆概率误差分布程序代码如下：

```
1.  % -----DOA_tb2.m
2.  % zengfeng 2023.01.03
3.  %功能：绘制两站测向定位误差分布图
4.
5.  %考虑二维平面，假设两个基站相距 60 km，两站位置(单位为 km)分别为
6.  %                        (x1,y1)=(-30,0)
7.  %                        (x2,y2)=(30,0)
8.  %
9.  % 两个基站的测向精度均为 1°
10. %对平面矩形区域 1000 km×1000 km 范围内目标的定位精度进行仿真
11. %在矩形平面每 10 km 距离取一个点
12. clc
13. close all
14. X1=[-30000,0];%单位为 m
15. X2=[30000,0];    %单位为 m
16. %输入：各个站点测量的角度误差
17. directionFindingAccuracy=1;
18. x1=X1(1); y1=X1(2);    %单位为 m
19. x2=X2(1); y2=X2(2);
```

```
20.  candidates＝[x1，y1，x2，y2];
21.  xc＝(x1＋x2)/2；yc＝(x1＋x2)/2;
22.
23.  step＝10＊1000；              %步长为 10 km
24.  BandX＝1000＊1000；           %计算误差经度范围为[－500，500]，单位为 km
25.  BandY＝1000＊1000；           % 计算误差纬度范围为[－500，500]，单位为 km
26.  Nobj＝BandX/step；           %目标辐射源的点数
27.  Rcep＝zeros(Nobj＋1，Nobj＋1);
28.  RelatRcep＝zeros(Nobj＋1，Nobj＋1);
29.  for i＝1：Nobj＋1
30.      for j＝1：Nobj＋1
31.          xt＝(i－1－Nobj/2)＊step＋xc;
32.          yt＝(j－1－Nobj/2)＊step＋yc;
33.          radiatorPosition＝[xt，yt];
34.          xt＝ radiatorPosition(1)；yt＝radiatorPosition(2);
35.          %当辐射源位于基线上时，无法定位，将误差设置为 inf(无穷)
36.          if (x1－xt)＊(y2－yt)＝＝(x2－xt)＊(y1－yt)
37.              Rcep(i，j)＝inf;
38.              RelatRcep(i，j)＝inf;
39.          else
40.              [Rcep(i，j)，RelatRcep(i，j)]＝DOAn(candidates，radiatorPosition，direc-
    tionFindingAccuracy);
41.          end
42.      end
43.  end
44.  X＝zeros(Nobj＋1，Nobj＋1);
45.  Y＝zeros(Nobj＋1，Nobj＋1);
46.  for i＝1：Nobj＋1
47.      for j＝1：Nobj＋1
48.          X(i，j)＝(i－1－Nobj/2)＊step＋xc;
49.          Y(i，j)＝(j－1－Nobj/2)＊step＋yc;
50.      end
51.  end
52.  figure(1)
53.  contour(X/1000，Y/1000，Rcep/1000，[1，2，5，10，20，30，50，100，200，300，1000],
    'ShowText'，'on'，'color'，'k');
54.  title('圆概率定位误差(km)');
55.  xlabel('X 轴/km');
56.  ylabel('Y 轴/km');
57.  hold on
58.  plot(x1/1000，y1/1000，'＊r')；%单位为 km
59.  hold on
60.  plot(x2/1000，y2/1000，'＊r');
```

```
61. figure(2)
62. contour(X/1000，Y/1000，RelatRcep，[2，3，4，5，10，15，20，30，40，60，100，1000]，
    'ShowText'，'on'，'color'，'k')；
63. title('圆概率定位相对误差(%)')；
64. xlabel('X 轴/km')；
65. ylabel('Y 轴/km')；
66. hold on
67. plot(x1/1000，y1/1000，'* r')；    %单位为 km
68. hold on
69. plot(x2/1000，y2/1000，'* r')；
70. % xlswrite('.\Rcep'，Rcep)；    %将 matlab 中的数据导入到 excel 中
```

3. 三站测向定位圆概率误差分布程序

三站测向定位圆概率误差分布程序代码如下：

```
1.  % －－－－－DOA_tb3.m
2.  % zengfeng 2023.01.03
3.  %功能：绘制三站测向定位误差分布图
4.
5.  %考虑二维平面，假设三个基站位置(单位为 km)分别为
6.  %                        (x1，y1)＝(－30，－17.3205)
7.  %                        (x2，y2)＝(30，－17.3205)
8.  %                        (x3，y3)＝(0，   34.6410)
9.  % 三个基站的定位精度均为 1°
10. %对平面矩形区域 1000 km×1000 km 范围内目标的定位精度进行仿真
11. %在矩形平面每 10 km 距离取一个点
12. clc
13. close all
14. X1＝[－30，－30 * tan(30 * pi/180)] * 1000；    %单位为 km
15. X2＝[30，－30 * tan(30 * pi/180)] * 1000；
16. X3＝[0，30 * tan(60 * pi/180)－30 * tan(30 * pi/180)] * 1000；
17. %输入：各个站点测量的角度误差
18. directionFindingAccuracy＝1；
19. x1＝X1(1)；y1＝X1(2)；    %单位为 m
20. x2＝X2(1)；y2＝X2(2)；
21. x3＝X3(1)；y3＝X3(2)；
22. candidates＝[x1，y1，x2，y2，x3，y3]；
23. xc＝(x1＋x2＋x3)/3；yc＝(x1＋x2＋y3)/3；
24.
25. step＝10 * 1000；  %步长为 10 km
26. BandX＝1000 * 1000；%计算误差经度范围为[－500，500]，单位为 km
27. BandY＝1000 * 1000；%计算误差纬度范围为[－500，500]，单位为 km
28. Nobj＝BandX/step；    %目标辐射源的点数
```

```
29. Rcep=zeros(Nobj+1, Nobj+1);
30. RelatRcep=zeros(Nobj+1, Nobj+1);
31. for i=1: Nobj+1
32.     for j=1: Nobj+1
33.         xt=(i-1-Nobj/2) * step+xc;
34.         yt=(j-1-Nobj/2) * step+yc;
35.         radiatorPosition=[xt, yt];
36.         xt=  radiatorPosition(1); yt=radiatorPosition(2);
37.         %当辐射源位于基线上时，无法定位，将误差设置为 inf(无穷)
38.         if ((x1-xt) * (y2-yt) ==(x2-xt) * (y1-yt)||...
39.             (x3-xt) * (y2-yt) ==(x2-xt) * (y3-yt) ||...
40.             (x1-xt) * (y3-yt) ==(x3-xt) * (y1-yt))
41.             Rcep(i, j)=inf;
42.             RelatRcep(i, j)=inf;
43.         else
44.             [Rcep(i, j), RelatRcep(i, j)]=DOAn(candidates, radiatorPosition, direc-
    tionFindingAccuracy);
45.         end
46.     end
47. end
48. X=zeros(Nobj+1, Nobj+1);
49. Y=zeros(Nobj+1, Nobj+1);
50. for i=1: Nobj+1
51.     for j=1: Nobj+1
52.         X(i, j)=(i-1-Nobj/2) * step+xc;
53.         Y(i, j)=(j-1-Nobj/2) * step+yc;
54.     end
55. end
56.
57. figure(1)
58. contour(X/1000, Y/1000, Rcep/1000, [1, 2, 5, 10, 20: 20: 100, 150], 'ShowText',
    'on', 'color', 'k'); %单位为 km
59. title('圆概率定位误差(km)');
60. xlabel('X 轴/km');
61. ylabel('Y 轴/km');
62.
63. hold on
64. plot(x1/1000, y1/1000, '*r');   %单位为 km
65. hold on
66. plot(x2/1000, y2/1000, '*r');
67. hold on
68. plot(x3/1000, y3/1000, '*r');
69.
```

```
70. figure(2)
71. contour(X/1000，Y/1000，RelatRcep，[1,2,5,10,15,20]，'ShowText'，'on'，'color'，
    'k');
72. title('圆概率定位相对误差(%)');
73. xlabel('X 轴/km');
74. ylabel('Y 轴/km');
75.
76. hold on
77. plot(x1/1000, y1/1000, '*r');    %单位为 km
78. hold on
79. plot(x2/1000, y2/1000, '*r');
80. hold on
81. plot(x3/1000, y3/1000, '*r');
82. % xlswrite('.\Rcep', Rcep);    %将 matlab 中的数据导入到 excel 中
```

4. 测向精度对两站测向定位误差的影响的分析程序

测向精度对两站测向定位误差的影响的分析程序代码如下：

```
1.  % —————DOA_tb4. m
2.  % zengfeng 2023.02.13
3.  %功能：完成两站测向中，角度测量误差对测向定位误差的影响的分析
4.  %      各个站点测量的角度误差分别为 0.1°、0.5°、1°
5.
6.  %考虑二维平面，假设两个基站相距 60 km，两站位置(单位为 km)分别为
7.  %                        (x1,y1)=(-30,0)
8.  %                        (x2,y2)=(30,0)
9.  %
10. %两个基站的测向精度分别为 0.1°、0.5°、1°
11. %对平面矩形区域 1000 km×1000 km 范围内目标的定位精度进行仿真
12. %在矩形平面每 10 km 距离取一个点
13. %
14. clc
15. close all
16. X1=[-30000, 0];%单位为 m
17. X2=[30000, 0];    %单位为 m
18. %输入：各个站点测量的角度误差
19. directionFindingAccuracy1=0.1;
20. directionFindingAccuracy2=0.5;
21. directionFindingAccuracy3=1;
22.
23. x1=X1(1); y1=X1(2);    %单位为 m
24. x2=X2(1); y2=X2(2);
25. candidates=[x1, y1, x2, y2];
```

```
26.  xc=(x1+x2)/2; yc=(x1+x2)/2;
27.
28.  step=10*1000;                    %步长为 10 km
29.  BandX=1000*1000;                 % 计算误差经度范围为[-500,500]，单位为 km
30.  BandY=1000*1000;                 %计算误差纬度范围为[-500,500]，单位为 km
31.  Nobj=BandX/step;                 %目标辐射源的点数
32.  Rcep1=zeros(Nobj+1, Nobj+1);
33.  RelatRcep1=zeros(Nobj+1, Nobj+1);
34.  Rcep2=zeros(Nobj+1, Nobj+1);
35.  RelatRcep2=zeros(Nobj+1, Nobj+1);
36.  Rcep3=zeros(Nobj+1, Nobj+1);
37.  RelatRcep3=zeros(Nobj+1, Nobj+1);
38.  for i=1: Nobj+1
39.      for j=1: Nobj+1
40.          xt=(i-1-Nobj/2)*step+xc;
41.          yt=(j-1-Nobj/2)*step+yc;
42.          radiatorPosition=[xt, yt];
43.          xt=  radiatorPosition(1); yt=radiatorPosition(2);
44.          %当辐射源位于基线上时，无法定位，将误差设置为 inf(无穷)
45.          if (x1-xt)*(y2-yt)==(x2-xt)*(y1-yt)
46.              Rcep1(i, j)=inf;
47.              RelatRcep1(i, j)=inf;
48.              Rcep2(i, j)=inf;
49.              RelatRcep2(i, j)=inf;
50.              Rcep3(i, j)=inf;
51.              RelatRcep3(i, j)=inf;
52.          else
53.              [Rcep1(i, j), RelatRcep1(i, j)]=DOAn(candidates, radiatorPosition, di-
     rectionFindingAccuracy1);
54.              [Rcep2(i, j), RelatRcep2(i, j)]=DOAn(candidates, radiatorPosition, di-
     rectionFindingAccuracy2);
55.              [Rcep3(i, j), RelatRcep3(i, j)]=DOAn(candidates, radiatorPosition, di-
     rectionFindingAccuracy3);
56.          end
57.      end
58.  end
59.  X=zeros(Nobj+1, Nobj+1);
60.  Y=zeros(Nobj+1, Nobj+1);
61.  for i=1: Nobj+1
62.      for j=1: Nobj+1
63.          X(i, j)=(i-1-Nobj/2)*step+xc;
64.          Y(i, j)=(j-1-Nobj/2)*step+yc;
65.      end
```

```
66. end
67. figure(1)
68. contour(X/1000, Y/1000, Rcep1/1000, [1, 2, 5, 10, 20, 30, 50, 100, 200, 300, 1000],
    'ShowText', 'on', 'color', 'k');
69. title('圆概率定位误差(km) 0.1°');
70. xlabel('X 轴/km');
71. ylabel('Y 轴/km');
72. hold on
73. plot(x1/1000, y1/1000, '*r'); %单位为 km
74. hold on
75. plot(x2/1000, y2/1000, '*r');
76.
77. figure(2)
78. contour(X/1000, Y/1000, Rcep2/1000, [1, 2, 5, 10, 20, 30, 50, 100, 200, 300, 1000],
    'ShowText', 'on', 'color', 'k');
79. title('圆概率定位误差(km) 0.5°');
80. xlabel('X 轴/km');
81. ylabel('Y 轴/km');
82. hold on
83. plot(x1/1000, y1/1000, '*r'); %单位为 km
84. hold on
85. plot(x2/1000, y2/1000, '*r');
86.
87. figure(3)
88. contour(X/1000, Y/1000, Rcep3/1000, [1, 2, 5, 10, 20, 30, 50, 100, 200, 300, 1000],
    'ShowText', 'on', 'color', 'k');
89. title('圆概率定位误差(km) 1°');
90. xlabel('X 轴/km');
91. ylabel('Y 轴/km');
92. hold on
93. plot(x1/1000, y1/1000, '*r'); %单位为 km
94. hold on
95. plot(x2/1000, y2/1000, '*r');
```

7.2　时差定位体制

时差定位体制是另一种常用的无源定位体制，即三个或更多测量站通过测量出接收到的同一辐射源发射信号的到达时间差，从而实现对辐射源的几何定位。对辐射源实现三维定位，一般需要四个测量站。

与测向交叉定位体制相比，时差定位体制具有定位精度高、天线体积小、设备成本低等优点。

7.2.1 定位模型

如图 7 - 7 所示，假设一个二维平面上有三个测量站 A、B、C，它们的坐标为 $(x_i, y_i)(i=0, 1, 2)$，目标辐射源 P 的坐标为 (x, y)。测量站对信号到达时间差进行测量，可以得到两个独立的时差方程，将其写成方程组的形式，有

$$\begin{cases} \sqrt{(x-x_1)^2+(y-y_1)^2} - \sqrt{(x-x_0)^2+(y-y_0)^2} = f_1(x, y) = c\Delta t_1 \\ \sqrt{(x-x_2)^2+(y-y_2)^2} - \sqrt{(x-x_0)^2+(y-y_0)^2} = f_2(x, y) = c\Delta t_2 \end{cases}$$

$$(7-29)$$

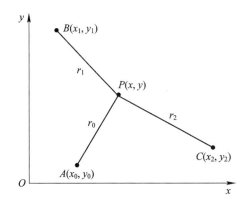

图 7 - 7 三站时差定位模型

其中：

(1) c 是电磁波传播速度，即 3×10^8 m/s；

(2) Δt_1 是辐射信号从 P 点到达 B 点与辐射信号从 P 点到达 A 点的时间差；

(3) Δt_2 是辐射信号从 P 点到达 C 点与辐射信号从 P 点到达 A 点的时间差。

通过求解上述方程组可以得到辐射源的坐标 (x, y)。

7.2.2 定位精度分析

下面对时差定位体制的定位精度进行理论分析。

对平面坐标系中的时差方程组 (7 - 29) 两边求全微分，得

$$c\begin{bmatrix} \mathrm{d}\Delta t_1 \\ \mathrm{d}\Delta t_2 \end{bmatrix} = \begin{bmatrix} f_{1,x} & f_{1,y} \\ f_{2,x} & f_{2,y} \end{bmatrix} \begin{bmatrix} \mathrm{d}x \\ \mathrm{d}y \end{bmatrix}$$

$$(7-30)$$

式中：$f_{1,x}=\dfrac{\partial f_1(x, y)}{\partial x}$，$f_{1,y}=\dfrac{\partial f_1(x, y)}{\partial y}$，$f_{2,x}=\dfrac{\partial f_2(x, y)}{\partial x}$，$f_{2,y}=\dfrac{\partial f_2(x, y)}{\partial y}$。于是

$$f_{1,x} = \frac{x-x_1}{\sqrt{(x-x_1)^2+(y-y_1)^2}} - \frac{x-x_0}{\sqrt{(x-x_0)^2+(y-y_0)^2}}$$

$$(7-31)$$

$$f_{1,y} = \frac{y-y_1}{\sqrt{(x-x_1)^2+(y-y_1)^2}} - \frac{y-y_0}{\sqrt{(x-x_0)^2+(y-y_0)^2}}$$

$$(7-32)$$

$$f_{2,x} = \frac{x - x_2}{\sqrt{(x - x_2)^2 + (y - y_2)^2}} - \frac{x - x_0}{\sqrt{(x - x_0)^2 + (y - y_0)^2}} \qquad (7-33)$$

$$f_{2,y} = \frac{y - y_2}{\sqrt{(x - x_2)^2 + (y - y_2)^2}} - \frac{y - y_0}{\sqrt{(x - x_0)^2 + (y - y_0)^2}} \qquad (7-34)$$

令

$$c \begin{bmatrix} \mathrm{d}\Delta t_1 \\ \mathrm{d}\Delta t_2 \end{bmatrix} = \mathrm{d}\boldsymbol{\theta} \qquad (7-35)$$

$$\begin{bmatrix} f_{1,x} & f_{1,y} \\ f_{2,x} & f_{2,y} \end{bmatrix} = \boldsymbol{C} \qquad (7-36)$$

$$\begin{bmatrix} \mathrm{d}x \\ \mathrm{d}y \end{bmatrix} = \mathrm{d}\boldsymbol{X} \qquad (7-37)$$

则

$$\mathrm{d}\boldsymbol{\theta} = \boldsymbol{C}\mathrm{d}\boldsymbol{X} \qquad (7-38)$$

$$\mathrm{d}\boldsymbol{X} = \boldsymbol{C}^{-1}\mathrm{d}\boldsymbol{\theta} \qquad (7-39)$$

定义定位误差协方差矩阵为

$$\boldsymbol{P}_{\mathrm{d}X} = E[\mathrm{d}\boldsymbol{X}\mathrm{d}\boldsymbol{X}^{\mathrm{T}}] = \boldsymbol{C}^{-1}E[\mathrm{d}\boldsymbol{\theta}\mathrm{d}\boldsymbol{\theta}^{\mathrm{T}}](\boldsymbol{C}^{-1})^{\mathrm{T}} \qquad (7-40)$$

当测得的时差测量误差服从零均值的高斯分布,且各个测量值之间相互独立时,有

$E[\mathrm{d}\boldsymbol{\theta}\,\mathrm{d}\boldsymbol{\theta}^{\mathrm{T}}] = \begin{bmatrix} (c\sigma_t)^2 & 0 \\ 0 & (c\sigma_t)^2 \end{bmatrix}$,$\sigma_t$ 为时差测量误差的标准差。所以,定位误差几何精度衰减因子为

$$\mathrm{GDOP} = \sqrt{\mathrm{tr}(\boldsymbol{P}_{\mathrm{d}X})} \qquad (7-41)$$

因此,圆概率定位(绝对)误差为

$$R_{\mathrm{CEP}} = 0.75\mathrm{GDOP} \qquad (7-42)$$

同样地,圆概率定位相对误差为

$$\mathrm{rel}_{\mathrm{CEP}} = \frac{R_{\mathrm{CEP}}}{\mathrm{distance}(P-S)} \qquad (7-43)$$

其中:$\mathrm{rel}_{\mathrm{CEP}}$ 的单位是‰,R_{CEP} 是待测辐射源 P 的圆概率定位(绝对)误差,S 是测量站(或多个测量站的中心),$\mathrm{distance}(P-S)$ 表示 P 和 S 之间的距离。通常,可选其中一个测量站和三个测量站的中心作为计算相对定位误差的基准点。

7.2.3 定位精度仿真

考虑二维平面,假设站间距离为 60 km,站间时间同步误差为 $\sigma_{\mathrm{syn}} = 20$ ns,信号时差(TDOA)测量误差为 $\sigma_s = 20$ ns,系统时差测量均方根误差为 $\sigma_t = \sqrt{\sigma_s^2 + \sigma_{\mathrm{syn}}^2} \approx 28.3$ ns,对以站点中心为中心的 1000 km×1000 km 矩形区域内目标的定位精度进行仿真。

1. 三站呈三角形分布

不失一般性,以三个站点的中心为原点 O 建立直角坐标系,则三个站点的位置坐标分别为 $(x_0, y_0) = (-60, -17.3205)$、$(x_1, y_1) = (60, -17.3205)$ 和 $(x_2, y_2) = (0, 34.6410)$,

单位为 km。每 10 km 距离取一个目标点，得到三站(三角形分布)时差定位误差分布图如图 7-8 所示。

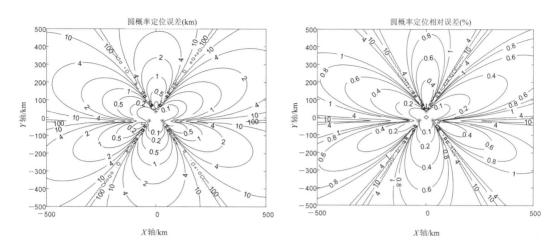

图 7-8　三站(三角形分布)时差定位误差分布图

2. 三站呈直线分布

不失一般性，以三个站点的中心为原点 O 建立直角坐标系，则三个站点的位置坐标分别为 $(x_0, y_0)=(0,0)$、$(x_1, y_1)=(-60,0)$ 和 $(x_2, y_2)=(60,0)$，单位为 km。每 10 km 距离取一个目标点，得到三站(直线分布)时差定位误差分布图如图 7-9 所示。三站呈直线分布的情况下，当辐射源位于基线(测量站之间的连线称为"基线")上时，式(7-29)无法求解，无法进行定位。

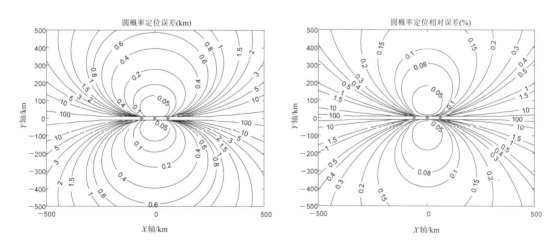

图 7-9　三站(直线分布)时差定位误差分布图

7.2.4　定位精度仿真的 MATLAB 程序实现示例

本小节提供了 7.2.3 小节中定位精度仿真的 MATLAB 程序实现示例，供读者参考。

1. 三站(三角形分布)时差定位圆概率误差分布实现代码

三站(三角形分布)时差定位圆概率误差分布实现代码如下：

```
1.  % −−−−−TDOAtriangle. m
2.  % zengfeng 2023.01.03
3.  %三站(三角形分布)时差定位误差分析
4.  %考虑二维平面,假设三个基站位置(单位为 km)分别为
5.  %                        (x0,y0)=(−60,−17.3205)
6.  %                        (x1,y1)=(60,−17.3205)
7.  %                        (x2,y2)=(0,  34.6410)
8.  % 两组时差精度均为 28.3ns
9.  %对平面矩形区域 1000 km×1000 km 范围内目标的定位精度进行仿真
10. clc
11. clear all
12. close all
13. %输入 1:站点位置
14. X0=[−60,−30*tan(30*pi/180)]*1000;   %单位为 km
15. X1=[60,−30*tan(30*pi/180)]*1000;
16. X2=[0,30*tan(60*pi/180)−30*tan(30*pi/180)]*1000;
17. x0=X0(1);y0=X0(2);   %单位为 m
18. x1=X1(1);y1=X1(2);
19. x2=X2(1);y2=X2(2);
20. %输入 2:各个站点测量的时差测量均方根误差
21. time_est_err=28.3*1e−9;
22. %光速,单位为 m/s
23. Vc=3*1e8;
24. Edd=eye(2)*(Vc*time_est_err)^2;
25. %站点中心
26. xc=(x1+x2+x0)/3;
27. yc=(y1+y2+y0)/3;
28. step=10*1000;       %步长为 10 km
29. BandX=1000*1000;    %计算误差经度范围为[−500,500],单位为 km
30. BandY=1000*1000;    %计算误差纬度范围为[−500,500],单位为 km
31. Nobj=BandX/step;    %目标辐射源的点数
32. Rcep=zeros(Nobj+1,Nobj+1);
33. RelatRcep=zeros(Nobj+1,Nobj+1);
34. for i=1:Nobj+1
35.     for j=1:Nobj+1
36.         xt=(i−1−Nobj/2)*step+xc;
37.         yt=(j−1−Nobj/2)*step+yc;
```

```
38.            %目标到站点中心的距离, 单位为 m
39.            Rcenter = sqrt((xt-xc)^2+(yt-yc)^2);
40.            R0 = sqrt((xt-x0)^2+(yt-y0)^2);
41.            R1 = sqrt((xt-x1)^2+(yt-y1)^2);
42.            R2 = sqrt((xt-x2)^2+(yt-y2)^2);
43.            f1x = (xt-x1)/R1-(xt-x0)/R0;
44.            f1y = (yt-y1)/R1-(yt-y0)/R0;
45.            f2x = (xt-x2)/R2-(xt-x0)/R0;
46.            f2y = (yt-y2)/R2-(yt-y0)/R0;
47.            C = [f1x, f1y; f2x, f2y];
48.            %在使用 pinv 前判断是否有 nan 或者 inf
49.            if (numel(find(isnan(C))) || numel(find(isinf(C))))
50.                Rcep(i, j) = inf;
51.                RelatRcep(i, j) = inf;
52.            else
53.                invC = pinv(C);
54.                pdx(i, j) = sqrt(trace(invC * Edd * invC'));
55.                Rcep(i, j) = 0.75 * pdx(i, j);      %单位为 m
56.                RelatRcep(i, j) = Rcep(i, j)/Rcenter * 100; %单位为 %
57.            end
58.        end
59. end
60.
61. X = zeros(Nobj+1, Nobj+1);
62. Y = zeros(Nobj+1, Nobj+1);
63. for i=1: Nobj+1
64.     for j=1: Nobj+1
65.            X(i, j) = (i-1-Nobj/2) * step+xc;
66.            Y(i, j) = (j-1-Nobj/2) * step+yc;
67.     end
68. end
69. %绘图
70. figure(1)
71. contour(X/1000, Y/1000, Rcep/1000, [0.1, 0.2, 0.5, 1, 2, 4, 10, 100], 'ShowText', 'on', 'color', 'k');      %单位为 km
72. title('圆概率定位误差/km');
73. xlabel('X 轴/km');
74. ylabel('Y 轴/km');
75.
76. hold on
77. plot(x1/1000, y1/1000, '* r');      %单位为 km
78. hold on
79. plot(x2/1000, y2/1000, '* r');
```

```
80.  hold on
81.  plot(x0/1000, y0/1000, '*r');
82.
83.  figure(2)
84.  contour(X/1000, Y/1000, RelatRcep, [0: 0.2: 1, 0.1, 4, 10], 'ShowText', 'on', 'col-
     or', 'k');
85.  title('圆概率定位相对误差(%)');
86.  xlabel('X 轴/km');
87.  ylabel('Y 轴/km');
88.
89.  hold on
90.  plot(x1/1000, y1/1000, '*r');    %单位为 km
91.  hold on
92.  plot(x2/1000, y2/1000, '*r');
93.  hold on
94.  plot(x0/1000, y0/1000, '*r');
```

2. 三站(直线分布)时差定位圆概率误差分布实现代码

三站(直线分布)时差定位圆概率误差分布实现代码如下:

```
1.  % —————TDOAline. m
2.  % zengfeng 2023.01.03
3.  %三站(直线分布)时差定位误差分析
4.  %考虑二维平面,假设三个基站位置(单位为 km)分别为
5.  %                        (x0, y0)=(0, 0)
6.  %                        (x1, y1)=(-60, 0)
7.  %                        (x2, y2)=(60, 0)
8.  % 两组时差精度均为 28.3ns
9.  %对平面矩形区域 1000 km×1000 km 范围内目标的定位精度进行仿真
10. clc
11. clear all
12. close all
13. %输入1:站点位置
14. X0=[0, 0]*1000;    %单位为 km
15. X1=[-60, 0]*1000;
16. X2=[60, 0]*1000;
17. x0=X0(1); y0=X0(2);    %单位为 m
18. x1=X1(1); y1=X1(2);
19. x2=X2(1); y2=X2(2);
20. %输入2:各个站点测量的时差测量均方根误差
21. time_est_err=28.3*1e-9;
22. %光速,单位为 m/s
23. Vc=3*1e8;
```

```
24.    Edd＝eye(2). * ((Vc * time_est_err)^2);
25.    %站点中心
26.    xc＝(x1 | x2＋x0)/3;
27.    yc＝(y1＋y2＋y0)/3;
28.    step＝10 * 1000;          %步长为 10 km
29.    BandX＝1000 * 1000;     %计算误差经度范围为[－500，500]，单位为 km
30.    BandY＝1000 * 1000;     %计算误差纬度范围为[－500，500]，单位为 km
31.    Nobj＝BandX/step;        %目标辐射源的点数
32.    Rcep＝zeros(Nobj＋1，Nobj＋1);
33.    RelatRcep＝zeros(Nobj＋1，Nobj＋1);
34.    for i＝1：Nobj＋1
35.        for j＝1：Nobj＋1
36.            xt＝(i－1－Nobj/2) * step＋xc;
37.            yt＝(j－1－Nobj/2) * step＋yc;
38.            %目标到站点中心的距离，单位为 m
39.            Rcenter＝sqrt((xt－xc)^2＋(yt－yc)^2);
40.            R0＝sqrt((xt－x0)^2＋(yt－y0)^2);
41.            R1＝sqrt((xt－x1)^2＋(yt－y1)^2);
42.            R2＝sqrt((xt－x2)^2＋(yt－y2)^2);
43.            f1x＝(xt－x1)/R1－(xt－x0)/R0;
44.            f1y＝(yt－y1)/R1－(yt－y0)/R0;
45.            f2x＝(xt－x2)/R2－(xt－x0)/R0;
46.            f2y＝(yt－y2)/R2－(yt－y0)/R0;
47.            C＝[f1x，f1y；f2x，f2y];
48.            %当辐射源位于基线上时，无法定位，将误差设置为 inf(无穷)
49.            if ((x1－xt) * (y2－yt)＝＝(x2－xt) * (y1－yt)||...
50.                (x0－xt) * (y2－yt)＝＝(x2－xt) * (y0－yt) ||...
51.                (x1－xt) * (y0－yt)＝＝(x0－xt) * (y1－yt))
52.                Rcep(i，j)＝inf;
53.                RelatRcep(i，j)＝inf;
54.
55.            %在使用 pinv 前判断是否有 nan 或者 inf
56.            else
57.                if(numel(find(isnan(C))) || numel(find(isinf(C))))
58.                    Rcep(i，j)＝inf;
59.                    RelatRcep(i，j)＝inf;
60.                else
61.                    invC＝pinv(C);
62.                    Rcep(i，j)＝0.75 * sqrt(trace(invC * Edd * invC'));    %单位为 m
63.                    RelatRcep(i，j)＝Rcep(i，j)/Rcenter * 100;%单位为%
64.                end
```

```
65.            end
66.        end
67. end
68.
69. X＝zeros(Nobj＋1，Nobj＋1)；
70. Y＝zeros(Nobj＋1，Nobj＋1)；
71. for i＝1：Nobj＋1
72.        for j＝1：Nobj＋1
73.            X(i，j)＝(i－1－Nobj/2)＊step＋xc；
74.            Y(i，j)＝(j－1－Nobj/2)＊step＋yc；
75.        end
76. end
77. %绘图
78. figure(1)
79. contour(X/1000，Y/1000，Rcep/1000，[0.05，0.1，0：0.2：1，1.5，1：1：3，5，10，
       100]，'ShowText'，'on'，'color'，'k')；    %单位为 km
80. title('圆概率定位误差(km)')；
81. xlabel('X 轴/km')；
82. ylabel('Y 轴/km')；
83.
84. hold on
85. plot(x1/1000，y1/1000，'＊r')；    %单位为 km
86. hold on
87. plot(x2/1000，y2/1000，'＊r')；
88. hold on
89. plot(x0/1000，y0/1000，'＊r')；
90.
91. figure(2)
92. contour(X/1000，Y/1000，RelatRcep，[0.05，0.08，0.1，0.15，0.2，0.3，0.4，0.5，1，
       1.5，10，100]，'ShowText'，'on'，'color'，'k')；
93. title('圆概率定位相对误差(%)')；
94. xlabel('X 轴/km')；
95. ylabel('Y 轴/km')；
96.
97. hold on
98. plot(x1/1000，y1/1000，'＊r')；    %单位为 km
99. hold on
100. plot(x2/1000，y2/1000，'＊r')；
101. hold on
102. plot(x0/1000，y0/1000，'＊r')；
```

7.3　单星测向定位体制

　　安装在汽车上的无线电监测设备通常称为车载无线电监测设备；安装在飞机上的无线电监测设备通常称为机载无线电监测设备；安装在舰艇上的无线电监测设备通常称为舰载无线电监测设备；安装在卫星上的无线电监测设备通常称为星载无线电监测设备。

　　与地面/车载/机载/舰载无线电监测设备相比，星载无线电监测设备具有显著优点，如监测覆盖范围大、能够对地球上的无线电信号进行全面监测和定位、信号质量好、隐蔽性好，不容易受干扰。

　　星载无源定位体制通常有单星、双星、三星、四星及以上的组网等定位体制。

　　单星无线电监测设备常用的无源定位体制有单星测向定位体制、多普勒变化率定位体制、相位差变化率定位体制等。

　　单星测向定位体制是将测向得到的卫星和辐射源的射线（视向线）与地球球面的第一个交点作为辐射源的位置，即利用测向系统测量地面辐射源的入射方位角和俯仰角，从而完成对地面辐射源的无源定位的。

7.3.1　定位模型

　　如图 7-10 所示，假定在地心地固坐标系中卫星的位置为 $\boldsymbol{X}_{s,e} = \begin{bmatrix} x_{s,e} \\ y_{s,e} \\ z_{s,e} \end{bmatrix}$，可以计算得

到卫星在地心大地坐标系下对应的星下点纬度 B_s、经度 L_s 值。同时假定辐射源在地心地

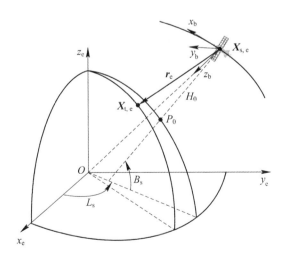

图 7-10　单星测向定位模型

固坐标系中的位置为 $\boldsymbol{X}_{t,e} = \begin{bmatrix} x_{t,e} \\ y_{t,e} \\ z_{t,e} \end{bmatrix}$，则在地心地固坐标系中，辐射源到卫星的距离矢量为

$$\boldsymbol{r}_e = \boldsymbol{X}_{t,e} - \boldsymbol{X}_{s,e} = \begin{bmatrix} x_{t,e} \\ y_{t,e} \\ z_{t,e} \end{bmatrix} - \begin{bmatrix} x_{s,e} \\ y_{s,e} \\ z_{s,e} \end{bmatrix} \qquad (7-44)$$

如图 7-11 所示，通过二维干涉仪可以测量出地面辐射源在星载坐标系中的入射信号的方位角和俯仰角。设二维干涉仪在星载坐标系中测得目标的方位角和俯仰角分别为 β_x 和 β_y，则在星载坐标系中辐射信号的方向余弦为

$$\boldsymbol{\mu}_t = \begin{bmatrix} l_t \\ m_t \\ n_t \end{bmatrix} = \begin{bmatrix} \cos\beta_x \\ \cos\beta_y \\ \sqrt{1 - (\cos\beta_x)^2 - (\cos\beta_y)^2} \end{bmatrix} \qquad (7-45)$$

$$\boldsymbol{r} = \boldsymbol{X}_t - \boldsymbol{X}_s = \boldsymbol{X}_t = r \begin{bmatrix} l_t & m_t & n_t \end{bmatrix}^T \qquad (7-46)$$

其中，$\boldsymbol{X}_t = \begin{bmatrix} x_t & y_t & z_t \end{bmatrix}^T$ 为星载坐标系中目标辐射源的位置坐标，$\boldsymbol{X}_s$ 为星载坐标系中载体的位置坐标且 $\boldsymbol{X}_s = \begin{bmatrix} 0 & 0 & 0 \end{bmatrix}^T$，$r$ 为目标与星载坐标系原点之间的距离。

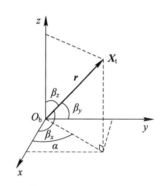

图 7-11　星载坐标系定位方向

星载坐标系和地心地固坐标系中的距离矢量的关系可由坐标变换得到。设变换矩阵为 $\boldsymbol{T}$，则有

$$\boldsymbol{r}_e = \boldsymbol{T}\boldsymbol{r} \qquad (7-47)$$

即

$$\begin{bmatrix} x_{t,e} & y_{t,e} & z_{t,e} \end{bmatrix}^T - \begin{bmatrix} x_{s,e} & y_{s,e} & z_{s,e} \end{bmatrix}^T = r\boldsymbol{T} \begin{bmatrix} l_t & m_t & n_t \end{bmatrix}^T \qquad (7-48)$$

其中，r 又可以表示为

$$r = \sqrt{(x_{t,e} - x_{s,e})^2 + (y_{t,e} - y_{s,e})^2 + (z_{t,e} - z_{s,e})^2} \qquad (7-49)$$

令地面辐射源在地心地固坐标系下的方向余弦为 $\boldsymbol{\mu}_{t,e}$，则

$$\boldsymbol{\mu}_{t,e} = \boldsymbol{T} \begin{bmatrix} l_t & m_t & n_t \end{bmatrix}^T = \begin{bmatrix} l_{t,e} & m_{t,e} & n_{t,e} \end{bmatrix}^T \qquad (7-50)$$

将式(7-50)代入式(7-48)得

$$\begin{bmatrix} x_{t,e} \\ y_{t,e} \\ z_{t,e} \end{bmatrix} = \begin{bmatrix} x_{s,e} \\ y_{s,e} \\ z_{s,e} \end{bmatrix} + \sqrt{(x_{t,e} - x_{s,e})^2 + (y_{t,e} - y_{s,e})^2 + (z_{t,e} - z_{s,e})^2} \begin{bmatrix} l_{t,e} \\ m_{t,e} \\ n_{t,e} \end{bmatrix}$$

也可写为

$$\begin{bmatrix} x_{t,e} \\ y_{t,e} \\ z_{t,e} \end{bmatrix} = \begin{bmatrix} x_{s,e} \\ y_{s,e} \\ z_{s,e} \end{bmatrix} + r \begin{bmatrix} l_{t,e} \\ m_{t,e} \\ n_{t,e} \end{bmatrix} \tag{7-51}$$

式（7-51）表明在地心地固坐标系中，目标位置 $\begin{bmatrix} x_{t,e} & y_{t,e} & z_{t,e} \end{bmatrix}^T$ 是方向余弦 $\begin{bmatrix} l_{t,e} & m_{t,e} & n_{t,e} \end{bmatrix}^T$ 的非线性函数。

由地心地固坐标系与地心大地坐标系的坐标转换关系可得

$$\begin{bmatrix} x_{t,e} \\ y_{t,e} \\ z_{t,e} \end{bmatrix} = \begin{bmatrix} (N+H)\cos B \cdot \cos L \\ (N+H)\cos B \cdot \sin L \\ [N(1-e^2)+H]\sin B \end{bmatrix} \tag{7-52}$$

其中：N 为卯酉圈的曲率半径，$N = \dfrac{a}{\sqrt{1-e^2\sin^2 B}}$；$a$ 为地球椭圆的长半轴；e 为椭圆第一偏心率，$e = \dfrac{\sqrt{a^2-b^2}}{a}$。在 WGS84 椭球体模型中，$a = 6\ 378\ 137$，$b = 6\ 356\ 752.314\ 2$，$e^2 = 0.006\ 694\ 379\ 990\ 13$。

由式（7-52）可知

$$\frac{x_{t,e}^2}{(N+H)^2} + \frac{y_{t,e}^2}{(N+H)^2} + \frac{z_{t,e}^2}{[N(1-e^2)+H]^2} = 1 \tag{7-53}$$

这样，单星测向定位问题就转换为一个利用方程（7-51）和方程（7-53）求解出辐射源位置的问题。

7.3.2　定位解法

单星测向定位中辐射源位置的求解分为三个步骤：星载坐标系和地心地固坐标系之间的变换矩阵 T 的求解，辐射源方向余弦的解析表示，辐射源位置求解。

1. 星载坐标系和地心地固坐标系之间的变换矩阵 T 的求解

在实际应用中，因为二维干涉仪测量的是在星载坐标系下的来波方位角和俯仰角，而辐射源位于地球面上，通常用地心大地坐标系下的经、纬度来表示，所以需要考虑测向定位中的坐标转换关系，以实现星载坐标系和地心地固坐标系之间的变换矩阵 T 的求解。

1）单星测向定位中的向量坐标

考虑同一个向量在以下五种坐标系中的坐标。

（1）在地心大地坐标系 $O_e LBH$ 中，向量的坐标为 $\begin{bmatrix} L & B & H \end{bmatrix}^T$。

（2）在地心地固坐标系 $O_e X_e Y_e Z_e$ 中，向量的坐标为 $\begin{bmatrix} x_e & y_e & z_e \end{bmatrix}^T$。

（3）在 NED 坐标系 $O_n X_n Y_n Z_n$ 中，向量的坐标为 $\begin{bmatrix} x_n & y_n & z_n \end{bmatrix}^T$。

（4）星体坐标系 $O_b X_b Y_b Z_b$ 的定义：以卫星质心为原点，X_b 轴方向与卫星飞行方向一致；Z_b 轴方向是由卫星质心指向星下点方向；Y_b 轴与 X_b 轴、Z_b 轴构成右手系。在星体坐标系 $O_b X_b Y_b Z_b$ 中，向量的坐标为 $\begin{bmatrix} x_b & y_b & z_b \end{bmatrix}^T$。

（5）星载（测向）坐标系 $Oxyz$ 的定义：以星体质心为原点，星载（测向）坐标系可以通过星体坐标系旋转得到，旋转矩阵由测向设备（二维干涉仪）在卫星中的安装位置决定。

2）坐标系之间的坐标转换关系

（1）地心大地坐标系到地心地固坐标系的坐标转换。

假设辐射源在地心大地坐标系中的坐标位置为 $[L \quad B \quad H]^T$，在地心地固坐标系中的坐标位置为 $[x_{t,e} \quad y_{t,e} \quad z_{t,e}]^T$，则有

$$
\begin{bmatrix} x_{t,e} \\ y_{t,e} \\ z_{t,e} \end{bmatrix} = \begin{bmatrix} (N+H)\cos B \cdot \cos L \\ (N+H)\cos B \cdot \sin L \\ [N(1-e^2)+H]\sin B \end{bmatrix}
$$

其中：$N = \dfrac{a}{\sqrt{1-e^2\sin^2 B}}$ 为目标当地卯酉圈的曲率半径，a 为地球椭球的长半轴，e 为地球椭球的第一偏心率。

（2）地心地固坐标系到 NED 坐标系的坐标转换。

根据地心地固坐标系到 NED 坐标系的坐标转换矩阵公式 $\boldsymbol{T} = \boldsymbol{R}_2\left(-\dfrac{\pi}{2}\right)\boldsymbol{R}_2(-B_0)\boldsymbol{R}_3(L_0)$，有

$$
\begin{bmatrix} x_n \\ y_n \\ z_n \end{bmatrix} = \boldsymbol{R}_2\left(-\frac{\pi}{2}\right)\boldsymbol{R}_2(-B_0)\boldsymbol{R}_3(L_0) \begin{bmatrix} x_{t,e} \\ y_{t,e} \\ z_{t,e} \end{bmatrix} \tag{7-54}
$$

其中，$\boldsymbol{R}_2(\cdot)$ 与 $\boldsymbol{R}_3(\cdot)$ 可由式（5-28）和式（5-29）求得。

（3）NED 坐标系到星体坐标系的坐标转换。

以 NED 坐标系为参考，先绕 Z 轴旋转 ψ、再绕 Y 轴旋转 θ、最后绕 X 轴旋转 ϕ（即 321 顺序），得到星体坐标系 $O_b X_b Y_b Z_b$。记星体在 NED 坐标系中的方位角/航向角、俯仰角、滚动角分别为 ψ、θ、ϕ，则有

$$
\begin{bmatrix} x_b \\ y_b \\ z_b \end{bmatrix} = \boldsymbol{R}_1(\phi)\boldsymbol{R}_2(\theta)\boldsymbol{R}_3(\psi) \begin{bmatrix} x_n \\ y_n \\ z_n \end{bmatrix} \tag{7-55}
$$

其中，$\boldsymbol{R}_1(\cdot)$、$\boldsymbol{R}_2(\cdot)$ 与 $\boldsymbol{R}_3(\cdot)$ 可由式（5-27）、式（5-28）和式（5-29）求得。

（4）星体坐标系到星载坐标系的坐标转换。

假设旋转矩阵为 $\boldsymbol{N}$，则有

$$
\begin{bmatrix} x \\ y \\ z \end{bmatrix} = \boldsymbol{N} \begin{bmatrix} x_b \\ y_b \\ z_b \end{bmatrix} \tag{7-56}
$$

其中，$\boldsymbol{N}$ 与星载的姿态有关。为了简化计算，仿真分析时，可将星载坐标系 $Oxyz$ 规定为与星体坐标系一致，即规定 x 轴方向与卫星飞行方向一致，z 轴方向是由天线 O 指向星下点 O' 方向，y 轴与 x 轴和 z 轴组成右手坐标系。此时

$$
\boldsymbol{N} = \begin{bmatrix} 1 & 0 & 0 \\ 0 & 1 & 0 \\ 0 & 0 & 1 \end{bmatrix}
$$

则地心地固坐标系到星载坐标系的坐标转换的旋转矩阵为

$$M = N \cdot R_1(\phi) R_2(\theta) R_3(\psi) R_2\left(-\frac{\pi}{2}\right) R_2(-B_0) R_3(L_0) \qquad (7-57)$$

假设在星载坐标系 $Oxyz$ 中，辐射源的位置为 $\begin{bmatrix} x_t \\ y_t \\ z_t \end{bmatrix}$，卫星的位置为 $\begin{bmatrix} 0 \\ 0 \\ 0 \end{bmatrix}$；在地心地固坐

标系 $O_e X_e Y_e Z_e$ 中，辐射源的位置为 $\boldsymbol{X}_{t,e} = \begin{bmatrix} x_{t,e} \\ y_{t,e} \\ z_{t,e} \end{bmatrix}$，卫星的位置为 $\boldsymbol{X}_{s,e} = \begin{bmatrix} x_{s,e} \\ y_{s,e} \\ z_{s,e} \end{bmatrix}$，则有

$$\begin{bmatrix} x_t \\ y_t \\ z_t \end{bmatrix} = M\left(\begin{bmatrix} x_{t,e} \\ y_{t,e} \\ z_{t,e} \end{bmatrix} - \begin{bmatrix} x_{s,e} \\ y_{s,e} \\ z_{s,e} \end{bmatrix} \right) \qquad (7-58)$$

整理得

$$\begin{bmatrix} x_{t,e} \\ y_{t,e} \\ z_{t,e} \end{bmatrix} = M^{-1} \begin{bmatrix} x_t \\ y_t \\ z_t \end{bmatrix} + \begin{bmatrix} x_{s,e} \\ y_{s,e} \\ z_{s,e} \end{bmatrix} \qquad (7-59)$$

由式(7-47)、式(7-59)可得

$$T = M^{-1} \qquad (7-60)$$

2. 辐射源方向余弦的解析表示

1) 星载坐标系下目标的方向余弦

如图 7-12 所示，以星载坐标系 $Oxyz$ 为参考坐标系，假设 O 为卫星中心，O' 为星下点。在卫星平台的一个基准平面上配置三个天线 A、O、B，若 OA 的距离为 d_A，OB 的距离为 d_B，到达 A、O 两个天线的远场辐射信号之间的相位差为 φ_A，到达 B、O 两个天线的远场辐射信号之间的相位差为 φ_B，则

$$\varphi_A = \frac{2\pi d_A}{\lambda}\cos\beta_x = \frac{2\pi d_A}{\lambda}\sin\beta_z\cos\alpha \qquad (7-61)$$

$$\varphi_B = \frac{2\pi d_B}{\lambda}\cos\beta_y = \frac{2\pi d_B}{\lambda}\sin\beta_z\sin\alpha \qquad (7-62)$$

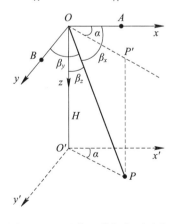

图 7-12 星载二维相位干涉仪

由以上二式可以得出辐射源的方位角 α 和俯仰角 β_z：

$$\alpha = \tan^{-1}\left(\frac{d_A \varphi_B}{d_B \varphi_A}\right) \tag{7-63}$$

$$\beta_z = \sin^{-1}\left[\frac{\lambda}{2\pi}\sqrt{\left(\frac{\varphi_A}{d_A}\right)^2 + \left(\frac{\varphi_B}{d_B}\right)^2}\right] \tag{7-64}$$

由几何关系可以求得目标在星载坐标系下的方向余弦（方向矢量）为

$$\boldsymbol{\mu}_t = \begin{bmatrix} l_t \\ m_t \\ n_t \end{bmatrix} = \begin{bmatrix} \cos\beta_x \\ \cos\beta_y \\ \cos\beta_z \end{bmatrix} = \begin{bmatrix} \sin\beta_z \cos\alpha \\ \sin\beta_z \sin\alpha \\ \cos\beta_z \end{bmatrix} \tag{7-65}$$

2）地心地固坐标系下目标的方向余弦

由地心地固坐标系与星载坐标系的转换关系可知，地心地固坐标系下目标的方向余弦（方向矢量）为

$$\boldsymbol{\mu}_{t,e} = \begin{bmatrix} l_{t,e} \\ m_{t,e} \\ n_{t,e} \end{bmatrix} = \boldsymbol{T}\begin{bmatrix} l_t \\ m_t \\ n_t \end{bmatrix} \tag{7-66}$$

3. 辐射源位置求解

定位方程（7-51）和方程（7-53）为非线性方程，一共有四个方程和四个未知数（$x_{t,e}$、$y_{t,e}$、$z_{t,e}$、r）。从几何上来说，如果定位解存在，则由于测向线与地球椭球面相交可以得到两个交点，因此在解方程过程中，会得到两个解。去掉一个离卫星距离更大的解后，即可得出辐射源的实际位置。

由图 7-11 可知，方位角、俯仰角和辐射源位置的关系为

$$\begin{bmatrix} \beta_x \\ \beta_y \end{bmatrix} = \begin{bmatrix} \cos^{-1}\dfrac{x_t}{\sqrt{x_t^2 + y_t^2 + z_t^2}} \\ \cos^{-1}\dfrac{y_{t,b}}{\sqrt{x_t^2 + y_t^2 + z_t^2}} \end{bmatrix} = f(\boldsymbol{X}_{t,e}) \tag{7-67}$$

其中，$\boldsymbol{X}_{t,e} = \begin{bmatrix} x_{t,e} \\ y_{t,e} \\ z_{t,e} \end{bmatrix}$。

解法 1：求解目标在地心大地坐标系中的经度 L 和纬度 B。

将式（7-51）代入式（7-52）得

$$\begin{bmatrix} x_{s,e} + r \cdot l_{t,e} \\ y_{s,e} + r \cdot m_{t,e} \\ z_{s,e} + r \cdot n_{t,e} \end{bmatrix} = \begin{bmatrix} \left(\dfrac{a}{\sqrt{1-e^2\sin^2 B}} + H\right)\cos B \cdot \cos L \\ \left(\dfrac{a}{\sqrt{1-e^2\sin^2 B}} + H\right)\cos B \cdot \sin L \\ \left[\dfrac{a}{\sqrt{1-e^2\sin^2 B}}(1-e^2) + H\right]\sin B \end{bmatrix} \tag{7-68}$$

在已知地面高程 H、卫星在地心地固坐标系中的坐标 $\begin{bmatrix} x_{s,e} \\ y_{s,e} \\ z_{s,e} \end{bmatrix}$ 以及地心地固坐标系中辐

射源的方向余弦 $\begin{bmatrix} l_{t,e} \\ m_{t,e} \\ n_{t,e} \end{bmatrix}$ 的情况下，通过式(7-68)中的三个方程可以解出三个未知数 r、B、

L。因此，单星测向定位问题可以看作利用式(7-68)求解出辐射源位置的经度 L 和纬度 B

的问题，再利用式(7-52)求出目标在地心地固坐标系中的坐标值 $\begin{bmatrix} x_{t,e} \\ y_{t,e} \\ z_{t,e} \end{bmatrix}$。

解法 2：求解目标在地心地固坐标系中的坐标值 $\begin{bmatrix} x_{t,e} & y_{t,e} & z_{t,e} \end{bmatrix}^{\mathrm{T}}$。

（1）地面高程不为 0 时，将式(7-51)代入式(7-53)得

$$\frac{(x_{s,e}+rl_{t,e})^2}{(N+H)^2}+\frac{(y_{s,e}+rm_{t,e})^2}{(N+H)^2}+\frac{(z_{s,e}+rn_{t,e})^2}{[N(1-e^2)+H]^2}=1 \qquad (7-69)$$

式中，辐射源当地卯酉圈的曲率半径 N 未知，为此可以采用迭代方法求解。求解步骤如下：

① 考虑到卫星和辐射源的当地卯酉圈的曲率半径值较接近，将 N 的初值 N_0 设置为卫

星的曲率半径 N_s，即 $N_0=N_s$。其中，$N_s=\dfrac{a}{\sqrt{1-e^2\sin^2 B_s}}$，$B_s$ 为卫星的纬度。将 N_0 代入

式(7-69)中，计算出第 i 次迭代的距离 r_i，去掉一个离地球另一端距离更大的解。

② 将 r_i 代入式(7-51)，计算出辐射源在地心地固坐标系中的坐标位置。

③ 由地心地固坐标系与地心大地坐标系的坐标转换关系计算得到目标的纬度 B_i。

④ 由 $N_i=\dfrac{a}{\sqrt{1-e^2\sin^2 B_i}}$ 计算得到第 i 次估计的目标当地卯酉圈的曲率半径 N_i。

⑤ 返回到②，再次计算②③④直至目标距离收敛，即满足

$$|r_i-r_{i-1}|\leqslant\varepsilon_r$$

其中：ε_r 为设定的距离误差门限。

（2）地面高程为 0 时，目标所在地球椭球面方程可以表示为

$$\frac{x_{t,e}^2}{a^2}+\frac{y_{t,e}^2}{a^2}+\frac{z_{t,e}^2}{a^2(1-e^2)}=1 \qquad (7-70)$$

将式(7-51)代入式(7-70)可得

$$\frac{(x_{s,e}+rl_{t,e})^2}{a^2}+\frac{(y_{s,e}+rm_{t,e})^2}{a^2}+\frac{(z_{s,e}+rn_{t,e})^2}{a^2(1-e^2)}=1 \qquad (7-71)$$

解一元二次方程(7-71)便可求得 r，将 r 代入式(7-51)便可求出目标在地心地固坐标系

中的坐标值 $\begin{bmatrix} x_{t,e} \\ y_{t,e} \\ z_{t,e} \end{bmatrix}$。利用地心地固坐标系与地心大地坐标系的坐标转换关系可求得目标位

置的经度 L 和纬度 B。

7.3.3 定位精度分析

影响定位精度的因素主要有辐射信号的来波方位角和俯仰角的测量误差、辐射源的高程误差、卫星的位置和姿态误差等,其中最主要的因素是来波方位角和俯仰角的测量误差以及辐射源的高程误差,在这两种误差条件下可以对定位精度的克拉美-罗下限(CRLB)进行分析[20]。

为了求解 CRLB,可以假设上述误差都服从零均值的联合高斯分布,记方位角和俯仰角及地面高程的测量矢量 $\boldsymbol{b}^m$ 为

$$\boldsymbol{b}^m = \boldsymbol{b}(\boldsymbol{x}) + \boldsymbol{n} \tag{7-72}$$

其中:

(1) 真值 $\boldsymbol{b}(\boldsymbol{x}) = \begin{bmatrix} \beta_x & \beta_y & H \end{bmatrix}^{\mathrm{T}}$ 是 $\boldsymbol{x} = \begin{bmatrix} B & L & H \end{bmatrix}^{\mathrm{T}}$ 的函数,方位角和俯仰角的测量值分别为 β_x、β_y;

(2) $\boldsymbol{n}$ 为方位角和俯仰角及地面高程的测量误差矢量,各测量误差之间相互独立,并服从零均值的高斯分布。

因此,有 $E[\boldsymbol{n}] = 0$,则 $E[\boldsymbol{n}\boldsymbol{n}^{\mathrm{T}}] = \boldsymbol{Q}$,所以,测量误差矢量的概率密度函数为

$$f(\boldsymbol{b} \mid \boldsymbol{x}) = \frac{1}{|2\pi\boldsymbol{Q}|^{\frac{1}{2}}} \exp(-[\boldsymbol{b}^m - \boldsymbol{b}]^{\mathrm{T}} \boldsymbol{Q}^{-1} [\boldsymbol{b}^m - \boldsymbol{b}]) \tag{7-73}$$

根据 Fisher 信息阵的定义,对式(7-73)进行矩阵求导可得

$$\boldsymbol{F} = -\boldsymbol{E}\left[\frac{\partial^2 \ln f(\boldsymbol{b} \mid \boldsymbol{x})}{\partial \boldsymbol{x}^2}\right] = \boldsymbol{J}^{\mathrm{T}} \boldsymbol{Q}^{-1} \boldsymbol{J} \tag{7-74}$$

其中:$\boldsymbol{J} = \begin{bmatrix} \dfrac{\partial \alpha}{\partial B} & \dfrac{\partial \alpha}{\partial L} & \dfrac{\partial \alpha}{\partial H} \\[2mm] \dfrac{\partial \beta}{\partial B} & \dfrac{\partial \beta}{\partial L} & \dfrac{\partial \beta}{\partial H} \\[2mm] 0 & 0 & 1 \end{bmatrix}$ 为 Jacobian 矩阵,其最后一行前两项为 0 是因为经度 L、纬度 B 和高程 H 之间是正交的。

下面讨论如何求出式(7-74)中的 Jacobian 矩阵 $\boldsymbol{J}$。

首先根据式(7-67)求全微分,可以得到

$$\begin{bmatrix} \mathrm{d}\beta_x \\ \mathrm{d}\beta_y \end{bmatrix} = \boldsymbol{J}_1 \begin{bmatrix} \mathrm{d}x_t \\ \mathrm{d}y_t \\ \mathrm{d}z_t \end{bmatrix} = \boldsymbol{J}_1 \mathrm{d}\boldsymbol{X}_t \tag{7-75}$$

其中:Jacobian 矩阵

$$\boldsymbol{J}_1 = \begin{bmatrix} \dfrac{\partial \beta_x}{\partial x_t} & \dfrac{\partial \beta_x}{\partial y_t} & \dfrac{\partial \beta_x}{\partial z_t} \\[2mm] \dfrac{\partial \beta_y}{\partial x_t} & \dfrac{\partial \beta_y}{\partial y_t} & \dfrac{\partial \beta_y}{\partial z_t} \end{bmatrix} \tag{7-76}$$

而

$$\frac{\partial \beta_x}{\partial x_t} = -\frac{\sqrt{y_t^2 + z_t^2}}{x_t^2 + y_t^2 + z_t^2} \tag{7-77}$$

$$\frac{\partial \beta_x}{\partial y_t} = \frac{x_t y_t}{\sqrt{y_t^2 + z_t^2}} \frac{1}{x_t^2 + y_t^2 + z_t^2} \qquad (7-78)$$

$$\frac{\partial \beta_x}{\partial z_t} = \frac{x_t z_t}{\sqrt{y_t^2 + z_t^2}} \frac{1}{x_t^2 + y_t^2 + z_t^2} \qquad (7-79)$$

$$\frac{\partial \beta_y}{\partial x_t} = \frac{x_t y_t}{\sqrt{x_t^2 + z_t^2}} \frac{1}{x_t^2 + y_t^2 + z_t^2} \qquad (7-80)$$

$$\frac{\partial \beta_y}{\partial y_t} = -\frac{\sqrt{x_t^2 + z_t^2}}{x_t^2 + y_t^2 + z_t^2} \qquad (7-81)$$

$$\frac{\partial \beta_y}{\partial z_t} = \frac{y_t z_t}{\sqrt{x_t^2 + z_t^2}} \frac{1}{x_t^2 + y_t^2 + z_t^2} \qquad (7-82)$$

根据式(7-58)求全微分可得

$$\mathrm{d}\boldsymbol{X}_t = \boldsymbol{M} \begin{bmatrix} \mathrm{d}x_{t,e} \\ \mathrm{d}y_{t,e} \\ \mathrm{d}z_{t,e} \end{bmatrix} = \boldsymbol{M}\mathrm{d}\boldsymbol{X}_{t,e} \qquad (7-83)$$

根据式(7-52)求全微分可得

$$\mathrm{d}\boldsymbol{X}_{t,e} = \boldsymbol{J}_2 \begin{bmatrix} \mathrm{d}B \\ \mathrm{d}L \\ \mathrm{d}H \end{bmatrix} = \boldsymbol{J}_2 \mathrm{d}\boldsymbol{X} \qquad (7-84)$$

其中：Jacobian 矩阵

$$\boldsymbol{J}_2 = \begin{bmatrix} \dfrac{\partial x_{t,e}}{\partial B} & \dfrac{\partial x_{t,e}}{\partial L} & \dfrac{\partial x_{t,e}}{\partial H} \\[2mm] \dfrac{\partial y_{t,e}}{\partial B} & \dfrac{\partial y_{t,e}}{\partial L} & \dfrac{\partial y_{t,e}}{\partial H} \\[2mm] \dfrac{\partial z_{t,e}}{\partial B} & \dfrac{\partial z_{t,e}}{\partial L} & \dfrac{\partial z_{t,e}}{\partial H} \end{bmatrix} \qquad (7-85)$$

而

$$\begin{cases} \dfrac{\partial x_{t,e}}{\partial B} = -(M+H)\cos L \cdot \sin B \\[2mm] \dfrac{\partial x_{t,e}}{\partial L} = -(N+H)\cos B \cdot \sin L \\[2mm] \dfrac{\partial x_{t,e}}{\partial H} = \cos B \cdot \cos L \end{cases}$$

$$\begin{cases} \dfrac{\partial y_{t,e}}{\partial B} = -(M+H)\sin L \cdot \sin B \\[2mm] \dfrac{\partial y_{t,e}}{\partial L} = (N+H)\cos B \cdot \cos L \\[2mm] \dfrac{\partial y_{t,e}}{\partial H} = \cos B \cdot \sin L \end{cases}$$

$$\begin{cases} \dfrac{\partial z_{t,e}}{\partial B} = (M+H) \cdot \cos B \\[3mm] \dfrac{\partial z_{t,e}}{\partial L} = 0 \\[3mm] \dfrac{\partial z_{t,e}}{\partial H} = \sin B \end{cases}$$

其中：$M = \dfrac{a(1-e^2)}{(1-e^2\sin^2 B)^{\frac{3}{2}}}$。

综合式(7-75)、式(7-83)、式(7-84)，可以得到

$$\begin{bmatrix} \mathrm{d}\beta_x \\ \mathrm{d}\beta_y \end{bmatrix} = \boldsymbol{J}_3 \mathrm{d}\boldsymbol{X} \tag{7-86}$$

其中，$\boldsymbol{J}_3 = \boldsymbol{J}_1 \boldsymbol{M} \boldsymbol{J}_2$ 为一个 2×3 矩阵。

根据经度 L、纬度 B 和高程 H 之间的正交关系，可以得到

$$\boldsymbol{J} = \begin{bmatrix} \boldsymbol{J}_3^{\mathrm{T}} & \boldsymbol{l} \end{bmatrix}^{\mathrm{T}} \tag{7-87}$$

其中：$\boldsymbol{l} = \begin{bmatrix} 0 & 0 & 1 \end{bmatrix}^{\mathrm{T}}$。于是

$$\begin{bmatrix} \mathrm{d}\beta_x \\ \mathrm{d}\beta_y \\ \mathrm{d}H \end{bmatrix} = \boldsymbol{J} \begin{bmatrix} \mathrm{d}B \\ \mathrm{d}L \\ \mathrm{d}H \end{bmatrix} \tag{7-88}$$

将式(7-88)代入式(7-74)，可得地心大地坐标系下的 CRLB 为

$$\boldsymbol{C}_{\mathrm{CRLB},BLH} = (\boldsymbol{J}^{\mathrm{T}} \boldsymbol{Q}^{-1} \boldsymbol{J})^{-1} \tag{7-89}$$

其中：$\boldsymbol{Q}$ 为方向余弦角和高程误差的协方差矩阵。由该定位误差协方差矩阵可以得到目标测角定位最小误差的几何精度衰减因子为

$$(\mathrm{GDOP})_{\min} = \{(N_t+H)^2 [\boldsymbol{C}_{\mathrm{CRLB},BLH}(1,1) + \boldsymbol{C}_{\mathrm{CRLB},BLH}(2,2)] + \boldsymbol{C}_{\mathrm{CRLB},BLH}(3,3)\}^2$$
$$\tag{7-90}$$

圆概率定位误差为

$$R_{\mathrm{CEP}} = 0.75 \times \mathrm{GDOP} \tag{7-91}$$

7.3.4   定位精度仿真

假定卫星的高度为 $H_s = 800$ km，对应的卫星星下点经纬度为 $(L_s, B_s) = (30°, 25°)$，并假定测向精度为 $1°$，卫星的姿态角为(航向角，俯仰角，滚动角)$=(30°, 0.2°, 1.5°)$，地面高程误差为 $\mathrm{d}H = 500$ m，目标的高程为 $H = 500$ m，则可以得到单星测向圆概率定位(绝对)误差和圆概率定位相对误差分布图分别如图 7-13 和图 7-14 所示。从图 7-13 和图 7-14 中可以看出，定位误差分布近似为椭圆，星下点定位误差最小，离星下点越近定位误差越小，离星下点越远定位误差越大。

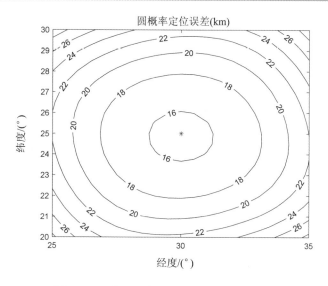

图 7 - 13　单星测向圆概率定位误差分布图

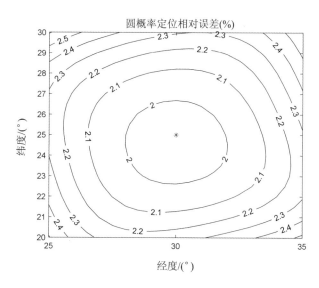

图 7 - 14　单星测向圆概率定位相对误差分布图

7.3.5　定位精度仿真的 MATLAB 程序实现示例

本小节提供了 7.3.4 小节中定位精度仿真的 MATLAB 程序实现示例，供读者参考。

1. 计算矩阵 J_1

计算矩阵 J_1 的代码如下：

```
1.  % —————fJ1.m
2.  % zengfeng 2023.01.12
3.  %功能.计算矩阵 J1
4.  %输入：目标在星体坐标系下的坐标值 xtb, ytb, ztb
```

```
5.    %输出：矩阵 J1
6.    function f＝fJ1(x, y, z)
7.        r＝x^2 + y^2 + z^2;
8.        b1＝sqrt(y^2+z^2);
9.        dbetax_x＝－b1/r;
10.       dbetax_y＝x * y/b1/r;
11.       dbetax_z＝x * z/b1/r;
12.
13.       b2＝sqrt(x^2+z^2);
14.       dbetay_x＝x * y/b2/r;
15.       dbetay_y＝－b2/r;
16.       dbetay_z＝y * z/b2/r;
17.       f＝[dbetax_x dbetax_y dbetax_z
18.           dbetay_x dbetay_y dbetay_z];
19. end
```

2. 计算矩阵 J_2

计算矩阵 J_2 的代码如下：

```
1.    % －－－－－fJ2. m
2.    % zengfeng 2023.02.20
3.    %功能：计算矩阵 J2
4.    %输入：
5.    %     1  L   目标在地心地固坐标系下的经度(°)
6.    %     2  B   目标在地心地固坐标系下的纬度(°)
7.    %     3  H   目标在地心地固坐标系下的高程(m)
8.    %输出：矩阵 J2
9.    function J2＝fJ2(L, B, H)
10.       %WGS84 椭球体模型的常数
11.       a＝6378137;          %地球椭球的长半轴
12.       b＝6356752.3142;     %地球椭球的短半轴
13.       %地球椭圆的第一偏心率的平方
14.       e1＝0.00669437999013;
15.       %转换为弧度
16.       B1＝B * pi/180;
17.       L1＝L * pi/180;
18.       sinB＝sin(B1);
19.       cosB＝cos(B1);
20.       sinL＝sin(L1);
21.       cosL＝cos(L1);
22.
23.       M＝a * (1－e1)/power((1－e1 * (sinB^2)), 1.5);
24.       N＝a/sqrt(1－e1 * (sinB^2));
```

```
25.
26.      dxb=-(M+H) * cosL * sinB；
27.      dxl=-(N+H) * cosB * sinL；
28.      dxh=cosB * cosL；
29.
30.      dyb=-(M+H) * sinL * sinB；
31.      dyl=  (N+H) * cosB * cosL；
32.      dyh=cosB * sinL；
33.
34.      dzb=(M+H) * cosB；
35.      dzl=0；
36.      dzh=sinB；
37.
38.      J2=[dxb dxl dxh；dyb dyl dyh；dzb dzl dzh]；
39.  end
```

3. 存在卫星姿态情况下的单星 DOA 定位误差分析函数

存在卫星姿态情况下的单星 DOA 定位误差分析函数计算的代码如下：

```
1.  % -----SingleDOA. m
2.  % zengfeng 2023.01.12
3.  %功能：存在卫星姿态情况下的单星 DOA 定位误差分析函数计算
4.  %输入：
5.  % 1   Ls        卫星星下点经度              (°)
6.  % 2   Bs        卫星星下点纬度              (°)
7.  % 3   Hs        卫星高程                   (m)
8.  % 4   Yaw       卫星的姿态角——航向角        (°)
9.  % 5   Pitch     卫星的姿态角——俯仰角        (°)
10. % 6   Roll      卫星的姿态角——滚动角        (°)
11. % 7   dbeltax   测向精度——x 方向           (°)
12. % 8   dbeltay   测向精度——y 方向           (°)
13. % 9   dH        地面高程误差               (m)
14. % 10  H         辐射源的高程               (m)
15. %输出：
16. % 1   L0        辐射源的经度               (°)
17. % 2   B0        辐射源的纬度               (°)
18. % 3   RCEP      目标定位圆概率误差，绝对值(m)
19. % 4   RelatRcep 目标定位圆概率误差，相对值(%)
20. %对以星下点为中心的 10°×10°经纬度范围内目标的定位精度进行仿真
21. function [L0, B0, RCEP, RelatRcep]=SingleDOA(Ls, Bs, Hs, Yaw, Pitch, Roll, dbel-
     tax, dbeltay, dH, H)
22.      % WGS84 椭球体模型的常数
23.      aAxis=6378137；
```

```
24.        %地球椭圆的第一偏心率的平方
25.        e1=0.00669437999013;
26.        %求 M(注意 AxisRotx 函数输入单位为弧度)
27.        M=AxisRotx(Roll*pi/180)*AxisRoty(Pitch*pi/180)*AxisRotz(Yaw*pi/
           180)*...
28.             AxisRoty(-pi/2)*AxisRoty(-Bs*pi/180)*AxisRotz(Ls*pi/180);
29.        %卫星在地心地固坐标系中的坐标
30.        [xse,yse,zse]=LBH2XYZ(Ls,Bs,Hs);%注意输入单位为°
31.
32.        step=0.5;                %步长为0.5°
33.        BandL=10;                %计算误差经度范围为10°
34.        BandB=10;                %计算误差纬度范围为10°
35.        Nobi=BandL/step;         %目标辐射源的点数
36.        Nobj=BandB/step;         %目标辐射源的点数
37.        RCEP=zeros(Nobi+1,Nobj+1);
38.        RelatRcep=zeros(Nobi+1,Nobj+1);
39.        L0=zeros(Nobj+1,Nobj+1);
40.        B0=zeros(Nobj+1,Nobj+1);
41.        for i=1:Nobi+1
42.            for j=1:Nobj+1
43.                L0(i,j)=(i-1-Nobi/2)*step+Ls;%单位为°
44.                B0(i,j)=(j-1-Nobj/2)*step+Bs;
45.                % L=L0(i,j)*pi/180;      %转换为弧度
46.                B=B0(i,j)*pi/180;
47.                %目标在地心地固坐标系中的坐标
48.                [xte,yte,zte]=LBH2XYZ(L0(i,j),B0(i,j),H);%注意输入单位为°
49.                %目标到星下点的距离
50.                Rcenter=sqrt((xte-xse)^2+(yte-yse)^2+(zte-zse)^2);
51.                %计算目标当地卯酉圈的曲率半径
52.                Nt=aAxis/sqrt(1.0 - e1*power(sin(B),2));
53.                %目标在星载坐标系中的坐标
54.                Xtb=M*([xte-xse yte-yse zte-zse]');
55.                xtb=Xtb(1);ytb=Xtb(2);ztb=Xtb(3);
56.                %求J1
57.                J1=fJ1(xtb,ytb,ztb);
58.                %求J2
59.                J2=fJ2(L0(i,j),B0(i,j),H);
60.                %求J3
61.                J3=J1*M*J2;
62.                %求J
63.                J=[J3;0 0 1];
64.                dx=dbeltax*pi/180;
65.                dy=dbeltay*pi/180;
```

66.　　　　　　　　　Q＝[dx^2, 0, 0; 0, dy^2, 0; 0, 0, dH^2];

67.　　　　　　　　　invJ＝pinv(J);

68.　　　　　　　　　CRLB＝invJ * Q * invJ';

69.　　　　　　　　　RCEP(i, j)＝0.75 * (sqrt(Nt^2 * (CRLB(1, 1)＋CRLB(2, 2))＋CRLB(3,

　　　　3)));

70.　　　　　　　　　RelatRcep(i, j)＝RCEP(i, j)/Rcenter * 100;

71.　　　　　　end

72.　　　end

73. end

4. 存在卫星姿态情况下的单星 DOA 定位误差分析仿真示例

存在卫星姿态情况下的单星 DOA 定位误差分析仿真示例的代码如下：

```
1.  % －－－－－SingleDOA_tb. m
2.  % zengfeng 2023. 02. 20
3.
4.  %    存在卫星姿态情况下的单星 DOA 定位误差分析仿真
5.  %    卫星的高度为 Hs＝800 km
6.  %    卫星星下点经纬度为（Ls，Bs）＝(30°，25°)
7.  %    卫星的姿态角为(航向角，俯仰角，滚动角)＝(30°，0.2°，1.5°)
8.  %    地面高程误差为 dH＝500m
9.  %    目标的高程为 H＝500m
10. %    对以星下点为中心的 10°× 10°经纬度范围内目标的定位精度进行仿真
11.
12. clc
13. clear
14. close all
15.
16. %角度及高程定位误差
17. dbeltax＝1;    %单位为°
18. dbeltay＝1;
19. dH＝500;
20.
21. %卫星的高度
22. Hs＝800 * 1000;
23. %卫星星下点的经纬度
24. Ls＝30;%单位为°
25. Bs＝25;
26.
27. %卫星的姿态角
28. Yaw＝30;      %航向角，单位为°
29. Pitch＝0.2;    %俯仰角
30. Roll＝1.5;     %滚动角
31.
```

32. ％目标的高程

33. H＝500;

34.

35. [L0, B0, RCEP, RelatRcep]＝SingleDOA(Ls, Bs, Hs, Yaw, Pitch, Roll, dbeltax, dbel-tay, dH, H);

36.

37. ％绘图

38. figure(1)

39. contour(L0, B0, RCEP/1000, 'ShowText', 'on', 'color', 'k');

40. hold on

41. plot(Ls, Bs, '＊r');

42. ％ text(Ls－0.8, Bs＋0.5, ['星下点(', num2str(Ls), ',', num2str(Bs), ')'], 'color', 'k');

43. xlabel('经度/(°)');

44. ylabel('纬度/(°)');

45. title('圆概率定位误差(km)');

46.

47. figure(2)

48. contour(L0, B0, RelatRcep, 'ShowText', 'on', 'color', 'k');

49. hold on

50. plot(Ls, Bs, '＊r');

51. ％ text(Ls－0.8, Bs＋0.5, ['星下点(', num2str(Ls), ',', num2str(Bs), ')'], 'color', 'k');

52. xlabel('经度/(°)');

53. ylabel('纬度/(°)');

54. title('圆概率定位相对误差(％)');

55.

56. ％绘制最小误差处

57. ％ [row, column]＝find(RCEP＝＝min(min(RCEP)));

58. ％ Lmin＝L0(column, row);

59. ％ Bmin＝B0(column, row);

60. ％ hold on

61. ％ plot(Lmin, Bmin, '＋k', 'linewidth', 2);

62. ％ text(Ls－1, Bs－0.5, ['最小误差(', num2str(RCEP(column, row)), ')'], 'color', 'k');

7.4　双星时差频差定位体制

　　单星测向定位体制具有瞬时定位的优点，但对卫星的姿态控制和测量精度要求高，同时由于测向天线阵体积大，对卫星的搭载载荷能力要求也高。

　　与单星测向定位体制相比，双星时差频差定位体制具有定位精度高、覆盖区域大、对卫星的姿态要求低、设备体积小等优点，同时由于不需要测向天线，因此对卫星的搭载载荷能力要求更低。

双星时差频差定位体制是利用两颗卫星，通过测量地面同一个辐射源的到达时间差（time difference of arrival，TDOA）和到达频率差（frequency difference of arrival，FDOA）来实现对地面辐射信号的精确定位的。

国外从 20 世纪 80 年代初开始就报道了时差频差定位相关技术的研究成果：S. Stein 在 1981 年就给出了时差和频差的估计精度 CRLB 和测量方法[21]；K. C. Ho 和 Y. T. Chan 于 1997 年对双星时差频差定位算法和多星时差定位算法进行了深入研究，并给出了经典的解析求解算法[22]；在文献[23]中首次报道了利用时差频差定位相关技术成功实现的对卫星干扰源的定位。国内许多学者也对时差频差定位相关理论进行了研究，具有一定意义[24-27]。

7.4.1　定位模型

在如图 7-15 所示的双星时差频差定位模型中，假设主星 M 的位置为 $\begin{bmatrix} x_1 & y_1 & z_1 \end{bmatrix}$，辅星 N 的位置为 $\begin{bmatrix} x_2 & y_2 & z_2 \end{bmatrix}$，辐射源 P 的位置为 $\begin{bmatrix} x & y & z \end{bmatrix}$，主星的速度 $\boldsymbol{V}_M = \begin{bmatrix} v_{Mx} & v_{My} & v_{Mz} \end{bmatrix}$，辅星的速度 $\boldsymbol{V}_N = \begin{bmatrix} v_{Nx} & v_{Ny} & v_{Nz} \end{bmatrix}$。

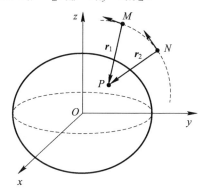

图 7-15　双星时差频差定位模型

地球模型采用球面模型，可建立如下方程组：

$$\begin{cases} c \cdot \Delta t = \|\boldsymbol{r}_2\| - \|\boldsymbol{r}_1\| \\ \Delta f_{\mathrm{d}} = \dfrac{f_{\mathrm{c}}}{c}(v_{\overrightarrow{MP}} - v_{\overrightarrow{NP}}) = \dfrac{f_{\mathrm{c}}}{c}\left(\dfrac{\boldsymbol{V}_M \boldsymbol{r}_1^{\mathrm{T}}}{\|\boldsymbol{r}_1\|} - \dfrac{\boldsymbol{V}_N \boldsymbol{r}_2^{\mathrm{T}}}{\|\boldsymbol{r}_2\|} \right) \\ x^2 + y^2 + z^2 = R^2 \end{cases} \tag{7-92}$$

式(7-92)中的三个方程分别为到达时间差方程、到达频率差方程和地球球面模型方程。其中：

（1）Δt 为辐射源辐射的信号到达辅星的时间和辐射源辐射的信号到达主星的时间之差，简称时间差。

（2）Δf_{d} 为辐射源辐射的信号到达主星的频率和辐射源辐射的信号到达辅星的频率之差，简称频率差；f_{c} 为信号载频，c 为光速。

（3）$v_{\overrightarrow{MP}}$ 为主星 M 向辐射源 P 运动（接近）的速度。

（4）$v_{\overrightarrow{NP}}$ 为辅星 N 向辐射源 P 运动（接近）的速度。

（5）R 为主星星下点的地心半径。

（6）$\boldsymbol{r}_1$ 和 $\boldsymbol{r}_2$ 分别为主星指向辐射源的方向向量和辅星指向辐射源的方向向量，且有

$$\boldsymbol{r}_1 = \overrightarrow{MP} = \overrightarrow{OP} - \overrightarrow{OM} = \begin{bmatrix} x - x_1 & y - y_1 & z - z_1 \end{bmatrix} \tag{7-93}$$

$$\boldsymbol{r}_2 = \overrightarrow{NP} = \overrightarrow{OP} - \overrightarrow{ON} = \begin{bmatrix} x - x_2 & y - y_2 & z - z_2 \end{bmatrix} \tag{7-94}$$

$$r_1 = \|\boldsymbol{r}_1\| = \sqrt{(x - x_1)^2 + (y - y_1)^2 + (z - z_1)^2} \tag{7-95}$$

$$r_2 = \|\boldsymbol{r}_2\| = \sqrt{(x - x_2)^2 + (y - y_2)^2 + (z - z_2)^2} \tag{7-96}$$

将式(7-93)、式(7-94)、式(7-95)、式(7-96)代入式(7-92)中的第二个方程,可得

$$c \frac{\Delta f_d}{f_c} = v_{\overrightarrow{MP}} - v_{\overrightarrow{NP}} = \frac{\boldsymbol{V}_M \boldsymbol{r}_1^{\mathrm{T}}}{r_1} - \frac{\boldsymbol{V}_N \boldsymbol{r}_2^{\mathrm{T}}}{r_2}$$

$$= \frac{v_{Mx}(x - x_1) + v_{My}(y - y_1) + v_{Mz}(z - z_1)}{r_1} -$$

$$\frac{v_{Nx}(x - x_2) + v_{Ny}(y - y_2) + v_{Nz}(z - z_2)}{r_2} \tag{7-97}$$

7.4.2 定位解法

双星时差频差定位的辐射源位置解法有数值解法、牛顿解法及在此基础上的改进解法。

1. 数值解法

令

$$\frac{\boldsymbol{V}_M \boldsymbol{r}_1^{\mathrm{T}}}{r_1} - \frac{\boldsymbol{V}_N \boldsymbol{r}_2^{\mathrm{T}}}{r_2} = \frac{\Delta f_d}{f_c} c = c_1 \tag{7-98}$$

将式(7-93)、式(7-94)代入式(7-98)得到

$$\frac{\boldsymbol{V}_M (\overrightarrow{OP} - \overrightarrow{OM})^{\mathrm{T}}}{r_1} - \frac{\boldsymbol{V}_N (\overrightarrow{OP} - \overrightarrow{ON})^{\mathrm{T}}}{r_2} = c_1 \tag{7-99}$$

则

$$\frac{\boldsymbol{V}_M \overrightarrow{OP}^{\mathrm{T}}}{r_1} - \frac{\boldsymbol{V}_N \overrightarrow{OP}^{\mathrm{T}}}{r_2} = \frac{\boldsymbol{V}_M \overrightarrow{OM}^{\mathrm{T}}}{r_1} - \frac{\boldsymbol{V}_N \overrightarrow{ON}^{\mathrm{T}}}{r_2} + c_1 \tag{7-100}$$

令

$$r_2 - r_1 = c \cdot \Delta t = c_2 \tag{7-101}$$

将式(7-101)代入式(7-100)得

$$\frac{v_{Mx}x + v_{My}y + v_{Mz}z}{r_1} - \frac{v_{Nx}x + v_{Ny}y + v_{Nz}z}{r_1 + c_2} = c_3 \tag{7-102}$$

其中 c_3 为式(7-100)等号右边的式子,则

$$\left(\frac{v_{Mx}}{r_1} - \frac{v_{Nx}}{r_1 + c_2}\right)x + \left(\frac{v_{My}}{r_1} - \frac{v_{Ny}}{r_1 + c_2}\right)y + \left(\frac{v_{Mz}}{r_1} - \frac{v_{Nz}}{r_1 + c_2}\right)z = c_3 \tag{7-103}$$

令

$$\begin{cases} k_1 = \dfrac{v_{Mx}}{r_1} - \dfrac{v_{Nx}}{r_1 + c_2} \\[2mm] k_2 = \dfrac{v_{My}}{r_1} - \dfrac{v_{Ny}}{r_1 + c_2} \\[2mm] k_3 = \dfrac{v_{Mz}}{r_1} - \dfrac{v_{Nz}}{r_1 + c_2} \end{cases} \tag{7-104}$$

所以

$$
\begin{cases}
k_1 x + k_2 y + k_3 z = c_3 \\
r_2 = c_2 + r_1 = c_4 \\
x^2 + y^2 + z^2 = R^2
\end{cases}
\tag{7-105}
$$

式(7-105)为以 r_1 为参考的参数方程，$r_1 \in [H, L_{max}]$，其中 H 为卫星高度，L_{max} 为卫星工作区域的最大距离。

由式(7-96)和式(7-105)中的第二个方程可得

$$
(x - x_2)^2 + (y - y_2)^2 + (z - z_2)^2 = c_4^2
\tag{7-106}
$$

整理得

$$
x_2 x + y_2 y + z_2 z = \frac{1}{2}(R^2 - c_4^2 + x_2^2 + y_2^2 + z_2^2)
\tag{7-107}
$$

其中，$x_2^2 + y_2^2 + z_2^2 = R_2^2$，$R_2$ 为辅星轨道半径(辅星轨道近似为圆形)。

令

$$
x_2 x + y_2 y + z_2 z = \frac{1}{2}(R^2 - c_4^2 + R_2^2) = c_5
\tag{7-108}
$$

将式(7-108)乘 k_3 减去式(7-105)中的第一个方程乘 z_2 可得

$$
(x_2 k_3 - k_1 z_2) x + (y_2 k_3 - k_2 z_2) y = c_5 k_3 - c_3 z_2
\tag{7-109}
$$

令 $x_2 k_3 - k_1 z_2 = a$，$y_2 k_3 - k_2 z_2 = b$，$c_5 k_3 - c_3 z_2 = c_6$，则

$$
x = \frac{1}{a}(c_6 - by)
\tag{7-110}
$$

将式(7-110)代入式(7-105)中的第一个方程可得

$$
\left(k_2 - \frac{k_1 b}{a}\right) y + k_3 z = c_3 - \frac{k_1 c_6}{a}
\tag{7-111}
$$

令 $k_2 - \dfrac{k_1 b}{a} = c_7$，$c_3 - \dfrac{k_1 c_6}{a} = c_8$，则

$$
c_7 y + k_3 z = c_8
\tag{7-112}
$$

$$
z = \frac{1}{k_3}(c_8 - c_7 y)
\tag{7-113}
$$

将式(7-110)和式(7-113)代入式(7-105)中的第三个方程可得

$$
\frac{1}{a^2}(c_6 - by)^2 + y^2 + \frac{1}{k_3^2}(c_8 - c_7 y)^2 = R^2
\tag{7-114}
$$

整理得

$$
\left(1 + \frac{b^2}{a^2} + \frac{c_7^2}{k_3^2}\right) y^2 + \left(\frac{-2c_6 b}{a^2} + \frac{-2c_7 c_8}{k_3^2}\right) y + \frac{c_6^2}{a^2} + \frac{c_8^2}{k_3^2} - R^2 = 0
\tag{7-115}
$$

令式(7-115)中 y^2 的系数、y 的系数和不含 y 的项分别为 a_1、b_1、c_1，则

$$
a_1 y^2 + b_1 y + c_1 = 0
\tag{7-116}
$$

所以

$$
y = \frac{-b_1 \pm \sqrt{b_1^2 - 4a_1 c_1}}{2u_1}
\tag{7-117}
$$

当 $\Delta \geqslant 0$ 时，令 $\Delta = 0$，可推出两个解：

$$\overrightarrow{OP}_1 = \begin{bmatrix} x_{p1} & y_{p1} & z_{p1} \end{bmatrix} \tag{7-118}$$

$$\overrightarrow{OP}_2 = \begin{bmatrix} x_{p2} & y_{p2} & z_{p2} \end{bmatrix} \tag{7-119}$$

所以

$$r'_1 = \| \overrightarrow{OP}_i - \overrightarrow{OM} \| , \ i = 1, 2 \tag{7-120}$$

$$\Delta r = r_1 - r'_1 \tag{7-121}$$

其中，r_1 为假设参数，r'_1 为解算所得参数。当 $\Delta r = 0$ 时，$\overrightarrow{OP}_1$ 与 $\overrightarrow{OP}_2$ 即为实际解（真实解）。

2. 牛顿解法

利用泰勒展开将非线性方程线性化后再求解的方法即牛顿解法。

假设初始解为 (x_0, y_0, z_0)，令

$$f_1(x, y, z) = \| \boldsymbol{r}_2 \| - \| \boldsymbol{r}_1 \| - c\Delta t \tag{7-122}$$

$$f_2(x, y, z) = v_{\overrightarrow{MP}} - v_{\overrightarrow{NP}} - \frac{\Delta f_d}{f_c} c \tag{7-123}$$

$$f_3(x, y, z) = x^2 + y^2 + z^2 - R^2 \tag{7-124}$$

将 $f_1(x, y, z)$、$f_2(x, y, z)$、$f_3(x, y, z)$ 在 (x_0, y_0, z_0) 处用三元泰勒级数展开，取线性部分得

$$f_{1, x_0}(x - x_0) + f_{1, y_0}(y - y_0) + f_{1, z_0}(z - z_0) = -f_1(x_0, y_0, z_0) \tag{7-125}$$

$$f_{2, x_0}(x - x_0) + f_{2, y_0}(y - y_0) + f_{2, z_0}(z - z_0) = -f_2(x_0, y_0, z_0) \tag{7-126}$$

$$f_{3, x_0}(x - x_0) + f_{3, y_0}(y - y_0) + f_{3, z_0}(z - z_0) = -f_3(x_0, y_0, z_0) \tag{7-127}$$

所以

$$x_1 = x_0 + \frac{1}{J_0} \begin{vmatrix} -f_1(x_0, y_0, z_0) & f_{1, y_0} & f_{1, z_0} \\ -f_2(x_0, y_0, z_0) & f_{2, y_0} & f_{2, z_0} \\ -f_3(x_0, y_0, z_0) & f_{3, y_0} & f_{3, z_0} \end{vmatrix} \tag{7-128}$$

$$y_1 = y_0 + \frac{1}{J_0} \begin{vmatrix} f_{1, x_0} & -f_1(x_0, y_0, z_0) & f_{1, z_0} \\ f_{2, x_0} & -f_2(x_0, y_0, z_0) & f_{2, z_0} \\ f_{3, x_0} & -f_3(x_0, y_0, z_0) & f_{3, z_0} \end{vmatrix} \tag{7-129}$$

$$z_1 = z_0 + \frac{1}{J_0} \begin{vmatrix} f_{1, x_0} & f_{1, y_0} & -f_1(x_0, y_0, z_0) \\ f_{2, x_0} & f_{2, y_0} & -f_2(x_0, y_0, z_0) \\ f_{3, x_0} & f_{3, y_0} & -f_3(x_0, y_0, z_0) \end{vmatrix} \tag{7-130}$$

其中

$$J_0 = \begin{vmatrix} f_{1, x_0} & f_{1, y_0} & f_{1, z_0} \\ f_{2, x_0} & f_{2, y_0} & f_{2, z_0} \\ f_{3, x_0} & f_{3, y_0} & f_{3, z_0} \end{vmatrix} \tag{7-131}$$

而 J_0 中的元素即下列偏导数在 x_0、y_0、z_0 处的对应取值：

$$f_{1, x} = \frac{\partial f_1}{\partial x} = \frac{x - x_2}{r_2} - \frac{x - x_1}{r_1} \tag{7-132}$$

$$f_{1,y} = \frac{\partial f_1}{\partial y} = \frac{y - y_2}{r_2} - \frac{y - y_1}{r_1} \tag{7-133}$$

$$f_{1,z} = \frac{\partial f_1}{\partial z} = \frac{z - z_2}{r_2} - \frac{z - z_1}{r_1} \tag{7-134}$$

$$f_{2,x} = \frac{\partial f_2}{\partial x} = \frac{v_{Mx}r_1^2 - \boldsymbol{V}_M \boldsymbol{r}_1^{\mathrm{T}}(x - x_1)}{r_1^3} - \frac{v_{Nx}r_2^2 - \boldsymbol{V}_N \boldsymbol{r}_2^{\mathrm{T}}(x - x_2)}{r_2^3} \tag{7-135}$$

$$f_{2,y} = \frac{\partial f_2}{\partial y} = \frac{v_{My}r_1^2 - \boldsymbol{V}_M \boldsymbol{r}_1^{\mathrm{T}}(y - y_1)}{r_1^3} - \frac{v_{Ny}r_2^2 - \boldsymbol{V}_N \boldsymbol{r}_2^{\mathrm{T}}(y - y_2)}{r_2^3} \tag{7-136}$$

$$f_{2,z} = \frac{\partial f_2}{\partial z} = \frac{v_{Mz}r_1^2 - \boldsymbol{V}_M \boldsymbol{r}_1^{\mathrm{T}}(z - z_1)}{r_1^3} - \frac{v_{Nz}r_2^2 - \boldsymbol{V}_N \boldsymbol{r}_2^{\mathrm{T}}(z - z_2)}{r_2^3} \tag{7-137}$$

$$f_{3,x} = \frac{\partial f_3}{\partial x} = 2x \tag{7-138}$$

$$f_{3,y} = \frac{\partial f_3}{\partial y} = 2y \tag{7-139}$$

$$f_{3,z} = \frac{\partial f_3}{\partial z} = 2z \tag{7-140}$$

由此迭代计算，直到相邻两次近似值(x_k, y_k, z_k)和$(x_{k+1}, y_{k+1}, z_{k+1})$满足条件

$$\max(\sigma_x, \sigma_y, \sigma_z) < \varepsilon \tag{7-141}$$

为止。其中，$\sigma_x = |x_{k+1} - x_k|$，$\sigma_y = |y_{k+1} - y_k|$，$\sigma_z = |z_{k+1} - z_k|$，$\varepsilon$ 为容许误差。

3. 改进解法

利用 WGS84 椭球体模型可将地球作为一个非均匀密度的椭球体抽象出一种较精确的数学模型，采用纬度、经度以及高程来描述空间的位置，一般用(L, B, H)表示。经度、纬度及高程与地心地固坐标之间的转换见公式(5-60)。地球椭球面方程为

$$\frac{x^2}{a^2} + \frac{y^2}{a^2} + \frac{z^2}{a^2(1 - e^2)} = 1 \tag{7-142}$$

其中，a 为地球长半轴，e 为椭圆的第一偏心率。参考表 5-2，可知 $a = 6\,378\,137$ m，$e^2 = 0.006\,694\,379\,990\,13$。

先采用球面模型，利用数值解法进行初始定位；再采用椭球模型进行精确定位，这时利用牛顿解法较易实现。

令

$$f_3(x, y, z) = x^2 + y^2 + \frac{z^2}{1 - e^2} = a^2 \tag{7-143}$$

则

$$f_{3,x} = \frac{\partial f_3}{\partial x} = 2x \tag{7-144}$$

$$f_{3,y} = \frac{\partial f_3}{\partial y} = 2y \tag{7-145}$$

$$f_{3,z} = \frac{\partial f_3}{\partial z} = \frac{2z}{1 - e^2} \tag{7-146}$$

由于牛顿解法是否收敛于真实解与初始解的差异程度有关，因此，解的选择如下：

当牛顿解法收敛时，将迭代后的解作为最终解；否则，将其数值解作为最终解。

7.4.3　定位精度分析

若地球模型选为 WGS84 椭球体模型，则双星时差频差定位方程组[28]为

$$\begin{cases} f_1(x, y, z) = \|\boldsymbol{r}_2\| - \|\boldsymbol{r}_1\| = c\,\Delta t \\ f_2(x, y, z) = v_{\overrightarrow{MP}} - v_{\overrightarrow{NP}} = \dfrac{c}{f_c}\Delta f_d \\ f_3(x, y, z) = x^2 + y^2 + \dfrac{z^2}{1 - e^2} = a^2 \end{cases} \tag{7-147}$$

考虑站址误差、时差测量误差和频差测量误差，对式（7-147）作偏微分可得到定位误差，其协方差矩阵为

$$\boldsymbol{P}_{dX} = \boldsymbol{C}^{-1} E\left[d\boldsymbol{V}d\boldsymbol{V}^{\mathrm{T}}\right](\boldsymbol{C}^{-1})^{\mathrm{T}} + \boldsymbol{C}^{-1}\boldsymbol{C}_1 E\left[d\boldsymbol{X}_1 d\boldsymbol{X}_1^{\mathrm{T}}\right]\boldsymbol{C}_1^{\mathrm{T}}(\boldsymbol{C}^{-1})^{\mathrm{T}} + \boldsymbol{C}^{-1}\boldsymbol{C}_2 E\left[d\boldsymbol{X}_2 d\boldsymbol{X}_2^{\mathrm{T}}\right]\boldsymbol{C}_2^{\mathrm{T}}(\boldsymbol{C}^{-1})^{\mathrm{T}} \tag{7-148}$$

其中：

（1）$E[\cdot]$ 是数学期望算子；

（2）$d\boldsymbol{V}$ 为观测误差矢量；

（3）$\boldsymbol{C}$ 为系数矩阵；

（4）$\boldsymbol{C}_1$、$\boldsymbol{C}_2$ 为站址系数矩阵；

（5）$d\boldsymbol{X}$ 为定位误差矢量；

（6）$d\boldsymbol{X}_1$、$d\boldsymbol{X}_2$ 为站址误差矢量。

若不考虑站址误差，只考虑时差测量误差和频率测量误差，则定位误差的协方差矩阵为

$$\boldsymbol{P}_{dX} = \boldsymbol{C}^{-1} E\left[d\boldsymbol{V}d\boldsymbol{V}^{\mathrm{T}}\right](\boldsymbol{C}^{-1})^{\mathrm{T}} \tag{7-149}$$

且有

$$d\boldsymbol{V} = \begin{bmatrix} c\,d\Delta t \\ \dfrac{c}{f_c}d\Delta f_d \\ 0 \end{bmatrix} \tag{7-150}$$

$$\boldsymbol{C} = \begin{bmatrix} \dfrac{\partial f_1}{\partial x} & \dfrac{\partial f_1}{\partial y} & \dfrac{\partial f_1}{\partial z} \\ \dfrac{\partial f_2}{\partial x} & \dfrac{\partial f_2}{\partial y} & \dfrac{\partial f_2}{\partial z} \\ \dfrac{\partial f_3}{\partial x} & \dfrac{\partial f_3}{\partial y} & \dfrac{\partial f_3}{\partial z} \end{bmatrix} \tag{7-151}$$

$$d\boldsymbol{X} = \begin{bmatrix} dx \\ dy \\ dz \end{bmatrix} \tag{7-152}$$

当时差测量误差和频差测量误差均服从零均值的高斯分布，且各个测量值之间相互独立时，有

$$E\left[\mathrm{d}\boldsymbol{V}\mathrm{d}\boldsymbol{V}^{\mathrm{T}}\right]=\begin{bmatrix}(c\sigma_t)^2 & 0 & 0 \\ 0 & \left(\dfrac{c}{f_c}\sigma_f\right)^2 & 0 \\ 0 & 0 & 0\end{bmatrix} \qquad (7-153)$$

其中：σ_t^2 为时差测量误差的方差，σ_f^2 为频差测量误差的方差。

由式（7-151）可得

$$\boldsymbol{C}=\begin{bmatrix}\dfrac{x-x_2}{r_2}-\dfrac{x-x_1}{r_1} & \dfrac{y-y_2}{r_2}-\dfrac{y-y_1}{r_1} & \dfrac{z-z_2}{r_2}-\dfrac{z-z_1}{r_1} \\ \dfrac{\partial f_2}{\partial x} & \dfrac{\partial f_2}{\partial y} & \dfrac{\partial f_2}{\partial z} \\ 2x & 2y & \dfrac{2z}{1-e^2}\end{bmatrix} \qquad (7-154)$$

其中：

$$\begin{cases}\dfrac{\partial f_2}{\partial x}=\dfrac{v_{Mx}r_1^2-\boldsymbol{V}_M\boldsymbol{r}_1^{\mathrm{T}}(x-x_1)}{r_1^3}-\dfrac{v_{Nx}r_2^2-\boldsymbol{V}_N\boldsymbol{r}_2^{\mathrm{T}}(x-x_2)}{r_2^3} \\[3mm] \dfrac{\partial f_2}{\partial y}=\dfrac{v_{My}r_1^2-\boldsymbol{V}_M\boldsymbol{r}_1^{\mathrm{T}}(y-y_1)}{r_1^3}-\dfrac{v_{Ny}r_2^2-\boldsymbol{V}_N\boldsymbol{r}_2^{\mathrm{T}}(y-y_2)}{r_2^3} \\[3mm] \dfrac{\partial f_2}{\partial z}=\dfrac{v_{Mz}r_1^2-\boldsymbol{V}_M\boldsymbol{r}_1^{\mathrm{T}}(z-z_1)}{r_1^3}-\dfrac{v_{Nz}r_2^2-\boldsymbol{V}_N\boldsymbol{r}_2^{\mathrm{T}}(z-z_2)}{r_2^3}\end{cases} \qquad (7-155)$$

所以，定位误差几何精度衰减因子为

$$\mathrm{GDOP}=\sqrt{\sigma_x^2+\sigma_y^2+\sigma_z^2}=\sqrt{\mathrm{tr}(\boldsymbol{P}_{\mathrm{d}\boldsymbol{X}})} \qquad (7-156)$$

式中，tr(·)是求矩阵的迹。因此，圆概率定位（绝对）误差为

$$R_{\mathrm{CEP}}=0.75\mathrm{GDOP} \qquad (7-157)$$

类似地，可以推导出考虑卫星速度测量误差时双星时差频差定位的圆概率定位误差。

7.4.4　信号采样时间的最优选择

根据前面对双星时差频差定位精度的理论分析可知，时差和频差的测量误差、卫星与辐射源之间的空间几何构型及辐射源的固有特性是决定系统定位精度的关键因素。因此，为了最大限度地提高系统定位精度，应尽量提高时差和频差的测量精度。

利用模糊函数估计信号时差和频差的 CRLB 为

$$\begin{cases}\sigma_{\mathrm{DTO}}\approx\dfrac{0.55}{B_s}\dfrac{1}{\sqrt{BT\gamma}} \\[3mm] \sigma_{\mathrm{DFO}}\approx\dfrac{0.55}{T}\dfrac{1}{\sqrt{BT\gamma}} \\[3mm] \dfrac{1}{\gamma}=\dfrac{1}{2}\left[\dfrac{1}{\gamma_1}+\dfrac{1}{\gamma_2}+\dfrac{1}{\gamma_1\gamma_2}\right]\end{cases} \qquad (7-158)$$

其中：

（1）σ_{DTO} 和 σ_{DFO} 分别是时差和频差的 CRLB；

（2）γ_1、γ_2 是两路信号的接收机输出的信噪比；

（3）B_s 是信号带宽；

（4）B 是射频带宽；

（5）T 是积分时间。

从式(7-158)中可以看出，信号积分时间、信号带宽及信噪比三项因素决定了信号时差和频差的测量精度。因此，为了最大限度地提高时差和频差的测量精度，应尽量增加信号积分时间，即采用长的采样时间。

然而，由于低轨卫星运动速度很快，信号的时差和频差是时变的，在较长的采样时间内如果时差和频差变化太大，则时差和频差的测量精度将会受到较大影响。另外，如果信号采样时间太长，相应的系统硬件代价会过高，也不利于工程化。因此，必须合理选择信号采样时间，以得到最高的时差和频差测量精度。

对式(7-92)中的频差方程求导，可得双星的频差变化率为

$$\frac{\mathrm{d}\Delta f_\mathrm{d}}{\mathrm{d}t} = \frac{f_c}{c}\left[\frac{\boldsymbol{V}_M\boldsymbol{V}_M^\mathrm{T}r_1^2 - (\boldsymbol{V}_M\boldsymbol{r}_1^\mathrm{T})^2}{r_1^3} - \frac{\boldsymbol{V}_N\boldsymbol{V}_N^\mathrm{T}r_2^2 - (\boldsymbol{V}_N\boldsymbol{r}_2^\mathrm{T})^2}{r_2^3}\right] \qquad (7-159)$$

对式(7-92)中的时差方程求导，可得双星的时差变化率为

$$\frac{\mathrm{d}\Delta t}{\mathrm{d}t} = \frac{1}{c}\left(\frac{\boldsymbol{V}_N\boldsymbol{r}_2^\mathrm{T}}{r_2} - \frac{\boldsymbol{V}_M\boldsymbol{r}_1^\mathrm{T}}{r_1}\right) \qquad (7-160)$$

假定卫星高度为 800 km，卫星间距为 100 km，信号载频为 10 GHz，经仿真计算，得到双星的频差变化率和时差变化率分布图分别如图 7-16 和图 7-17 所示。

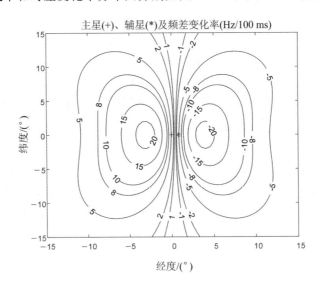

图 7-16 双星的频差变化率分布图

从图 7-16 中可以看出，频差变化率很大，最大范围约为 15~20 Hz/100 ms；从图 7-17 中可以看出，时差变化率范围为 100~250 ns/100 ms。因此，信号的采样时间不宜过长，考虑到高低频段的频差变化率差异很大，采样时间可选为 10~100 ms。

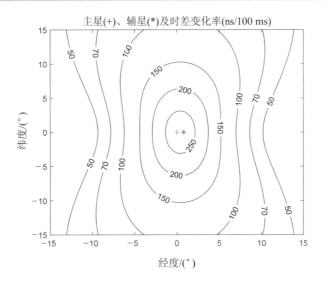

图 7-17 双星的时差变化率分布图

图 7-18 是仿真计算得到的低轨双星对某一辐射源监测全程的时差变化率和频差变化率。从图中可以看出，采样时间在 10 s 内，时差和频差都可以看作是线性变化的。对于低重频雷达信号的定位，由于需要很长的采样时间才能获得较高的时差和频差测量精度，因此可以采用线性插值的方法修正定位模型以最大限度地提高定位精度。

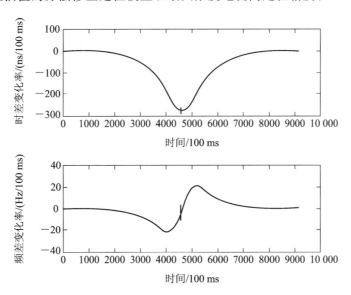

图 7-18 低轨双星对某一辐射源监测全程的时差变化率和频差变化率

在信号累积时间为 100 ms，接收机的通信信号中频带宽为 100 MHz，雷达信号频率为 1000 MHz，两路信号的中频带宽内的信噪比均为 10 dB 时，不同信号带宽下信号时差和频差测量误差的 CRLB 见表 7-1。

表 7-1   不同信号带宽下信号时差和频差测量误差的 CRLB

信号带宽	1 kHz	100 kHz	1 MHz	10 MHz	100 MHz	1000 MHz
σ_{DTO}/ns	55	0.55	0.055	0.0055	0.000 55	1.7393e-005
σ_{DFO}/Hz	0.000 55	0.000 55	0.000 55	0.000 55	0.000 55	0.000 173 93

根据表 7-1 可知，在信号带宽为 1 kHz～1000 MHz 时，信号时差和频差的理论测量误差远小于卫星快速运动对时差和频差测量精度的影响。

7.4.5 定位精度仿真

双星时差频差定位精度的影响因素主要有时差测量误差、频差测量误差、系统时间同步误差和卫星间距，其中时差和频差测量误差取决于接收机噪声系数、接收机带宽、信号带宽和接收信噪比，系统时间同步误差取决于两个卫星间的定时同步误差[29]。

图 7-19、图 7-20 分别是带宽为 500 kHz 的 QPSK 信号的时差测量误差分布图和频差测量误差分布图，时差和频差测量误差的中间值分别为 30 ns 和 0.8 Hz。

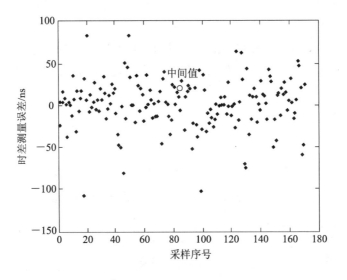

图 7-19 时差测量误差分布图

假设由卫星运动引起的时差和频差测量误差分别约为 50 ns 和 2 Hz，则双星定位系统的时差总误差和频差总误差分别为 $\sqrt{50^2+30^2}=58.3$ ns 和 $\sqrt{2^2+0.8^2}=2.15$ Hz。假定卫星高度为 800 km，卫星间距为 100 km，卫星的位置测量误差为 50 m，载频为 10 GHz，则可以计算出双星时差频差定位体制的圆概率定位误差，其分布图如图 7-21 所示。

从仿真结果中可以看出，双星时差频差定位体制的主要定位区域的定位精度可以达到 1～2 km，比单星测向定位体制的提高了一个数量级。

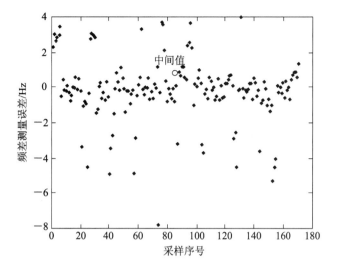

图 7 - 20　频差测量误差分布图

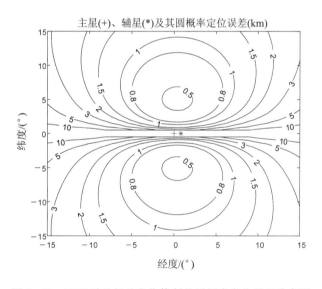

图 7 - 21　双星时差频差定位体制的圆概率定位误差分布图

7.4.6　定位精度仿真的 MATLAB 程序实现示例

本小节提供了 7.4.5 小节中定位精度仿真的 MATLAB 程序实现示例，供读者参考。

1. 双星时差频差变化率分布仿真

双星时差频差变化率分布仿真包括计算双星时差变化率及频差变化率分布函数、绘制双星时差变化率及频差变化率分布图。

1）计算双星时差变化率及频差变化率分布函数

计算双星时差变化率及频差变化率分布函数的代码如下：

```
1.   % —————PlotDdeltaDfreq. m
2.   % zengfeng 2023.01.10
3.   %计算以主星为中心、BandL 经度 * BandH 纬度范围内的时差变化率及频差变化率分布函数
4.
5.   %输入：
6.   %     1. S1        主星的经、纬度及高程(x1，y1，z1) （单位为 m）
7.   %     2. S2        辅星的经、纬度及高程(x2，y2，z2) （单位为 m）
8.   %     3. n         卫星轨道的单位法向量 n （nx，ny，nz）
9.   %     4. Lm        主星星下点经度(单位为°)
10.  %     5. Bm        主星星下点纬度(单位为°)
11.  %     6. fc        载频(单位为 Hz)，仿真时使用 fc＝10 * 1e9；   % 载频为 10 GHz
12.  %输出：
13.  %     1. L         经度 （单位为°）
14.  %     2. B         纬度 （单位为°）
15.  %     3. d_delta_dt   时差变化率 （单位为 s/s）
16.  %     4. d_freq_dt    频差变化率 （单位为 Hz/s）
17.  function [L，B，d_delta_dt，d_freq_dt]＝PlotDdeltaDfreq(S1，S2，n，Lm，Bm，fc)
18.        Vc＝3 * 1e8;                          %光速(单位为 m/s)
19.        n1＝n(1)；   n2＝n(2)；n3＝n(3)；        %卫星轨道平面法向量
20.        x1＝S1(1)；y1＝S1(2)；z1＝S1(3)；        %主星的坐标
21.        x2＝S2(1)；y2＝S2(2)；z2＝S2(3)；        %辅星的坐标
22.        rs＝sqrt(x1^2＋y1^2＋z1^2)；
23.
24.        % k 为站点的编号
25.        step＝0.5;                           %步长为 0.5°
26.        BandL＝30;                           %计算误差经度范围为 30°
27.        BandH＝30;                           %计算误差纬度范围为 30°
28.        Nobi＝BandL/step;                    % 目标辐射源的点数(经度方向)
29.        Nobj＝BandH/step;                    %目标辐射源的点数(纬度方向)
30.
31.        d_delta_dt＝zeros(Nobi＋1，Nobj＋1)；
32.        d_freq_dt＝zeros(Nobi＋1，Nobj＋1)；
33.        L＝zeros(Nobi＋1，Nobj＋1)；
34.        B＝zeros(Nobi＋1，Nobj＋1)；
35.        for i＝1：Nobi＋1
36.            for j＝1：Nobj＋1
37.                L0＝(i－1－Nobi/2) * step ＋ Lm；
38.                B0＝(j－1－Nobj/2) * step ＋ Bm；
39.                H0＝0；   %地面目标的高程
40.                [xt，yt，zt]＝LBH2XYZ(L0，B0，H0)；
41.                r1＝sqrt((xt－x1)^2 ＋ (yt－y1)^2 ＋ (zt－z1)^2)；
42.                r2＝sqrt((xt－x2)^2 ＋ (yt－y2)^2 ＋ (zt－z2)^2)；
43.
```

```
44.          %计算卫星的速度大小
45.          miu=3.986004418e14；    %地球(包含大气层)引力常数（m^3/s^2)
46.          n=sqrt(miu/(rs^3))；    %n 为卫星的角速度大小
47.          nx=n*n1；ny=n*n2；nz=n*n3；    % 卫星的角速度矢量
48.          wn=[nx, ny, nz]；
49.          %卫星的速度=角速度×距离
50.          vm=cross(wn, S1);
51.          vn=cross(wn, S2);
52.          %主星到辐射源的距离矢量
53.          rm=[x1-xt, y1-yt, z1-zt];
54.          vrm=vm*rm';
55.          %辅星到辐射源的距离矢量
56.          rn=[x2-xt, y2-yt, z2-zt];
57.          vrn=vn*rn';
58.          d_delta_dt(i, j)=1/Vc*(vrn/r2 - vrm/r1);
59.          d_freq_dt(i, j)=fc/Vc*((vm*vm'*r1^2-vrm^2)/r1^3-(vn*vn'*r2^2
    -vrn^2)/r2^3);
60.        end
61.     end
62.
63.     for i=1：Nobi+1
64.        for j=1：Nobj+1
65.          L(i, j)=(i-1-Nobi/2)*step + Lm;
66.          B(i, j)=(j-1-Nobj/2)*step + Bm;
67.        end
68.     end
69. end
```

2）绘制双星时差变化率及频差变化率分布图

绘制双星时差变化率及频差变化率分布图的代码如下：

```
1.  % ————PlotOptDeploy_tb. m
2.  % zengfeng 2023. 01. 10
3.  %功能：绘制以主星为中心、BandL 经度*BandH 纬度范围内的时差变化率及频差变化
    率分布图
4.
5.  clc
6.  close all
7.  %将轨道近似为圆形，确定轨道的参数
8.  % rs            轨道的半径
9.  % es            轨道椭圆的偏心率(es=0 时，轨道为圆形)
10. % L_up          升交点赤经   (考虑 i 系和 e 系重合时)
11. % theta         轨道倾角
12. % ωs            近地点角距（圆形时不需要）
```

13. ％ fs　　　　　　　　卫星的真近点角

14.

15. ％取轨道直角坐标系的原点与地球质心重合，x0 轴指向升交点，z0 轴垂直于轨道平面向上

16. ％地球坐标系考虑 i 系和 e 系重合时，即以春分点为 x 轴

17.

18. ％卫星运行的轨道参数

19. L_up＝0/180 * pi；　　％升交点赤经（单位为弧度），仿真时取 0°、60°

20. H＝800000；　　　　　　％卫星的高度（单位为 m）

21. theta＝0/180 * pi；　％轨道倾角（单位为弧度）

22. fc＝1 * 1e10；　　　　　％信号载频（单位为 Hz），仿真时使用 fc＝10 * 1e9；　　％载频为 10 GHz

23. ％主星和辅星之间的距离

24. distance＝100000；％主星和辅星之间的距离为 100 km＝100000 m

25.

26. ％ R 为轨道直角坐标系到地球坐标系的旋转矩阵

27. R＝AxisRotz(−L_up) * AxisRotx(−theta)；

28. ％计算轨道平面法向量

29. n0＝[0 0 1]′；　　％轨道直角坐标系下轨道平面法向量

30. n＝R * n0；　　　　％地心地固坐标系下轨道平面法向量

31. t＝0；　　　　　　　％规定 0 时刻为卫星过近地点时刻

32. ％时差测量误差

33. TOAAccuracy＝58.3e−9；　　％单位为 s

34. ％频差测量误差

35. FreqAccuracy＝2.15；　％单位为 Hz

36. ％计算卫星轨道高度

37. [x, y, z]＝LBH2XYZ(L_up, 0, 0)；　　％ (x, y, 0)为赤道平面与轨道平面在地表面的交点

38. rs＝H ＋ sqrt(x^2 ＋ y^2 ＋ z^2)；　　％ rs 为卫星轨道（近似为圆轨道）的半径

39. ％根据开普勒第三定律计算卫星的角速度 ws

40. miu＝3.986004418e14；

41. ws＝sqrt(miu/(rs^3))；％卫星运动的平均角速度（单位为 rad/s）

42. ％主星坐标

43. ％ (1)轨道直角坐标系下主星坐标

44. x0_satM＝rs * cos(ws * t)；　　％计算 t 时刻的坐标

45. y0_satM＝rs * sin(ws * t)；

46. z0_satM＝0；

47. ％ (2)地心地固坐标系下主星坐标

48. satM＝R * [x0_satM, y0_satM, z0_satM]′；

49. x_satM＝satM(1)；y_satM＝satM(2)；z_satM＝satM(3)；

50. S1＝[x_satM, y_satM, z_satM]；

51.

52. ％ (3)地心大地坐标系下主星星下点

```
53. [Lm, Bm, ~]=XYZ2LBH(x_satM, y_satM, z_satM);
54.
55. %忽略地球自转(i 系和 e 系相同)
56. %计算辅星的位置(在 e 系中)
57. %轨道直角坐标系下辅星坐标
58. beta=-distance/rs;    %辅星在前,主星在后
59. %在轨道直角坐标系中,主星向量绕 z 轴逆时针旋转 beta 角度到辅星向量
60. satN=[cos(beta) sin(beta) 0; -sin(beta) cos(beta) 0; 0 0 1] * [x0_satM, y0_satM, z0_
    satM]';
61. %地心地固坐标系下辅星坐标
62. satN=R * satN;
63. x_satN=satN(1); y_satN=satN(2); z_satN=satN(3);
64. S2=[x_satN, y_satN, z_satN];
65. [Ln, Bn, ~]=XYZ2LBH(x_satN, y_satN, z_satN);
66. [L, B, d_delta_dt, d_freq_dt]=PlotDdeltaDfreq(S1, S2, n, Lm, Bm, fc);
67.
68. figure(1)
69. contour(L, B, d_delta_dt * (10^8), [50, 70, 100, 150, 200, 250], 'ShowText', 'on', '
    color', 'k');    %单位为 ns/100ms
70. title('主星(+)、辅星(*)及时差变化率(ns/100ms)');
71. xlabel('经度/(°)');
72. ylabel('纬度/(°)');
73. hold on
74. plot(Lm, Bm, '+r');    %单位为 km
75. hold on
76. plot(Ln, Bn, '*r');
77.
78. figure(2)
79. contour(L, B, d_freq_dt/10, [-20, -15, -10, -8, -5, -2, -1, 1, 2, 5, 8, 10,
    15, 20], 'ShowText', 'on', 'color', 'k');    % 单位为 Hz/100ms
80. title('主星(+)、辅星(*)及频差变化率 (Hz/100ms)');
81. xlabel('经度/(°)');
82. ylabel('纬度/(°)');
83. hold on
84. plot(Lm, Bm, '+r');    % 单位为 km
85. hold on
86. plot(Ln, Bn, '*r');
```

2. 双星时差频差圆概率定位误差仿真

双星时差频差圆概率定位误差仿真包括计算双星时差频差定位误差函数,计算以主星为中心、BandL 经度 * BandH 纬度范围内的定位误差函数和绘制双星时差频差联合定位误

差分布图。

1）计算双星时差频差定位误差函数

计算双星时差频差定位误差函数的代码如下：

```
1.  % —————DualSatellite2. m
2.  % zengfeng 2023.01.10
3.  %计算双星时差频差定位误差函数
4.  %输入：
5.  %    1. S1          主星的经、纬度及高程（x1, y1, z1）（单位为 m）
6.  %    2. S2          辅星的经、纬度及高程（x2, y2, z2）（单位为 m）
7.  %    3. n           卫星轨道的单位法向量 n （nx, ny, nz）
8.  %    4. radiatorPosition   辐射源的位置，T=（xt, yt, zt），单位为 m
9.  %    5. TOAAccuracy        时差测量误差，单位为 s
10. %    6. FreqAccuracy       频差测量误差，单位为 Hz
11. %    7. dx1                主星的位置测量误差
12. %    8. dx2                辅星的位置测量误差
13.
14. %输出：圆概率误差（绝对值）
15. %    1：Rcep          对目标定位的圆概率误差绝对值，单位为 m
16. %    2：RelatRcep      对目标定位的圆概率误差相对值，单位为 %
17.
18. function [Rcep, RelatRcep]=DualSatellite2(S1, S2, n, radiatorPosition, TOAAccuracy,
        FreqAccuracy, fc, dx1, dx2)
19.
20.     e_2=0.00669437999013；       % 地球椭圆的第一偏心率的平方
21.     n1=n(1)；   n2=n(2)；n3=n(3)；          %卫星轨道平面法向量
22.     x1=S1(1)；y1=S1(2)；z1=S1(3)；          %主星的坐标
23.     x2=S2(1)；y2=S2(2)；z2=S2(3)；          %辅星的坐标
24.     rs=sqrt(x1^2+y1^2+z1^2)；
25.
26.     xt=radiatorPosition(1)；yt=radiatorPosition(2)；zt=radiatorPosition(3)；      %辐射
        源的坐标
27.     %各个站点测量误差
28.     Vc=3 * 1e8；                %光速（单位为 m/s）
29.     dTheta=Vc * TOAAccuracy；   %光速×误差，仿真时 time_est_err=58.3ns
30.     dF=Vc * FreqAccuracy/fc；
31.     Edd=[dTheta, 0, 0；0, dF, 0；0, 0, 0]；
32.     Eddx1=eye(3) * dx1；
33.     Eddx2=eye(3) * dx2；
34.     %以主星为中心
35.     Rcenter=sqrt(power(xt-x1, 2)+power(yt-y1, 2)+power(zt-z1, 2))；
```

36.　％目标到站点中心的距离，单位为 m

37.　r1＝sqrt(power(xt－x1，2)＋power(yt－y1，2)＋power(zt－z1，2))；　％目标到
主星的距离

38.　r2＝sqrt(power(xt－x2，2)＋power(yt－y2，2)＋power(zt－z2，2))；　％目标到辅
星的距离

39.　％构造 C

40.　f1x＝(xt－x2)/r2－(xt－x1)/r1；

41.　f1y＝(yt－y2)/r2－(yt－y1)/r1；

42.　f1z＝(zt－z2)/r2－(zt－z1)/r1；

43.　％计算卫星的速度大小

44.　miu＝3.986004418e14；　　　　　　　　％地球(包含大气层)引力常数 (m^3/s^2)

45.　n＝sqrt(miu/(rs^3))；　　　　　　　　％卫星的角速度大小 n

46.　nx＝n＊n1；ny＝n＊n2；nz＝n＊n3；％卫星的角速度矢量

47.　wn＝[nx，ny，nz]；

48.　％卫星的速度＝角速度×距离

49.　vm＝cross(wn，S1)；

50.　vn＝cross(wn，S2)；

51.　％主星到辐射源的距离矢量

52.　rm＝[x1－xt，y1－yt，z1－zt]；

53.　vrm＝vm＊rm′；

54.　％辅星到辐射源的距离矢量

55.　rn＝[x2－xt，y2－yt，z2－zt]；

56.　vrn＝vn＊rn′；

57.　％构造 C

58.　f2x＝(vm(1)＊(r1^2)－vrm＊rm(1))/power(r1，3) － (vn(1)＊(r2^2)－vrn＊rn
(1))/power(r2，3)；

59.　f2y＝(vm(2)＊(r1^2)－vrm＊rm(2))/power(r1，3) － (vn(2)＊(r2^2)－vrn＊rn
(2))/power(r2，3)；

60.　f2z＝(vm(3)＊(r1^2)－vrm＊rm(3))/power(r1，3) － (vn(3)＊(r2^2)－vrn＊rn
(3))/power(r2，3)；

61.　C＝[f1x，f1y，f1z；f2x，f2y，f2z；2＊xt，2＊yt，2＊zt/(1－e_2)]；

62.　％构造 C1

63.　f1x1＝(xt－x1)/r1；

64.　f1y1＝(yt－y1)/r1；

65.　f1z1＝(zt－z1)/r1；

66.　f2x1＝－(vm(1)＊(r1^2)－vrm＊rm(1))/power(r1，3)；

67.　f2y1＝－(vm(2)＊(r1^2)－vrm＊rm(2))/power(r1，3)；

68.　f2z1＝－(vm(3)＊(r1^2)－vrm＊rm(3))/power(r1，3)；

69.　C1＝[f1x1，f1y1，f1z1；f2x1，f2y1，f2z1；0，0，0]；

70.　％构造 C2

71.　f1x2＝－(xt－x2)/r2；

72.   f1y2＝－(yt－y2)/r2;

73.   f1z2＝－(zt－z2)/r2;

74.   f2x2＝(vn(1) * (r2^2)－vrn * rn(1))/power(r2, 3);

75.   f2y2＝(vn(2) * (r2^2)－vrn * rn(2))/power(r2, 3);

76.   f2z2＝(vn(3) * (r2^2)－vrn * rn(3))/power(r2, 3);

77.   C2＝[f1x2, f1y2, f1z2; f2x2, f2y2, f2z2; 0, 0, 0];

78.   ％计算误差

79.   invC＝pinv(C);

80.   pdx＝sqrt(trace(invC * Edd * invC′ ＋ invC * C1 * Eddx1 * C1′ * invC′ ＋ invC * C2 * Eddx2 * C2′ * invC′));

81.   Rcep＝abs(0.75 * pdx);   ％单位为 m

82.   RelatRcep＝Rcep/Rcenter * 100; ％单位为％

83. end

2）计算以主星为中心、BandL 经度 * BandH 纬度范围内的定位误差函数

计算以主星为中心、BandL 经度 * BandH 纬度范围内的定位误差函数的代码如下：

1.   ％ －－－－－PlotOptDeploy2.m

2.   ％ zengfeng 2023.01.10

3.   ％计算以主星为中心、BandL 经度 * BandH 纬度范围内的定位误差函数

4.   ％输入：

5.   ％   1. S1   主星的经、纬度及高程(x1, y1, z1) （单位为 m）

6.   ％   2. S2   辅星的经、纬度及高程(x2, y2, z2) （单位为 m）

7.   ％   3. n   卫星轨道的单位法向量 n （nx, ny, nz）

8.   ％   4. radiatorPosition 辐射源的位置，T＝(xt, yt, zt)，单位为 m

9.   ％   5. TOAAccuracy   时差测量误差，单位为 s

10.   ％   6. FreqAccuracy   频差测量误差，单位为 Hz

11.   ％   7. dx1   主星的位置测量误差

12.   ％   8. dx2   辅星的位置测量误差

13. ％输出：

14.   ％   1. ErrorObjectList_L   经度（单位为°）

15.   ％   2. ErrorObjectList_B   纬度（单位为°）

16.   ％   3. ErrorObjectList_Rcep   定位误差绝对值（单位为 m）

17.   ％   4. ErrorObjectList_RelatRcep   定位误差相对值（单位为％）

18.

19. function [ErrorObjectList_L, ErrorObjectList_B, ErrorObjectList_Rcep, ErrorObjectList_RelatRcep]＝PlotOptDeploy2(S1, S2, n, Lm, Bm, TOAAccuracy, FreqAccuracy, fc, dx1, dx2)

20.

21.   step＝0.5;   ％步长为 0.5°

22.   BandL＝30;   ％计算误差经度范围为 120°

23.   BandH＝30;   ％计算误差纬度范围为 60°

24.   Nobi＝BandL/step;   ％目标辐射源的点数（经度方向）

```
25.        Nobj＝BandH/step;              ％目标辐射源的点数(纬度方向)
26.
27.        Rcep＝zeros(Nobi＋1, Nobj＋1);
28.        RelatRcep＝zeros(Nobi＋1, Nobj＋1);
29.        L＝zeros(Nobi＋1, Nobj＋1);
30.        B＝zeros(Nobi＋1, Nobj＋1);
31.        for i＝1: Nobi＋1
32.            for j＝1: Nobj＋1
33.                L0＝(i－1－Nobi/2) * step ＋ Lm;
34.                B0＝(j－1－Nobj/2) * step ＋ Bm;
35.                H0＝0;    ％地面目标的高程
36.                [xt, yt, zt]＝LBH2XYZ(L0, B0, H0);
37.                radiatorPosition＝[xt, yt, zt];
38.                if B0＝＝0  ％ 当卫星绕赤道运行，辐射源在赤道上时，无法定位
39.                    Rcep(i, j)＝inf;
40.                    RelatRcep(i, j)＝inf;
41.                else
42.                    [Rcep(i, j), RelatRcep(i, j)]＝DualSatellite2(S1, S2, n, radiatorPosition, TOAAccuracy, FreqAccuracy, fc, dx1, dx2);
43.                end
44.            end
45.        end
46.
47.        for i＝1: Nobi＋1
48.            for j＝1: Nobj＋1
49.                L(i, j)＝(i－1－Nobi/2) * step ＋ Lm;
50.                B(i, j)＝(j－1－Nobj/2) * step ＋ Bm;
51.            end
52.        end
53.
54.        ErrorObjectList_L＝L;
55.        ErrorObjectList_B＝B;
56.        ErrorObjectList_Rcep＝Rcep;
57.        ErrorObjectList_RelatRcep＝RelatRcep;
58. end
```

3）绘制双星时差频差联合定位误差分布图

绘制双星时差频差联合定位误差分布图的代码如下：

```
1.  ％ ————PlotOptDeploy2_tb. m
2.  ％ zengfeng 2023.01.10
3.  ％ 绘制双星时差频差联合定位误差分布图
4.
```

5. ％时差测量误差为 TOAAccuracy＝58.3 * 1e(−9)，即 58.3ns

6. ％频差测量误差为 FreqAccuracy＝2.15，即 2.15Hz

7. ％载频为 fc＝10 * 1e9，即 10 GHz

8.

9. ％将轨道近似为圆形，确定轨道的参数

10. ％ rs   轨道的半径

11. ％ es   轨道椭圆的偏心率(es＝0 时，轨道为圆形)

12. ％ L_up   升交点赤经(考虑 i 系和 e 系重合时)

13. ％ theta   轨道倾角

14. ％ ωs   近地点角距（圆形时不需要）

15. ％ fs   卫星的真近点角

16.

17. ％取轨道直角坐标系的原点与地球质心重合，x0 轴指向升交点，z0 轴垂直于轨道平面向上

18. ％地球坐标系考虑 i 系和 e 系重合时，即以春分点为 x 轴

19. clc

20. close all

21. ％卫星运行的轨道参数

22. L_up＝0/180 * pi；   ％升交点赤经(单位为弧度)，仿真时取 0°、60°

23. H＝800000；   ％卫星的高度(单位为 m)

24. theta＝0/180 * pi；   ％轨道倾角(单位为弧度)

25. fc＝1 * 1e10；   ％信号载频(单位为 Hz)，仿真时使用 fc＝10 * 1e9；％载频为 10 GHz

26. ％主星和辅星之间的距离

27. distance＝100000；   ％主星和辅星之间的距离为 100 km＝100000m

28.

29. ％ R 为轨道直角坐标系到地球坐标系的旋转矩阵

30. R＝AxisRotz(−L_up) * AxisRotx(−theta)；

31. ％计算轨道平面法向量

32. n0＝[0 0 1]′；   ％轨道直角坐标系下轨道平面法向量

33. n＝R * n0；   ％地心地固坐标系下轨道平面法向量

34. t＝0；   ％规定 0 时刻为卫星过近地点时刻

35. ％时差测量误差

36. TOAAccuracy＝58.3e−9；   ％单位为 s

37. ％ TOAAccuracy＝0；   ％单位为 s

38. ％频差测量误差

39. FreqAccuracy＝2.15；   ％单位为 Hz

40. ％卫星位置测量误差

41. dx1＝50/sqrt(3)；

42. dx2＝50/sqrt(3)；

43. ％计算卫星轨道高度

44. [x, y, z]＝LBH2XYZ(L_up, 0, 0)；   ％ (x, y, 0)为赤道平面与轨道平面在地表面的交点

45. rs＝H ＋ sqrt(x²＋y²＋z²)；   ％ rs 为卫星轨道(近似为圆轨道)的半径

46. ％根据开普勒第三定律计算卫星的角速度 ws

47. miu＝3.986004418e14；

48. ws＝sqrt(miu/(rs^3))；％卫星运动的平均角速度(单位为 rad/s)

49. ％主星坐标

50. ％(1)轨道直角坐标系下主星坐标

51. x0_satM＝rs * cos(ws * t)；　　％计算 t 时刻的坐标

52. y0_satM＝rs * sin(ws * t)；

53. z0_satM＝0；

54. ％(2)地心地固坐标系下主星坐标

55. satM＝R * [x0_satM, y0_satM, z0_satM]′；

56. x_satM＝satM(1)；y_satM＝satM(2)；z_satM＝satM(3)；

57. S1＝[x_satM, y_satM, z_satM]；

58.

59. ％(3)地心大地坐标系下主星星下点

60. [Lm, Bm, ～]＝XYZ2LBH(x_satM, y_satM, z_satM)；

61. ％忽略地球自转(i 系和 e 系相同)

62. ％计算辅星的位置(在 e 系中)

63. ％轨道直角坐标系下辅星坐标

64. beta＝－distance/rs；　　％辅星在前，主星在后

65. ％在轨道直角坐标系中，主星向量绕 z 轴逆时针旋转 beta 角度到辅星向量

66. satN＝[cos(beta) sin(beta) 0；－sin(beta) cos(beta) 0；0 0 1] * [x0_satM, y0_satM, z0_satM]′；

67. ％地心地固坐标系下辅星坐标

68. satN＝R * satN；

69. x_satN＝satN(1)；y_satN＝satN(2)；z_satN＝satN(3)；

70. S2＝[x_satN, y_satN, z_satN]；

71. ％辅星星下点

72. [Ln, Bn, ～]＝XYZ2LBH(x_satN, y_satN, z_satN)；

73. [ErrorObjectList_L, ErrorObjectList_B, ErrorObjectList_Rcep, ErrorObjectList_RelatR-cep]...

74. ＝PlotOptDeploy2(S1, S2, n, Lm, Bm, TOAAccuracy, FreqAccuracy, fc, dx1, dx2)；

75.

76. figure(1)

77. contour(ErrorObjectList_L, ErrorObjectList_B, ErrorObjectList_Rcep/1000, [0.5, 0.8, 1, 1.5, 2, 3, 5, 10], ′ShowText′, ′on′, ′color′, ′k′)；

78. title(′主星(＋)、辅星(*)及其圆概率定位误差(km)′)；

79. xlabel(′经度/(°)′)；

80. ylabel(′纬度/(°)′)；

81.

82. hold on

83. plot(Lm, Bm, ′＋r′)；　　％ 单位为 km

84. hold on

85. plot(Ln, Bn, ′ * r′)；

7.5 三星时差定位体制

三星时差定位体制是利用空中相距一定距离的三颗卫星对地面同一辐射源进行定位的,通过测量同一辐射信号到达三颗卫星的时间,得到两个时差双曲面,这两个时差双曲面与地球面的交点即为地面辐射源的位置。

单星测向定位体制、双星时差频差定位体制和三星时差定位体制的适用对象不同:

(1) 单星测向定位体制适用于对通信信号、雷达信号及短时猝发信号进行定位;

(2) 双星时差频差定位体制适用于对通信信号、窄带雷达信号和同频多信号进行定位;

(3) 三星时差定位体制更适用于对宽带雷达信号进行定位。

从定位精度来说,单星测向定位体制、双星时差频差定位体制和三星时差定位体制的主要区别在于:

(1) 单星测向定位体制的设备复杂,对平台姿态控制和测量要求高,定位精度较低;

(2) 双星时差频差定位体制的设备简单,对平台姿态控制和测量要求低,星座构型稳定,定位精度高;

(3) 三星时差定位体制的设备简单,对平台姿态控制和测量要求低,定位精度高,但由于星座构型随着星历的变化而变化,因此系统的定位精度随星历的变化呈现周期性变化。

7.5.1 定位模型

在如图 7-22 所示的三星时差定位模型中,设主星 S_0 的坐标为 $\boldsymbol{X}_{S0}=(x_0,y_0,z_0)$,辅星 S_1 的坐标为 $\boldsymbol{X}_{S1}=(x_1,y_1,z_1)$,辅星 S_2 的坐标为 $\boldsymbol{X}_{S2}=(x_2,y_2,z_2)$,待定位辐射源的坐标为 $\boldsymbol{X}_T=(x,y,z)$。

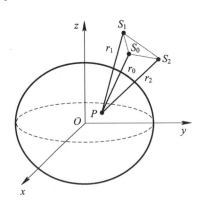

图 7-22 三星时差定位模型

设辐射源到主星的矢径为 $\boldsymbol{r}_0$,并令 $\|\boldsymbol{r}_0\|=r_0$;辐射源到辅星 S_1 的矢径为 $\boldsymbol{r}_1$,并令 $\|\boldsymbol{r}_1\|=r_1$;辐射源到辅星 S_2 的矢径为 $\boldsymbol{r}_2$,并令 $\|\boldsymbol{r}_2\|=r_2$。于是有时差观测方程组:

$$\begin{cases} \Delta r_1 = r_1 - r_0 = c\Delta t_1 \\ \Delta r_2 = r_2 - r_0 = c\Delta t_2 \end{cases} \tag{7-161}$$

其中：

(1) $\Delta r_i (i=1,2)$ 表示辐射源到辅星的距离 $r_i (i=1,2)$ 与辐射源到主星的距离 r_0 之差，且有

$$\begin{cases} r_0 = \sqrt{(x-x_0)^2 + (y-y_0)^2 + (z-z_0)^2} \\ r_1 = \sqrt{(x-x_1)^2 + (y-y_1)^2 + (z-z_1)^2} \\ r_2 = \sqrt{(x-x_2)^2 + (y-y_2)^2 + (z-z_2)^2} \end{cases}$$

(2) Δt_1 表示同一辐射信号到达辅星 S_1 的时间与到达主星的时间之差。

(3) Δt_2 表示同一辐射信号到达辅星 S_2 的时间与到达主星的时间之差。

假设辐射源位于地球表面，则根据 WGS 84 椭球体模型，可建立方程：

$$\begin{bmatrix} x \\ y \\ z \end{bmatrix} = \begin{bmatrix} (N+H)\cos B \cdot \cos L \\ (N+H)\cos B \cdot \sin L \\ [N(1-e^2)+H]\sin B \end{bmatrix} \tag{7-162}$$

故

$$\frac{x^2}{(N+H)^2} + \frac{y^2}{(N+H)^2} + \frac{z^2}{[N(1-e^2)+H]^2} = 1 \tag{7-163}$$

其中：

(1) a 为地球椭圆的长半轴；

(2) b 为地球椭圆的短半轴；

(3) N 为卯酉圈的曲率半径，$N = \dfrac{a}{\sqrt{1-e^2\sin^2 B}}$；

(4) e 为椭圆的第一偏心率，$e = \dfrac{\sqrt{a^2-b^2}}{a}$。

在 WGS 84 椭球体模型中，$a = 6\,378\,137$，$b = 6\,356\,752.314\,2$，$e^2 = 0.006\,694\,379\,990\,13$。

由式(7-161)、式(7-163)可以建立求解辐射源位置的定位方程组：

$$\begin{cases} c\Delta t_1 = \sqrt{(x-x_1)^2 + (y-y_1)^2 + (z-z_1)^2} - \sqrt{(x-x_0)^2 + (y-y_0)^2 + (z-z_0)^2} \\ c\Delta t_2 = \sqrt{(x-x_2)^2 + (y-y_2)^2 + (z-z_2)^2} - \sqrt{(x-x_0)^2 + (y-y_0)^2 + (z-z_0)^2} \\ \dfrac{x^2}{(N+H)^2} + \dfrac{y^2}{(N+H)^2} + \dfrac{z^2}{[N(1-e^2)+H]^2} = 1 \end{cases}$$

$$\tag{7-164}$$

三星时差定位问题即为利用式(7-164)求解出辐射源位置 (x,y,z) 的问题。由式(7-164)可知，如果 H 已知，则三个非线性方程对应三个未知数，即可以求解出辐射源位置。

由于辐射源当地卯酉圈的曲率半径 N 未知，因此可以采用迭代方法求解出 (x,y,z)，再通过地心地固坐标系到地心大地坐标系的坐标转换公式，得到辐射源位置对应的经度、纬度、高程。

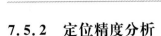

7.5.2 定位精度分析

影响三星时差定位精度的因素主要有时差测量误差、站间时间同步误差、卫星站址测量误差以及辐射源高程测量误差等。

现在分析时差测量误差、卫星站址测量误差以及辐射源高程测量误差对定位精度的影响。

对三星时差定位方程组

$$
\begin{cases}
c\,\Delta t_1 = f_1(x,\,y,\,z,\,x_1,\,y_1,\,z_1,\,x_2,\,y_2,\,z_2,\,x_3,\,y_3,\,z_3) \\
c\,\Delta t_2 = f_2(x,\,y,\,z,\,x_1,\,y_1,\,z_1,\,x_2,\,y_2,\,z_2,\,x_3,\,y_3,\,z_3) \\
\dfrac{x^2}{(N+H)^2} + \dfrac{y^2}{(N+H)^2} + \dfrac{z^2}{[N(1-e^2)+H]^2} = 1 = f_3(x,\,y,\,z,\,H)
\end{cases}
\tag{7-165}
$$

作偏微分可得到

$$
\begin{bmatrix} f_{1,x} & f_{1,y} & f_{1,z} \\ f_{2,x} & f_{2,y} & f_{2,z} \\ f_{3,x} & f_{3,y} & f_{3,z} \end{bmatrix}
\begin{bmatrix} \mathrm{d}x \\ \mathrm{d}y \\ \mathrm{d}z \end{bmatrix}
+
\begin{bmatrix} f_{1,x_1} & f_{1,y_1} & f_{1,z_1} \\ f_{2,x_1} & f_{2,y_1} & f_{2,z_1} \\ f_{3,x_1} & f_{3,y_1} & f_{3,z_1} \end{bmatrix}
\begin{bmatrix} \mathrm{d}x_1 \\ \mathrm{d}y_1 \\ \mathrm{d}z_1 \end{bmatrix}
+
$$

$$
\begin{bmatrix} f_{1,x_2} & f_{1,y_2} & f_{1,z_2} \\ f_{2,x_2} & f_{2,y_2} & f_{2,z_2} \\ f_{3,x_2} & f_{3,y_2} & f_{3,z_2} \end{bmatrix}
\begin{bmatrix} \mathrm{d}x_2 \\ \mathrm{d}y_2 \\ \mathrm{d}z_2 \end{bmatrix}
+
\begin{bmatrix} f_{1,x_3} & f_{1,y_3} & f_{1,z_3} \\ f_{2,x_3} & f_{2,y_3} & f_{2,z_3} \\ f_{3,x_3} & f_{3,y_3} & f_{3,z_3} \end{bmatrix}
\begin{bmatrix} \mathrm{d}x_3 \\ \mathrm{d}y_3 \\ \mathrm{d}z_3 \end{bmatrix}
+
\begin{bmatrix} f_{1,H} \\ f_{2,H} \\ f_{3,H} \end{bmatrix} \mathrm{d}H
=
\begin{bmatrix} c\,\mathrm{d}\Delta t_1 \\ c\,\mathrm{d}\Delta t_2 \\ 0 \end{bmatrix}
$$

$$
\tag{7-166}
$$

令

$$
\boldsymbol{C} = \begin{bmatrix} f_{1,x} & f_{1,y} & f_{1,z} \\ f_{2,x} & f_{2,y} & f_{2,z} \\ f_{3,x} & f_{3,y} & f_{3,z} \end{bmatrix}
$$

$$
\boldsymbol{C}_1 = \begin{bmatrix} f_{1,x_1} & f_{1,y_1} & f_{1,z_1} \\ f_{2,x_1} & f_{2,y_1} & f_{2,z_1} \\ f_{3,x_1} & f_{3,y_1} & f_{3,z_1} \end{bmatrix}
$$

$$
\boldsymbol{C}_2 = \begin{bmatrix} f_{1,x_2} & f_{1,y_2} & f_{1,z_2} \\ f_{2,x_2} & f_{2,y_2} & f_{2,z_2} \\ f_{3,x_2} & f_{3,y_2} & f_{3,z_2} \end{bmatrix}
$$

$$
\boldsymbol{C}_3 = \begin{bmatrix} f_{1,x_3} & f_{1,y_3} & f_{1,z_3} \\ f_{2,x_3} & f_{2,y_3} & f_{2,z_3} \\ f_{3,x_3} & f_{3,y_3} & f_{3,z_3} \end{bmatrix}
$$

$$
\boldsymbol{C}_4 = \begin{bmatrix} f_{1,H} \\ f_{2,H} \\ f_{3,H} \end{bmatrix}
$$

$$\mathrm{d}\boldsymbol{X} = \begin{bmatrix} \mathrm{d}x \\ \mathrm{d}y \\ \mathrm{d}z \end{bmatrix}$$

$$\mathrm{d}\boldsymbol{X}_1 = \begin{bmatrix} \mathrm{d}x_1 \\ \mathrm{d}y_1 \\ \mathrm{d}z_1 \end{bmatrix}$$

$$\mathrm{d}\boldsymbol{X}_2 = \begin{bmatrix} \mathrm{d}x_2 \\ \mathrm{d}y_2 \\ \mathrm{d}z_2 \end{bmatrix}$$

$$\mathrm{d}\boldsymbol{X}_3 = \begin{bmatrix} \mathrm{d}x_3 \\ \mathrm{d}y_3 \\ \mathrm{d}z_3 \end{bmatrix}$$

$$\mathrm{d}\boldsymbol{V} = \begin{bmatrix} c\,\mathrm{d}\Delta t_1 \\ c\,\mathrm{d}\Delta t_2 \\ 0 \end{bmatrix}$$

则有

$$\boldsymbol{C}\mathrm{d}\boldsymbol{X} + \boldsymbol{C}_1\mathrm{d}\boldsymbol{X}_1 + \boldsymbol{C}_2\mathrm{d}\boldsymbol{X}_2 + \boldsymbol{C}_3\mathrm{d}\boldsymbol{X}_3 + \boldsymbol{C}_4\mathrm{d}H = \mathrm{d}\boldsymbol{V} \tag{7-167}$$

整理得

$$\mathrm{d}\boldsymbol{X} = \boldsymbol{C}^{-1}\mathrm{d}\boldsymbol{V} - \boldsymbol{C}^{-1}\boldsymbol{C}_1\mathrm{d}\boldsymbol{X}_1 - \boldsymbol{C}^{-1}\boldsymbol{C}_2\mathrm{d}\boldsymbol{X}_2 - \boldsymbol{C}^{-1}\boldsymbol{C}_3\mathrm{d}\boldsymbol{X}_3 - \boldsymbol{C}^{-1}\boldsymbol{C}_4\mathrm{d}H \tag{7-168}$$

其协方差矩阵为

$$\boldsymbol{P}_{\mathrm{d}\boldsymbol{X}} = \boldsymbol{C}^{-1}E\left[\mathrm{d}\boldsymbol{V}\mathrm{d}\boldsymbol{V}^{\mathrm{T}}\right](\boldsymbol{C}^{-1})^{\mathrm{T}} + \boldsymbol{C}^{-1}\left(\sum_{i=1}^{3}\boldsymbol{C}_iE\left[\mathrm{d}\boldsymbol{X}_i\mathrm{d}\boldsymbol{X}_i^{\mathrm{T}}\right]\boldsymbol{C}_i^{\mathrm{T}}\right)(\boldsymbol{C}^{-1})^{\mathrm{T}} +$$
$$\boldsymbol{C}^{-1}\boldsymbol{C}_4E\left[\mathrm{d}H\mathrm{d}H^{\mathrm{T}}\right]\boldsymbol{C}_4^{\mathrm{T}}(\boldsymbol{C}^{-1})^{\mathrm{T}} \tag{7-169}$$

其中：$E[\,\cdot\,]$ 是数学期望算子，$\mathrm{d}\boldsymbol{V}$ 为观测误差矢量，$\boldsymbol{C}$ 为系数矩阵，$\boldsymbol{C}_1$、$\boldsymbol{C}_2$、$\boldsymbol{C}_3$ 为站址系数矩阵，$\boldsymbol{C}_4$ 为高程系数矩阵，$\mathrm{d}\boldsymbol{X}$ 为定位误差矢量，$\mathrm{d}\boldsymbol{X}_1$、$\mathrm{d}\boldsymbol{X}_2$、$\mathrm{d}\boldsymbol{X}_3$ 为站址误差矢量，$\mathrm{d}H$ 为高程误差。

当时差测量误差服从零均值的高斯分布，且各个测量值之间相互独立时，有

$$E\left[\mathrm{d}\boldsymbol{V}\mathrm{d}\boldsymbol{V}^{\mathrm{T}}\right] = \begin{bmatrix} (c\sigma_t)^2 & 0 & 0 \\ 0 & (c\sigma_t)^2 & 0 \\ 0 & 0 & 0 \end{bmatrix}$$

其中：σ_t^2 为时差测量误差的方差。

当站址在 x 方向、y 方向、z 方向的测量误差均服从零均值的高斯分布，且各个测量值之间相互独立时，有

$$E\left[\mathrm{d}\boldsymbol{X}_i\mathrm{d}\boldsymbol{X}_i^{\mathrm{T}}\right] = \begin{bmatrix} \sigma_{x_i}^2 & 0 & 0 \\ 0 & \sigma_{y_i}^2 & 0 \\ 0 & 0 & \sigma_{z_i}^2 \end{bmatrix}$$

其中：$\sigma_{x_i}^2$ 为 x 方向的站址误差的方差，$\sigma_{y_i}^2$ 为 y 方向的站址误差的方差，$\sigma_{z_i}^2$ 为 z 方向的站

址误差的方差。

类似地，假定辐射源的高程均服从零均值的高斯分布，且有 $E[\mathrm{d}H\mathrm{d}H^{\mathrm{T}}]=\sigma_H^2$，$\sigma_H^2$ 为高程的方差。

若不考虑站址误差，只考虑辐射源高程测量误差和时差测量误差，则定位误差协方差矩阵为

$$\boldsymbol{P}_{\mathrm{d}X}=\boldsymbol{C}^{-1}E[\mathrm{d}V\mathrm{d}V^{\mathrm{T}}](\boldsymbol{C}^{-1})^{\mathrm{T}}+\boldsymbol{C}^{-1}\boldsymbol{C}_4 E[\mathrm{d}H\mathrm{d}H^{\mathrm{T}}]\boldsymbol{C}_4^{\mathrm{T}}(\boldsymbol{C}^{-1})^{\mathrm{T}} \qquad (7-170)$$

故定位误差几何精度衰减因子为

$$\mathrm{GDOP}=\sqrt{\mathrm{tr}(\boldsymbol{P}_{\mathrm{d}X})} \qquad (7-171)$$

圆概率定位误差为

$$R_{\mathrm{CEP}}=0.75\mathrm{GDOP} \qquad (7-172)$$

以下不考虑站址误差，仅分析时差测量误差、辐射源高程测量误差对定位精度的影响。

首先根据时差方程求全微分，可以得到

$$\begin{bmatrix} c\,\mathrm{d}\Delta t_1 \\ c\,\mathrm{d}\Delta t_2 \end{bmatrix}=\boldsymbol{J}_1\begin{bmatrix} \mathrm{d}x \\ \mathrm{d}y \\ \mathrm{d}z \end{bmatrix}=\boldsymbol{J}_1\mathrm{d}\boldsymbol{X} \qquad (7-173)$$

其中：

$$\boldsymbol{J}_1=\begin{bmatrix} f_{1,x} & f_{1,y} & f_{1,z} \\ f_{2,x} & f_{2,y} & f_{2,z} \end{bmatrix}$$

而

$$f_{1,x}=\frac{x-x_1}{r_1}-\frac{x-x_0}{r_0}$$

$$f_{1,y}=\frac{y-y_1}{r_1}-\frac{y-y_0}{r_0}$$

$$f_{1,z}=\frac{z-z_1}{r_1}-\frac{z-z_0}{r_0}$$

$$f_{2,x}=\frac{x-x_2}{r_2}-\frac{x-x_0}{r_0}$$

$$f_{2,y}=\frac{y-y_2}{r_2}-\frac{y-y_0}{r_0}$$

$$f_{2,z}=\frac{z-z_2}{r_2}-\frac{z-z_0}{r_0}$$

式(7-170)是地心地固坐标系中的三维定位误差协方差矩阵，考虑到一般对辐射源的定位精度指标是在地心大地坐标下的经、纬度的误差，因此需要将此协方差矩阵转换到地心大地坐标系下。

根据式(7-162)求全微分可得

$$\begin{bmatrix} \mathrm{d}x \\ \mathrm{d}y \\ \mathrm{d}z \end{bmatrix}=\boldsymbol{J}_2\begin{bmatrix} \mathrm{d}B \\ \mathrm{d}L \\ \mathrm{d}H \end{bmatrix} \qquad (7-174)$$

其中，Jacobian 矩阵 $\boldsymbol{J}_2$ 为

$$\boldsymbol{J}_2 = \begin{bmatrix} \dfrac{\partial x}{\partial B} & \dfrac{\partial x}{\partial L} & \dfrac{\partial x}{\partial H} \\[2mm] \dfrac{\partial y}{\partial B} & \dfrac{\partial y}{\partial L} & \dfrac{\partial y}{\partial H} \\[2mm] \dfrac{\partial z}{\partial B} & \dfrac{\partial z}{\partial L} & \dfrac{\partial z}{\partial H} \end{bmatrix}$$

即

$$\boldsymbol{J}_2 = \begin{bmatrix} -(M+H)\cos L \cdot \sin B & -(N+H)\cos B \cdot \sin L & \cos B \cdot \cos L \\ -(M+H)\sin L \cdot \sin B & (N+H)\cos B \cdot \cos L & \cos B \cdot \sin L \\ (M+H) \cdot \cos B & 0 & \sin B \end{bmatrix}$$

其中，$M = \dfrac{a(1-e^2)}{(1-e^2 \sin^2 B)^{\frac{3}{2}}}$。

由式(7-173)、式(7-174)得

$$\begin{bmatrix} c\,\mathrm{d}\Delta t_1 \\ c\,\mathrm{d}\Delta t_2 \end{bmatrix} = \boldsymbol{J}_3 \begin{bmatrix} \mathrm{d}B \\ \mathrm{d}L \\ \mathrm{d}H \end{bmatrix}$$

其中，$\boldsymbol{J}_3 = \boldsymbol{J}_1 \boldsymbol{J}_2$ 为一个 2×3 矩阵。根据经度 L、纬度 B 和高程 H 之间的正交关系，可以构造一个 3×3 矩阵 $\boldsymbol{J}$：

$$\boldsymbol{J} = \begin{bmatrix} \boldsymbol{J}_3^{\mathrm{T}} & \boldsymbol{l} \end{bmatrix}^{\mathrm{T}} \tag{7-175}$$

其中，$\boldsymbol{l} = \begin{bmatrix} 0 & 0 & 1 \end{bmatrix}^{\mathrm{T}}$。于是

$$\begin{bmatrix} c\,\mathrm{d}\Delta t_1 \\ c\,\mathrm{d}\Delta t_2 \\ \mathrm{d}H \end{bmatrix} = \boldsymbol{J} \begin{bmatrix} \mathrm{d}B \\ \mathrm{d}L \\ \mathrm{d}H \end{bmatrix} \tag{7-176}$$

不考虑站址误差，只考虑辐射源高程测量误差和时差测量误差。设地心大地坐标系下的定位误差协方差矩阵为 $\boldsymbol{P}_{\mathrm{d}L}$，令 $\mathrm{d}\boldsymbol{\theta} = \begin{bmatrix} c\,\mathrm{d}\Delta t_1 \\ c\,\mathrm{d}\Delta t_2 \\ \mathrm{d}H \end{bmatrix}$，则地心大地坐标系下的定位误差协方差矩阵为

$$\boldsymbol{P}_{\mathrm{d}L} = \boldsymbol{J}^{-1} E \left[\mathrm{d}\boldsymbol{\theta}\,\mathrm{d}\boldsymbol{\theta}^{\mathrm{T}} \right] (\boldsymbol{J}^{-1})^{\mathrm{T}} \tag{7-177}$$

式中，$\boldsymbol{P}_{\mathrm{d}L}(1,1)$、$\boldsymbol{P}_{\mathrm{d}L}(2,2)$、$\boldsymbol{P}_{\mathrm{d}L}(3,3)$ 分别为经度、纬度、高程分量的定位误差方差；

$E\left[\mathrm{d}\boldsymbol{\theta}\,\mathrm{d}\boldsymbol{\theta}^{\mathrm{T}} \right] = \begin{bmatrix} (c\sigma_t)^2 & 0 & 0 \\ 0 & (c\sigma_t)^2 & 0 \\ 0 & 0 & \sigma_H^2 \end{bmatrix}$，$\sigma_t^2$ 为时差测量误差的方差，σ_H^2 为高程测量误差的方差。

设地心地固坐标系下的定位误差协方差矩阵为 $\boldsymbol{P}_{\mathrm{d}X}$，则

$$\boldsymbol{P}_{\mathrm{d}X} = \boldsymbol{J}_2 \boldsymbol{P}_{\mathrm{d}L} \boldsymbol{J}_2^{\mathrm{T}} \tag{7-178}$$

即

$$\boldsymbol{P}_{\mathrm{d}X} = \boldsymbol{J}_2 \boldsymbol{J}^{-1} E \left[\mathrm{d}\boldsymbol{\theta}\,\mathrm{d}\boldsymbol{\theta}^{\mathrm{T}} \right] (\boldsymbol{J}^{-1})^{\mathrm{T}} \boldsymbol{J}_2^{\mathrm{T}}$$

所以，定位误差几何精度衰减因子为

$$\mathrm{GDOP} = \sqrt{\mathrm{tr}(\boldsymbol{P}_{\mathrm{d}\boldsymbol{X}})} \tag{7-179}$$

因此，圆概率定位误差为

$$R_{\mathrm{CEP}} = 0.75 \cdot \mathrm{GDOP} \tag{7-180}$$

7.5.3 定位精度仿真

影响三星时差定位精度的主要因素有时差测量误差、系统时间同步误差和卫星布型，其中时差测量误差取决于接收机噪声系数、接收机带宽、信号带宽、采样时间和接收信噪比，系统时间同步误差指三个卫星间的时间同步误差。

下面通过仿真分析卫星轨道高度、时差测量误差、星座构型对三星时差定位精度的影响。

仿真一：卫星轨道高度对定位精度的影响。

三星呈正三角形分布，卫星相距 100 km，时差测量误差为 58.3 ns，分别对卫星轨道高度为 550 km、800 km 的三星时差定位精度进行仿真，得到不同卫星轨道高度的三星时差圆概率定位误差分布图，如图 7-23 所示。从图中可以看出，圆概率定位误差呈椭圆分布，星下点附近定位误差最小，星下点附近一定经、纬度范围内，卫星轨道高度越低，定位精度越高。

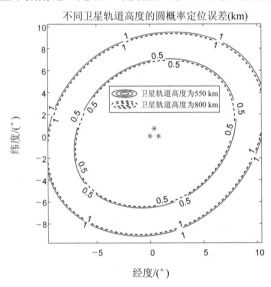

图 7-23　不同卫星轨道高度的三星时差圆概率定位误差分布图

仿真二：时差测量误差对定位精度的影响。

三星呈正三角形分布，卫星相距 100 km，卫星轨道高度为 800 km，分别对时差测量误差为 40 ns、58.3 ns 的三星时差定位精度进行仿真，得到不同时差测量误差的三星时差圆概率定位误差分布图，如图 7-24 所示。由图可知，时差测量误差越小，定位精度越高。

仿真三：在同一轨道高度处不同卫星星座构型对定位精度的影响。

卫星轨道高度为 800 km，时差测量误差为 58.3 ns。如图 7-25 所示为不同卫星星座构型的三星时差圆概率定位误差分布图。分析可知，对于直线、钝角三角形、等边三角形三种卫星星座构型，直线构型的定位精度最低，其次是钝角三角形构型，而等边三角形构型的定位精度最高。

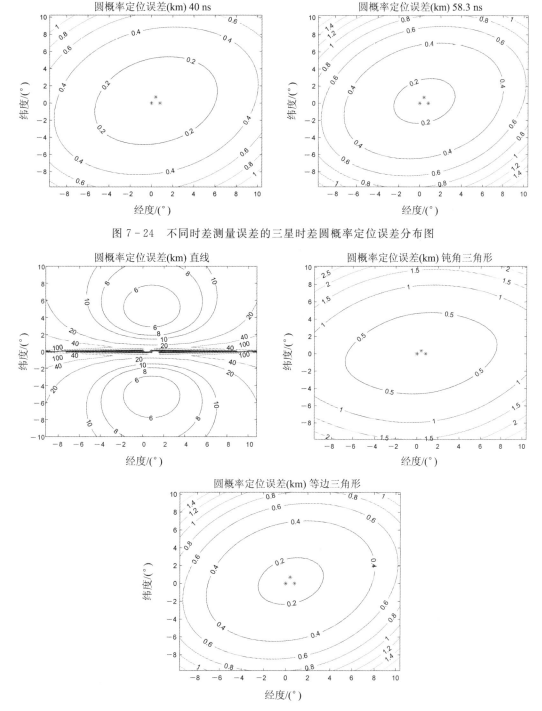

图 7-24 不同时差测量误差的三星时差圆概率定位误差分布图

图 7-25 不同卫星星座构型的三星时差圆概率定位误差分布图

7.5.4 定位精度仿真的 MATLAB 程序实现示例

本小节提供了 7.5.3 小节中定位精度仿真的 MATLAB 程序实现示例,供读者参考。

1. 计算 J_2

计算 J_2 的代码如下：

```
1.  %—————fJ2.m
2.  % zengfeng 2023.02.20
3.  %计算J2
4.  %输入：
5.  %1  L       目标在地心地固坐标系下的经度（°）
6.  %2  B       目标在地心地固坐标系下的纬度（°）
7.  %3  H       目标在地心地固坐标系下的高程（m）
8.  %输出：J2
9.  function J2＝fJ2(L，B，H)
10.     % WGS84 椭球体模型的常数
11.     a＝6378137；         %地球椭球的长半轴
12.     b＝6356752.3142；%地球椭球的短半轴
13.     %地球椭圆的第一偏心率的平方
14.     e1＝0.00669437999013；
15.     %转换为弧度
16.     B1＝B * pi/180；
17.     L1＝L * pi/180；
18.     sinB＝sin(B1)；
19.     cosB＝cos(B1)；
20.     sinL＝sin(L1)；
21.     cosL＝cos(L1)；
22.
23.     M＝a * (1－e1)/power((1－e1 * (sinB^2))，1.5)；
24.     N＝a/sqrt(1－e1 * (sinB^2))；
25.
26.     dxb＝－(M＋H) * cosL * sinB；
27.     dxl＝－(N＋H) * cosB * sinL；
28.     dxh＝cosB * cosL；
29.
30.     dyb＝－(M＋H) * sinL * sinB；
31.     dyl＝   (N＋H) * cosB * cosL；
32.     dyh＝cosB * sinL；
33.
34.     dzb＝(M＋H) * cosB；
35.     dzl＝0；
36.     dzh＝sinB；
37.
38.     J2＝[dxb dxl dxh；dyb dyl dyh；dzb dzl dzh]；
39. end
40.
```

2．计算以站点为中心、20°经度 ∗ 20°纬度范围内的定位误差函数

计算以站点为中心、20°经度 ∗ 20°纬度范围内的定位误差函数的代码如下：

```
1.  % －－－－－PlotOptDeploy.m
2.  % zengfeng 2023.02.13
3.  %计算以站点为中心、20°经度 ∗ 20°纬度范围内的三星时差定位误差函数
4.  %输入：
5.  %       1.S＝ ［L1，B1，H1，L2，B2，H2，L3，B3，H3］；  （°）
6.  %       2.TDOAAccuracy     时差测量误差     （s）
7.  %       3.Ht               辐射源的高程     （m）
8.  %       4.dH               辐射源的高程误差（m）
9.  %输出：
10. %    1.     L               每个点的经度值     （°）
11. %    2.     B               每个点的纬度值     （°）
12. %    3.     Rcep            对目标定位的圆概率误差绝对值   （m）
13.
14. function ［L，B，Rcep］＝PlotOptDeploy(S，TDOAAccuracy，Ht，dH)
15.     %各个站点测量的角度误差
16.     Vc＝3 ∗ 1e8；                %光速（m/s）
17.     dTheta＝Vc ∗ TDOAAccuracy；   %光速×误差（m）
18.     %卫星经度中心
19.     Ls＝(S(1)＋S(4)＋S(7))/3；
20.     %卫星纬度中心
21.     Bs＝(S(2)＋S(5)＋S(8))/3；
22.     %构造卫星在地心地固坐标系下的坐标
23.     ［x1，y1，z1］＝LBH2XYZ(S(1)，S(2)，S(3))；
24.     ［x2，y2，z2］＝LBH2XYZ(S(4)，S(5)，S(6))；
25.     ［x3，y3，z3］＝LBH2XYZ(S(7)，S(8)，S(9))；
26.     %构造辐射源
27.     step＝0.5；      %步长为 0.5°
28.     BandL＝20；     %计算误差经度范围为 20°
29.     BandB＝20；     %计算误差纬度范围为 20°
30.     Nobi＝BandL/step；    %目标辐射源经度方向点数
31.     Nobj＝BandB/step；    %目标辐射源纬度方向点数
32.     Rcep＝zeros(Nobi＋1，Nobj＋1)；        %绝对定位误差（m）
33.     L＝zeros(Nobi＋1，Nobi＋1)；%目标辐射源经度(°)
34.     B＝zeros(Nobj＋1，Nobj＋1)；%目标辐射源纬度(°)
35.     for i＝1：Nobi＋1
36.         for j＝1：Nobj＋1
37.             L(i，j)＝(i－1－Nobi/2) ∗ step＋Ls；    %单位为°
38.             B(i，j)＝(j－1－Nobj/2) ∗ step＋Bs；
```

39.	Lt＝L(i, j)；
40.	Bt＝B(i, j)；
41.	[xt, yt, zt]＝LBH2XYZ(Lt, Bt, Ht)；　　%将经、纬度转换为平面坐标
42.	%计算每一点的定位误差
43.	%目标辐射源到卫星的距离，单位为 m
44.	r1＝sqrt(power(xt－x1, 2)＋power(yt－y1, 2)＋power(zt－z1, 2))； 　%目标到主星的距离
45.	r2＝sqrt(power(xt－x2, 2)＋power(yt－y2, 2)＋power(zt－z2, 2))； 　%目标到辅星 1 的距离
46.	r3＝sqrt(power(xt－x3, 2)＋power(yt－y3, 2)＋power(zt－z3, 2))； 　%目标到辅星 2 的距离
47.	%构造 C
48.	f1x＝(xt－x2)/r2－(xt－x1)/r1；
49.	f1y＝(yt－y2)/r2－(yt－y1)/r1；
50.	f1z＝(zt－z2)/r2－(zt－z1)/r1；
51.	f2x＝(xt－x3)/r3－(xt－x1)/r1；
52.	f2y＝(yt－y3)/r3－(yt－y1)/r1；
53.	f2z＝(zt－z3)/r3－(zt－z1)/r1；
54.	%计算误差
55.	%方法一：不考虑曲率半径的影响及高程误差，求 f3x、f3y、f3z
56.	%计算目标当地卯酉圈的曲率半径
57.	% WGS84 椭球体模型的常数
58. %	aAxis＝6378137；
59. %	e1＝0.00669437999013；%地球椭圆的第一偏心率的平方
60. %	Nt＝aAxis/sqrt(1.0 － e1 * power(sin(Bt), 2))；
61. %	Edd＝[dTheta^2, 0, 0; 0, dTheta^2, 0; 0, 0, 0]；
62. % %	C＝[f1x, f1y, f1z; f2x, f2y, f2z; 2 * xt/((Nt＋Ht)^2), 2 * yt/(((Nt＋Ht)^2), 2 * zt/(((Nt * (1－e1)＋Ht)^2))]；
63. %	C＝[f1x, f1y, f1z; f2x, f2y, f2z; 2 * xt, 2 * yt, 2 * zt]；
64. %	invC＝pinv(C)；
65. %	GDOP＝sqrt(trace(invC * Edd * invC'))；
66. %	Rcep(i, j)＝0.75 * GDOP；　　%单位为 m
67.	%方法二：考虑曲率半径的影响及高程误差
68.	Edd＝[dTheta^2, 0, 0; 0, dTheta^2, 0; 0, 0, dH^2]；
69.	J1＝[f1x, f1y, f1z; f2x, f2y, f2z]；
70.	J2＝fJ2(Lt, Bt, Ht)；
71.	J＝[J1 * J2; 0, 0, 1]；
72.	invJ＝pinv(J)；
73.	GDOP＝sqrt(trace(J2 * invJ * Edd * invJ' * J2'))；
74.	Rcep(i, j)＝0.75 * GDOP；　　%单位为 m
75.	%方法三：CRLB

```
76.                %计算目标当地卯酉圈的曲率半径
77.                % WGS84 椭球体模型的常数
78. %                aAxis＝6378137；
79. %                e1＝0.00669437999013；%地球椭圆的第一偏心率的平方
80. %                Nt＝aAxis/sqrt(1.0 － e1 * power(sin(Bt)，2))；
81. %                Edd＝[dTheta^2，0，0；0，dTheta^2，0；0，0，dH^2]；
82. %                J1＝[f1x，f1y，f1z；f2x，f2y，f2z]；
83. %                J2＝fJ2(Lt * pi/180，Bt * pi/180，Ht)；    %注意输入单位为弧度
84. %                J＝[J1 * J2；0，0，1]；
85. %                invJ＝pinv(J)；
86. %                CRLB＝invJ * Edd * invJ'；
87. %                GDOP＝sqrt((Nt＋Ht)^2 * (CRLB(1，1)＋CRLB(2，2))＋CRLB(3，
         3))；
88. %                Rcep(i，j)＝0.75 * GDOP；    %单位为 m
89.          end
90.       end
91. end
```

3. 三星时差圆概率定位误差仿真

三星时差圆概率定位误差仿真包括卫星轨道高度对定位精度的影响、时差测量误差对定位精度的影响、在同一轨道高度处不同卫星星座构型对定位精度的影响。

1）卫星轨道高度对定位精度的影响

卫星轨道高度对定位精度的影响的代码如下：

```
1. % －－－－－PlotOptDeploy_tb1_v2.m
2. % zengfeng 2023.02.13
3. %三星时差圆概率定位误差仿真
4. %仿真一：卫星轨道高度对定位精度的影响
5. %三星呈正三角形分布，卫星相距 100 km
6. %卫星轨道高度分别为 550 km、800 km
7. %时差测量误差为 58.3ns
8. clc
9. clear
10. close all
11. %低轨 1
12. H1＝550 * 1000；
13. OptS1＝[0，0，H1，　0.8270，0，H1，0.4135，0.7207，H1]；
14. %低轨 2
15. H2＝800 * 1000；
16. OptS2＝[0，0，H1，　0.7982，0，H1，0.3991，0.6954，H1]；
17. %时差测量误差
18. TDOAAccuracy＝58.3 * 10^(－9)；
```

```
19. %辐射源高程
20. Ht=0;
21. %高程测量误差
22. dH=0;
23. %计算三种情况的误差分布图
24. [L1,B1,Rcep1]=PlotOptDeploy(OptS1,TDOAAccuracy,Ht,dH);
25. [L2,B2,Rcep2]=PlotOptDeploy(OptS2,TDOAAccuracy,Ht,dH);
26. S11=[OptS1(1),OptS1(2),OptS1(3)];
27. S12=[OptS1(4),OptS1(5),OptS1(6)];
28. S13=[OptS1(7),OptS1(8),OptS1(9)];
29. S21=[OptS2(1),OptS2(2),OptS2(3)];
30. S22=[OptS2(4),OptS2(5),OptS2(6)];
31. S23=[OptS2(7),OptS2(8),OptS2(9)];
32. figure(1)
33. contour(L1,B1,Rcep1/1000,'ShowText','on');
34. title('圆概率定位误差(km)卫星轨道高度为550 km');
35. xlabel('经度/(°)');
36. ylabel('纬度/(°)');
37. hold on
38. plot(S11(1),S11(2),'*r');      % 单位为 km
39. hold on
40. plot(S12(1),S12(2),'*r');
41. hold on
42. plot(S13(1),S13(2),'*r');
43. figure(2)
44. contour(L2,B2,Rcep2/1000,'ShowText','on');
45. title('圆概率定位误差(km) 卫星轨道高度为800 km');
46. xlabel('经度/(°)');
47. ylabel('纬度/(°)');
48. hold on
49. plot(S21(1),S21(2),'*r');      % 单位为 km
50. hold on
51. plot(S22(1),S22(2),'*r');
52. hold on
53. plot(S23(1),S23(2),'*r');
54.
55. figure(3)
56. contour(L1,B1,Rcep1/1000,[0.5,1],'ShowText','on','color','r','linewidth',1);
57. hold on
58. contour(L2,B2,Rcep2/1000,[0.5,1],'ShowText','on','LineStyle','--','color',
    'k','linewidth',1);
59. title('不同卫星轨道高度的圆概率定位误差(km)');
```

```
60.  xlabel('经度/(°)');
61.  ylabel('纬度/(°)');
62.  hold on
63.  plot(S21(1),S21(2),'*r');    % 单位为 km
64.  hold on
65.  plot(S22(1),S22(2),'*r');
66.  hold on
67.  plot(S23(1),S23(2),'*r');
68.  legend('卫星轨道高度为 550 km','卫星轨道高度为 800 km');
69.  axis equal    %坐标轴一致
```

2) 时差测量误差对定位精度的影响

时差测量误差对定位精度的影响的代码如下：

```
1.   % -----PlotOptDeploy_tb2.m
2.   % zengfeng 2023.02.13
3.   %三星时差圆概率定位误差仿真
4.   %仿真二：时差测量误差对定位精度的影响
5.   %三星呈正三角形分布,卫星相距 100 km
6.   %卫星轨道高度为 800 km
7.   %时差测量误差分别为 40ns、58.3ns
8.   clc
9.   clear
10.  close all
11.  %低轨
12.  H1=800*1000;
13.  OptS1=[0,0,H1,    0.7982,0,H1,0.3991,0.6954,H1];
14.  %时差测量误差
15.  TDOAAccuracy1=40*10^(-9);
16.  TDOAAccuracy2=58.3*10^(-9);
17.  %辐射源高程
18.  Ht=0;
19.  %高程测量误差
20.  dH=0;
21.  %计算三种情况的误差分布图
22.  [L1,B1,Rcep1]=PlotOptDeploy(OptS1,TDOAAccuracy1,Ht,dH);
23.  [L2,B2,Rcep2]=PlotOptDeploy(OptS1,TDOAAccuracy2,Ht,dH);
24.  S11=[OptS1(1),OptS1(2),OptS1(3)];
25.  S12=[OptS1(4),OptS1(5),OptS1(6)];
26.  S13=[OptS1(7),OptS1(8),OptS1(9)];
27.  figure(1)
28.  contour(L1,B1,Rcep1/1000,'ShowText','on');
```

```
29. title('圆概率定位误差(km) 40ns');
30. xlabel('经度/(°)');
31. ylabel('纬度/(°)');
32. hold on
33. plot(S11(1),S11(2),'*r');      % 单位为 km
34. hold on
35. plot(S12(1),S12(2),'*r');
36. hold on
37. plot(S13(1),S13(2),'*r');
38. figure(2)
39. contour(L2,B2,Rcep2/1000,'ShowText','on');
40. title('圆概率定位误差(km) 58.3ns');
41. xlabel('经度/(°)');
42. ylabel('纬度/(°)');
43. hold on
44. plot(S11(1),S11(2),'*r');      % 单位为 km
45. hold on
46. plot(S12(1),S12(2),'*r');
47. hold on
48. plot(S13(1),S13(2),'*r');
```

3) 在同一轨道高度处不同卫星星座构型对定位精度的影响

在同一轨道高度处不同卫星星座构型对定位精度的影响的代码如下:

```
1.  % −−−−−PlotOptDeploy_tb3.m
2.  % zengfeng 2023.02.13
3.  %三星时差圆概率定位误差仿真
4.  %仿真三: 在同一轨道高度处不同卫星星座构型对定位精度的影响
5.  %三星分别呈直线、钝角三角形、等边三角形分布
6.  %卫星轨道高度为 800 km
7.  %时差测量误差为 58.3ns
8.  clc
9.  clear
10. close all
11. %低轨
12. %直线
13. OptS1=[0,0,800*1000,   0.7982,0,800*1000,1.5964,0,800*1000];
14. %等边三角形
15. OptS2=[0,0,800*1000,   0.7982,0,800*1000,0.3991,0.6954,800*1000];
16. %钝角三角形
17. OptS3=[0,0,800*1000,   0.7982,0,800*1000,0.3991,0.6954/2,800*1000];
18. %时差测量误差
```

19. TDOAAccuracy＝58.3 * 10^(－9)；

20. %辐射源高程

21. Ht＝0；

22. %高程测量误差

23. dH＝0；

24. %计算三种情况的误差分布图

25. [L1，B1，Rcep1]＝PlotOptDeploy(OptS1，TDOAAccuracy，Ht，dH)；

26. [L2，B2，Rcep2]＝PlotOptDeploy(OptS2，TDOAAccuracy，Ht，dH)；

27. [L3，B3，Rcep3]＝PlotOptDeploy(OptS3，TDOAAccuracy，Ht，dH)；

28. S11＝[OptS1(1)，OptS1(2)，OptS1(3)]；

29. S12＝[OptS1(4)，OptS1(5)，OptS1(6)]；

30. S13＝[OptS1(7)，OptS1(8)，OptS1(9)]；

31. S21＝[OptS2(1)，OptS2(2)，OptS2(3)]；

32. S22＝[OptS2(4)，OptS2(5)，OptS2(6)]；

33. S23＝[OptS2(7)，OptS2(8)，OptS2(9)]；

34. S31＝[OptS3(1)，OptS3(2)，OptS3(3)]；

35. S32＝[OptS3(4)，OptS3(5)，OptS3(6)]；

36. S33＝[OptS3(7)，OptS3(8)，OptS3(9)]；

37. figure(1)

38. contour(L1，B1，Rcep1/1000，'ShowText'，'on')；

39. title('圆概率定位误差(km) 直线')；

40.　xlabel('经度/(°)')；

41.　ylabel('纬度/(°)')；

42. hold on

43. plot(S11(1)，S11(2)，'*r')；　% 单位为 km

44. hold on

45. plot(S12(1)，S12(2)，'*r')；

46. hold on

47. plot(S13(1)，S13(2)，'*r')；

48. figure(2)

49. contour(L2，B2，Rcep2/1000，'ShowText'，'on')；

50. title('圆概率定位误差(km) 等边三角形')；

51. xlabel('经度/(°)')；

52. ylabel('纬度/(°)')；

53. hold on

54. plot(S21(1)，S21(2)，'*r')；　% 单位为 km

55. hold on

56. plot(S22(1)，S22(2)，'*r')；

57. hold on

58. plot(S23(1)，S23(2)，'*r')；

59. figure(3)

```
60. contour(L3，B3，Rcep3/1000，'ShowText'，'on');
61. title('圆概率定位误差（km）钝角三角形');
62.  xlabel('经度/(°)');
63.  ylabel('纬度/(°)');
64. hold on
65. plot(S31(1)，S31(2)，'∗r');   %单位为 km
66. hold on
67. plot(S32(1)，S32(2)，'∗r');
68. hold on
69. plot(S33(1)，S33(2)，'∗r');
```

7.6 相位差变化率定位体制

与多站组网定位不同，单站运动平台通过多次测量同一辐射信号到达的相位差可以实现对辐射源的定位。由于只需要单站，因此这种定位体制具有机动灵活、无需组网、抗毁能力强、系统运行成本低等优点。

本节主要介绍利用相位差变化率的机载单站无源定位体制及其误差分析[30]。

7.6.1 定位模型

利用机载平台上携带的二元天线阵（干涉仪），可以获得辐射源的相位 $\phi(t)$ 及其时间变化率 $\dot{\phi}(t)$。

如图 7-26 所示，设机载平台上的两个天线阵元 E_a 和 E_b 接收到的来波信号相位差为 $\phi(t)$，则

$$\phi(t) = \frac{2\pi d}{c} f_T \sin[\beta(t) - \alpha(t)] + \phi_0 \tag{7-181}$$

式中，d 为阵元间距（即干涉仪基线长）；c 为光速；f_T 为来波信号的频率；$\beta(t)$ 为来波信号的方位角；$\alpha(t)$ 为 E_a 和 E_b 连线的垂直方向 $\boldsymbol{n}$（称为天线方向）的方位角，即干涉仪的姿态角；ϕ_0 为干涉仪两个接收机通道间的幅度/相位不一致给鉴相器带来的未知固定相移。

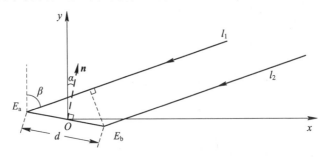

图 7-26 二单元干涉仪接收来波信号相位差示意图

考虑到飞机的飞行高度远远小于飞机与辐射源之间的距离，则俯仰角可以忽略，即该问题可以近似为二维平面定位问题。假设 d 远远小于飞机与辐射源之间的距离，则可以认

为辐射电磁波满足远场条件，即天线阵元 E_a 和 E_b 捕获的辐射源来波方向是平行的，亦即 $l_1 /\!/ l_2$。

对式(7-181)求导，可以得到

$$\dot{\phi}(t) = \frac{2\pi d}{c} f_T \left[\dot{\beta}(t) - \dot{\alpha}(t)\right] \cos\left[\beta(t) - \alpha(t)\right] \tag{7-182}$$

式中，$\dot{\phi}(t) = \dfrac{\mathrm{d}\phi(t)}{\mathrm{d}t}$ 为相位差随时间的变化率，$\dot{\beta}(t) = \dfrac{\mathrm{d}\beta(t)}{\mathrm{d}t}$ 为来波方位角变化率，$\dot{\alpha}(t) = \dfrac{\mathrm{d}\alpha(t)}{\mathrm{d}t}$ 为姿态角变化率。

如果基线比半波长要长($d > \lambda/2$)，实际测量得到的相位差 $\phi_a(t) \in [0, 2\pi)$，就存在相位模糊现象，此时

$$\phi(t) = \phi_a(t) + 2k\pi \tag{7-183}$$

式中，k 为未知整数。

可以用相位差变化率去除模糊，此方法示意图如图 7-27 所示。由于相位差变化率是对时间 t 的变化率，如果在相邻采样的短时间内，目标相对运动变化的角度非常小，则该角度变化引起的相位脉冲之间的相位差变化 $\dot{\phi}(t)$ 也很小。如果某相邻时刻发生大的相位跳变，则可以判断其发生了一次 2π 跳变，从而可以设法修正得到无跳变的相位差序列：

$$\phi_b(t) = \phi(t) - 2m\pi \tag{7-184}$$

式中，m 为未知整数。

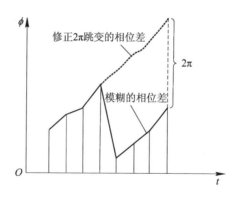

图 7-27　用相位差变化率去除模糊方法示意图

虽然相位差序列 $\phi_b(t)$ 仍然可能存在模糊，但与 $\phi_a(t)$ 相比，$\phi_b(t)$ 是平滑的。因此，可以得到

$$\phi(t) = \phi_b(t) \tag{7-185}$$

式(7-185)表明，通过逻辑判断和滤波方法可以消除相邻采样时刻相位差变化率的 2π 模糊，从而得到无模糊的相位差变化率。因此后面考虑的相位差变化率均为已正确解模糊的相位差变化率。

在 $t = t_k$ 时刻对式(7-182)进行采样，可以得到 t_k 时刻的相位差变化率为

$$\dot{\phi}_k = \frac{2\pi d}{c} f_T (\dot{\beta}_k - \dot{\alpha}_k) \cos(\beta_k - \alpha_k) \tag{7-186}$$

即

$$\dot{\phi}_k = \frac{2\pi d}{c} f_{\mathrm{T}} (\dot{\beta}_k - \dot{\alpha}_k)(\cos\beta_k \cos\alpha_k + \sin\beta_k \sin\alpha_k) \tag{7-187}$$

假设辐射源的位置为 (x, y)，t_k 时刻观测器的位置为 (x_{ok}, y_{ok})，则由几何关系可知

$$\beta_k = \tan^{-1} \frac{x - x_{ok}}{y - y_{ok}} \tag{7-188}$$

对时间求导得

$$\dot{\beta}_k = \frac{\mathrm{d}\beta_k}{\mathrm{d}t} = \frac{-\dot{x}_{ok}(y - y_{ok}) + \dot{y}_{ok}(x - x_{ok})}{(x - x_{ok})^2 + (y - y_{ok})^2} \tag{7-189}$$

将式(7-189)代入式(7-187)得

$$\dot{\phi}_k = \frac{2\pi d}{c} f_{\mathrm{T}} \left[\frac{-\dot{x}_{ok}(y - y_{ok}) + \dot{y}_{ok}(x - x_{ok})}{(x - x_{ok})^2 + (y - y_{ok})^2} - \dot{\alpha}_k \right] \cdot$$

$$\left[\frac{(y - y_{ok})\cos\alpha_k + (x - x_{ok})\sin\alpha_k}{\sqrt{(x - x_{ok})^2 + (y - y_{ok})^2}} \right] \xlongequal{\mathrm{def}} f_k(x, y) \tag{7-190}$$

由式(7-190)可知 $\dot{\phi}_k$ 是辐射源位置 $\boldsymbol{X} = [x\ y]^{\mathrm{T}}$ 的非线性函数，记为 $f_k(x, y)$，理论上由两个不同时刻的相位差变化率 $\dot{\phi}_k$ 解非线性方程组即可得出目标的位置。但是通常 $\dot{\phi}_k$ 具有测量误差 $\delta\dot{\phi}_k$，因此，相位差变化率测量值为

$$\dot{\phi}_k = f_k(x, y) + \delta\dot{\phi}_k, \quad k = 1, 2, \cdots, K \tag{7-191}$$

在观测器飞行过程中，一般可以连续测量得到多个时刻的相位差变化率，此时可以采用非线性最小二乘、扩展卡尔曼滤波(EKF)等非线性跟踪滤波方法求解目标位置，也可以构建代价函数，采用通过网格搜索直接寻找代价函数最小点的方法搜索目标位置。

7.6.2　定位精度分析

对定位方程(7-190)求导，得

$$\mathrm{d}\dot{\phi}_k = \mathrm{d}f_k(x, y) = \frac{\partial f_k(x, y)}{\partial x} \mathrm{d}x + \frac{\partial f_k(x, y)}{\partial y} \mathrm{d}y \tag{7-192}$$

其中，$k = 1, 2, \cdots, K$。令

$$\frac{\partial f_k(x, y)}{\partial x} \xlongequal{\mathrm{def}} \frac{\partial f_k}{\partial x} \tag{7-193}$$

$$\frac{\partial f_k(x, y)}{\partial y} \xlongequal{\mathrm{def}} \frac{\partial f_k}{\partial y} \tag{7-194}$$

则式(7-192)写为矩阵的形式有

$$\begin{bmatrix} \mathrm{d}f_1 \\ \mathrm{d}f_2 \\ \vdots \\ \mathrm{d}f_K \end{bmatrix} = \begin{bmatrix} \dfrac{\partial f_1}{\partial x} & \dfrac{\partial f_1}{\partial y} \\[2mm] \dfrac{\partial f_2}{\partial x} & \dfrac{\partial f_2}{\partial y} \\ \vdots & \vdots \\ \dfrac{\partial f_K}{\partial x} & \dfrac{\partial f_K}{\partial y} \end{bmatrix} \begin{bmatrix} \mathrm{d}x \\ \mathrm{d}y \end{bmatrix} \tag{7-195}$$

令

$$\begin{bmatrix} \mathrm{d}f_1 \\ \mathrm{d}f_2 \\ \vdots \\ \mathrm{d}f_K \end{bmatrix} = \mathrm{d}\boldsymbol{\theta} \tag{7-196}$$

$$\begin{bmatrix} \dfrac{\partial f_1}{\partial x} & \dfrac{\partial f_1}{\partial y} \\[2mm] \dfrac{\partial f_2}{\partial x} & \dfrac{\partial f_2}{\partial y} \\[2mm] \vdots & \vdots \\[2mm] \dfrac{\partial f_K}{\partial x} & \dfrac{\partial f_K}{\partial y} \end{bmatrix} = \boldsymbol{C} \tag{7-197}$$

$$\begin{bmatrix} \mathrm{d}x \\ \mathrm{d}y \end{bmatrix} = \mathrm{d}\boldsymbol{X} \tag{7-198}$$

则

$$\mathrm{d}\boldsymbol{\theta} = \boldsymbol{C}\mathrm{d}\boldsymbol{X} \tag{7-199}$$

$$\mathrm{d}\boldsymbol{X} = \boldsymbol{C}^{-1}\mathrm{d}\boldsymbol{\theta} \tag{7-200}$$

定位误差协方差矩阵为

$$\boldsymbol{P}_{\mathrm{d}\boldsymbol{X}} = E[\mathrm{d}\boldsymbol{X}\mathrm{d}\boldsymbol{X}^{\mathrm{T}}] = \boldsymbol{C}^{-1}E[\mathrm{d}\boldsymbol{\theta}\mathrm{d}\boldsymbol{\theta}^{\mathrm{T}}](\boldsymbol{C}^{-1})^{\mathrm{T}} \tag{7-201}$$

当相位差变化率的测量误差服从零均值的高斯分布，且每次测量误差之间相互独立时，$E[\mathrm{d}\boldsymbol{\theta}\,\mathrm{d}\boldsymbol{\theta}^{\mathrm{T}}] = \begin{bmatrix} \sigma^2 & \cdots & 0 \\ \vdots & & \vdots \\ 0 & \cdots & \sigma^2 \end{bmatrix}$，$\sigma^2$ 为相位差变化率的测量误差的方差。因此，定位误差几何精度衰减因子为

$$\mathrm{GDOP} = \sqrt{\mathrm{tr}(\boldsymbol{P}_{\mathrm{d}\boldsymbol{X}})} \tag{7-202}$$

圆概率定位误差为

$$R_{\mathrm{CEP}} = 0.75 \times \mathrm{GDOP} \tag{7-203}$$

接下来计算 $\boldsymbol{C}$。令

$$\sqrt{(x-x_{ok})^2 + (y-y_{ok})^2} = R \tag{7-204}$$

$$\frac{-\dot{x}_{ok}(y-y_{ok}) + \dot{y}_{ok}(x-x_{ok})}{(x-x_{ok})^2 + (y-y_{ok})^2} - \dot{\alpha}_k = g_1(x, y) \tag{7-205}$$

$$\frac{(y-y_{ok})\cos\alpha_k + (x-x_{ok})\sin\alpha_k}{\sqrt{(x-x_{ok})^2 + (y-y_{ok})^2}} = g_2(x, y) \tag{7-206}$$

则式(7-190)对 x 求偏导得

$$\frac{\partial f_k}{\partial x} \cdot \frac{c}{2\pi d f_{\mathrm{T}}} = \frac{\partial g_1(x, y)}{\partial x} g_2(x, y) + g_1(x, y) \frac{\partial g_2(x, y)}{\partial x} \tag{7-207}$$

其中：

$$\frac{\partial g_1(x, y)}{\partial x} = \frac{\dot{y}_{ok}R^2 + 2[\dot{x}_{ok}(y - y_{ok}) - \dot{y}_{ok}(x - x_{ok})](x - x_{ok})}{R^4} \qquad (7-208)$$

$$\frac{\partial g_2(x, y)}{\partial x} = \frac{\sin\alpha_k R^2 - [(y - y_{ok})\cos\alpha_k + (x - x_{ok})\sin\alpha_k](x - x_{ok})}{R^3} \qquad (7-209)$$

同样地，式(7-190)对 y 求偏导得

$$\frac{\partial f_k}{\partial y} \cdot \frac{c}{2\pi d f_T} = \frac{\partial g_1(x, y)}{\partial y}g_2(x, y) + g_1(x, y)\frac{\partial g_2(x, y)}{\partial y} \qquad (7-210)$$

其中：

$$\frac{\partial g_1(x, y)}{\partial y} = \frac{-\dot{x}_{ok}R^2 + 2[\dot{x}_{ok}(y - y_{ok}) - \dot{y}_{ok}(x - x_{ok})](y - y_{ok})}{R^4} \qquad (7-211)$$

$$\frac{\partial g_2(x, y)}{\partial y} = \frac{\cos\alpha_k R^2 - [(y - y_{ok})\cos\alpha_k + (x - x_{ok})\sin\alpha_k](y - y_{ok})}{R^3} \qquad (7-212)$$

7.6.3　定位精度仿真

运动平台相位差变化率定位精度与相位差变化率的测量误差、测量时间、干涉仪安装方式、运动平台运动轨迹均有关。下面对不同情况下圆概率定位误差分布情况进行仿真分析。

1. 相位差变化率的测量误差对定位精度的影响

假定：观测器载机从原点(0,0)出发，以1马赫(1马赫=340.3 m/s)的速度沿 x 轴飞行，在载机上装有一个 $d = 6$ m 的长基线干涉仪；辐射源的频率 $f_T = 8$ GHz，观测器每隔 $T_s = 0.01$ s 测量一次相位差变化率，测量总时间为 T 的相位差变化率数据；相位差变化率的测量误差服从零均值的高斯分布，且每次测量误差之间相互独立时，相位差变化率的测量误差标准差为 $\sigma_{\dot{\phi}}$。计算对于地面[-400, 400](单位：km)范围内的每一个位置辐射源的定位误差，并绘制圆概率定位误差等高线图。

场景1　如图7-28所示，观测器沿 x 轴方向匀速直线飞行，定位过程姿态不发生变

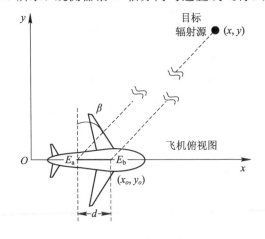

图 7-28　场景 1 示意图

化，且干涉仪安装于机身方向，即运动方向和干涉仪基线方向相同。

在场景 1 下，任意 t_k 时刻 $\alpha = 0$，则 $\dot{\alpha}_k = 0$。又目标辐射源的位置为 (x, y)，观测器的位置为 $(x_{ok}, y_{ok}) = (vt, 0)$，故式（7-190）可写为

$$\dot{\phi}_k = \frac{2\pi d f_T}{c} \cdot \frac{-vy^2}{[(x-vt)^2 + y^2]^{\frac{3}{2}}} \overset{\text{def}}{=\!=} f_k(x, y) \tag{7-213}$$

则

$$\frac{\partial f_k}{\partial x} = \frac{2\pi d f_T}{c} \cdot \frac{3vy^2(x-vt)}{[(x-vt)^2 + y^2]^{\frac{5}{2}}} \tag{7-214}$$

$$\frac{\partial f_k}{\partial y} = \frac{2\pi d f_T}{c} \cdot \frac{-2vy[(x-vt)^2 + y^2] + 3vy^3}{[(x-vt)^2 + y^2]^{\frac{5}{2}}} \tag{7-215}$$

在场景 1 下，设 $T = 30$ s，分别对相位差变化率的测量误差标准差 $\sigma_{\dot{\phi}1} = 5(°)/s$ 和 $\sigma_{\dot{\phi}2} = 8(°)/s$ 进行仿真。该情况下圆概率定位误差分布图如图 7-29 所示，其中心的一小截短线为观测器运动轨迹。

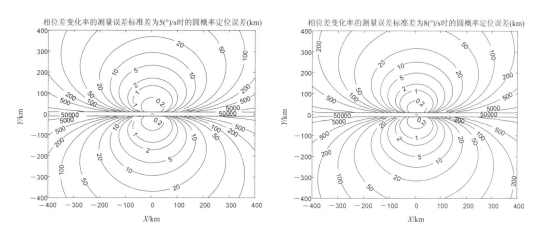

图 7-29　观测器沿 x 轴方向匀速直线飞行时相位差变化率的测量误差的圆概率定位误差分布图

由仿真结果可知，观测器沿 x 轴方向匀速直线飞行时，在飞行直线附近定位误差很大，在飞行直线上无法定位，因为该线上相位差变化率为 0。在其他条件相同的情况下，相位差变化率的测量误差越小，定位精度越高。

2. 测量时间对定位精度的影响

在场景 1 下，设相位差变化率的测量误差标准差 $\sigma_{\dot{\phi}1} = 5(°)/s$，分别对测量总时间 $T = 10$ s 和 $T = 30$ s 进行仿真。该情况下圆概率定位误差分布图如图 7-30 所示。

由仿真结果可知，在其他条件相同的情况下，测量总时间越长，定位精度越高。

3. 干涉仪安装方式对定位精度的影响

场景 2　如图 7-31 所示，观测器运动与场景 1 相同，但干涉仪安装于机翼方向，即运动方向和干涉仪基线方向垂直。设 $T = 30$ s、相位差变化率的测量误差标准差 $\sigma_{\dot{\phi}1} = 5(°)/s$。

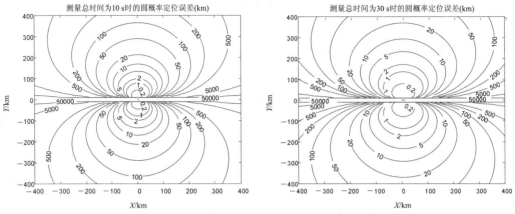

图 7-30　观测器沿 x 轴方向匀速直线飞行时不同测量总时间的圆概率定位误差分布图

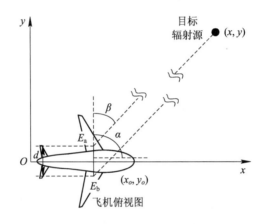

图 7-31　场景 2 示意图

在场景 2 下，任意 t_k 时刻 $\alpha=90°$，则 $\dot{\alpha}_k=0$。又目标辐射源的位置为 (x, y)，观测器的位置为 $(x_{ok}, y_{ok})=(vt, 0)$，故式 $(7-190)$ 可写为

$$\dot{\phi}_k=\frac{2\pi d}{c}f_{\mathrm{T}}\frac{-vy(x-vt)}{\left[(x-vt)^2+y^2\right]^{\frac{3}{2}}}\overset{\text{def}}{=\!=}f_k(x, y) \qquad (7-216)$$

则

$$\frac{\partial f_k}{\partial x}=\frac{2\pi d f_{\mathrm{T}}}{c}\cdot\frac{-vy\left[(x-vt)^2+y^2\right]+3vy(x-vt)^2}{\left[(x-vt)^2+y^2\right]^{\frac{5}{2}}} \qquad (7-217)$$

$$\frac{\partial f_k}{\partial y}=\frac{2\pi d f_{\mathrm{T}}}{c}\cdot\frac{-v(x-vt)\left[(x-vt)^2+y^2\right]+3vy^2(x-vt)}{\left[(x-vt)^2+y^2\right]^{\frac{5}{2}}} \qquad (7-218)$$

不同干涉仪安装方式的圆概率定位误差分布图如图 7-32 所示，其中心的一小截短线为观测器运动轨迹。

由仿真结果可知，在其他条件相同的情况下，干涉仪垂直于机身的圆概率定位误差等高线相对于干涉仪平行于机身的更加扁平。

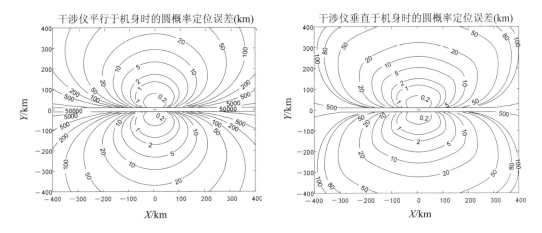

图 7 - 32　观测器沿 x 轴方向匀速直线飞行时不同干涉仪安装方式的圆概率定位误差分布图

4. 运动平台运动轨迹对定位精度的影响

场景 3　观测器沿 x 轴方向蛇形机动飞行，转弯半径 $R_1 = 20$ km，蛇形机动飞行时间 $T_p = 30$ s，如图 7 - 33 所示（图中每一段弯曲都是半径为 R_1 的圆弧，两个圆弧相切）；干涉仪安装于机身方向，即运动方向和干涉仪基线方向相同。相位差变化率的测量误差标准差 $\sigma_{\dot{\phi}1} = 5(°)/\mathrm{s}$。

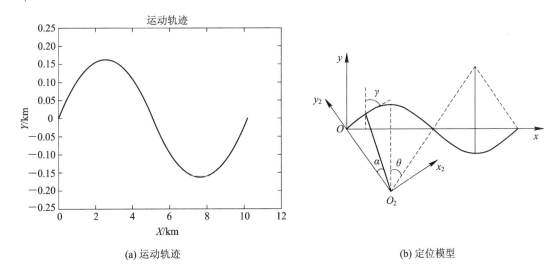

(a) 运动轨迹　　　　　　　　　　　　　　(b) 定位模型

图 7 - 33　观测器沿 x 轴方向蛇形机动飞行轨迹图

场景 4　观测器运动与场景 3 相同，但干涉仪安装于机翼方向，即运动方向和干涉仪基线方向垂直。相位差变化率的测量误差标准差 $\sigma_{\dot{\phi}1} = 5(°)/\mathrm{s}$。

场景 5　观测器运动与场景 3 相同，但干涉仪安装方向介于机身方向和机翼方向之间，例如与机身夹角 $\alpha = 45°$。相位差变化率的测量误差标准差 $\sigma_{\dot{\phi}1} = 5(°)/\mathrm{s}$。

在场景 3、场景 4、场景 5 中观测器运动发生了姿态摆动变化，轨迹与场景 1 和场景 2

基本相同。观测器沿 x 轴方向蛇形机动飞行时不同干涉仪安装方式的圆概率定位误差分布图如图 7-34 所示。

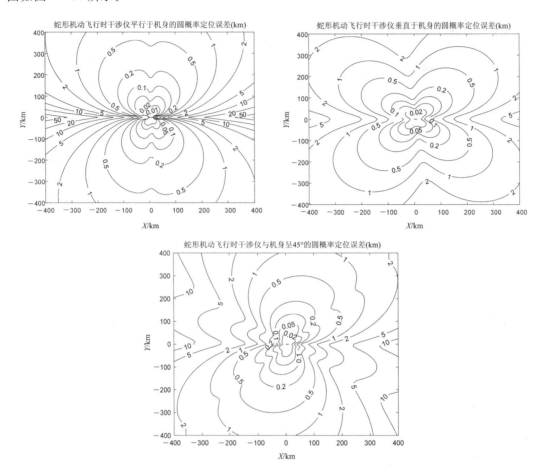

图 7-34　观测器沿 x 轴方向蛇形机动飞行时不同干涉仪安装方式的圆概率定位误差分布图

由仿真结果可知,蛇形机动飞行的定位精度明显优于直线飞行,蛇形机动飞行时干涉仪垂直于机身的圆概率定位误差等高线相较于干涉仪平行于机身的也更加扁平。

7.6.4　定位精度仿真的 MATLAB 程序实现示例

本小节提供了 7.6.3 小节中定位精度仿真的 MATLAB 程序实现示例,供读者参考。

1. 场景 1 圆概率定位误差分布实现代码

场景 1 圆概率定位误差分布实现代码如下:

```
1.  % ————Scene1. m
2.  % zengfeng 2023.09.15
3.  %相位差变化率定位误差分析
4.  %场景 1:观测器沿 x 方向匀速直线飞行,干涉仪安装于机身方向
5.  %假定观测器载机从原点(0,0)出发,
6.  %以马赫数为 1(1 马赫=340.3m/s)的速度沿 x 轴飞行,在载机上装有一个 d=6m 的
```

7.　%长基线干涉仪

8.　%假定辐射源的频率 f_T＝8 GHz，测量总时间为 T

9.　%观测器每隔 T_s＝0.01s 测量一次相位差变化率

10.　%假定相位差变化率的测量误差是零均值高斯白噪声，其标准差为 dPhi

11.

12.　%仿真一：T＝30s，相位差变化率的测量误差标准差 dPhi 分别为 5(°)/s 和 8(°)/s

13.　%仿真二：相位差变化率的测量误差标准差 dPhi 为 5(°)/s，测量总时间 T 分别为 10s 和 30s

14.

15.　clc

16.　clear

17.　close all

18.　%输入

19.　v＝340.3；　　　　　%观测器飞行速度（m/s）

20.　d＝6；　　　　　　　%基线长度(m)

21.　f_T＝8e9；　　　　　%辐射源频率(Hz)

22.　T_s＝0.01；　　　　 %信号采样间隔

23.　dPhi＝5；　　　　　 %相位差变化率的测量误差标准差((°)/s)

24.　AllTime＝30；　　　 % 信号持续时间(s)

25.

26.　dPhaseAccuracy＝dPhi * pi/180；　　 %转换为弧度

27.　fs＝1/T_s；　　　　　　　　　　　　 %信号采样频率

28.　N＝AllTime * fs；　　　　　　　　　 %信号采样次数

29.　t＝(1：1：N) * T_s；　　　　　　　　%规定 0 时刻为观测器出发点

30.

31.　Vc＝3e8；　　　　　　　　　　　　　 %光速(m/s)

32.　Edd＝eye(N). * (dPhaseAccuracy^2)；

33.　fx＝zeros(N，1)；fy＝zeros(N，1)；

34.　% k 为站点的编号

35.　step＝10 * 1000；　　　　　 %步长为 10 km

36.　BandX＝800 * 1000；　　　　 %计算误差经度范围为[－400，400]，单位为 km

37.　BandY＝800 * 1000；　　　　 %计算误差纬度范围为[－400，400]，单位为 km

38.　Nobj＝BandX/step；　　　　　%目标辐射源的点数

39.　RCEP＝zeros(Nobj＋1，Nobj＋1)；

40.　**for** i＝1：Nobj＋1

41.　　　　**for** j＝1：Nobj＋1

42.　　　　　　xt＝(i－1－Nobj/2) * step；

43.　　　　　　yt＝(j－1－Nobj/2) * step；

44.　　　　　　%当 y＝0 时，在基线上，无法实现定位

45.　　　　　　**if** yt＝＝0

46.　　　　　　　　RCEP(i，j)＝inf；　　%单位为 m

```
47.        else
48.            for k=1: N
49.                R=(xt−v*k*T_s)^2+yt^2;
50.                fx(k)=2*pi*d*f_T/Vc*3*v*(yt^2)*(xt−v*k*T_s)/(R^2.5);
51.                fy(k)=   2*pi*d*f_T/Vc*(−2*v*yt*R+3*v*yt^3)/(R^2.5);
52.            end
53.            C=[fx, fy];
54.            invC=pinv(C);
55.            RCEP(i, j)=0.75*sqrt(trace(invC*Edd*invC'));
56.        end
57.    end
58. end
59. X=zeros(Nobj+1, Nobj+1);
60. Y=zeros(Nobj+1, Nobj+1);
61. for i=1: Nobj+1
62.    for j=1: Nobj+1
63.        X(i, j)=(i−1−Nobj/2)*step;
64.        Y(i, j)=(j−1−Nobj/2)*step;
65.    end
66. end
67. figure(1)
68. contour(X/1000, Y/1000, RCEP/1000, [0.2 1 2 5 10 20 50 100 200 500 5000 50000],
        'ShowText', 'on', 'color', 'k');
69. % title_txt={['相位差变化率的测量误差标准差为', num2str(dPhi), '(°)/s 时的圆概率
        定位误差(km)']}; % 仿真一
70. % title_txt={['测量总时间为', num2str(AllTime), 's 时的圆概率定位误差(km)']};
        % 仿真二
71. title_txt={'干涉仪平行于机身时的圆概率定位误差(km)'}; % 仿真三. 1
72. title(title_txt);
73. xlabel('X/km');
74. ylabel('Y/km');
75. %绘制观测器轨迹图
76. hold on
77. xs=v*T_s*(1: N)/1000; ys=0*(1: N);     %单位为 km
78. plot(xs, ys, 'r', 'LineWidth', 1);
```

2. 场景 2 圆概率定位误差分布实现代码

场景 2 圆概率定位误差分布实现代码如下：

```
1.  % −−−−−Scene2. m
2.  % zengfeng 2023. 02. 15
```

```
3.     %相位差变化率定位误差分析
4.     %场景 2：观测器沿 x 轴方向匀速直线飞行，干涉仪安装于机翼方向
5.     %假定观测器载机从原点(0，0)出发，以马赫数为 1(1 马赫－340.3 m/s)的速度沿 x 轴
6.     %飞行，在载机上装有一个 d＝6m 的长基线干涉仪
7.     %
8.     %假定辐射源的频率 f_T＝8 GHz
9.     %观测器每隔 T_s＝0.01s 测量一次相位差变化率，测量总时间 T＝30s 的相位差变化率
       数据
10.    %假定相位差变化率的测量误差是零均值高斯白噪声，其标准差为 5(°)/s
11.
12.    clc
13.    clear
14.    close all
15.    %输入
16.    v＝340.3；                  %观测器飞行速度（m/s）
17.    d＝6；                      %基线长度（m）
18.    f_T＝8e9；                  %辐射源频率（Hz）
19.    T_s＝0.01；                 %信号采样间隔
20.    dPhi＝5；                   %相位差变化率的测量误差标准差（(°)/s）
21.    AllTime＝30；               %信号持续时间(s)
22.
23.    dPhaseAccuracy＝dPhi * pi/180；   %转换为弧度
24.    fs＝1/T_s；                 %信号采样频率
25.    N＝AllTime * fs；           %信号采样次数
26.    t＝(1：1：N) * T_s；        %规定 0 时刻为观测器出发点
27.    Vc＝3e8；                   %光速(m/s)
28.    Edd＝eye(N). * (dPhaseAccuracy^2)；
29.    fx＝zeros(N，1)；fy＝zeros(N，1)；
30.    % k 为站点的编号
31.    step＝10 * 1000；           %步长为 10 km
32.    BandX＝800 * 1000；         %计算误差经度范围为[－400，400]，单位为 km
33.    BandY＝800 * 1000；         %计算误差纬度范围为[－400，400]，单位为 km
34.    Nobj＝BandX/step；          %目标辐射源的点数
35.    RCEP＝zeros(Nobj＋1，Nobj＋1)；
36.    for i＝1：Nobj＋1
37.        for j＝1：Nobj＋1
38.            xt＝(i－1－Nobj/2) * step；
39.            yt＝(j－1－Nobj/2) * step；
40.            %当 y＝0 时，在基线上，无法实现定位
41.            if yt＝＝0
42.                RCEP(i，j)＝inf；    %单位为 m
43.            else
44.                for k＝1：N
```

```
45.                    R=(xt-v*k*T_s)^2+yt^2;
46.                    fx(k)=2*pi*d*f_T/Vc*(-v*yt*R+3*v*yt*((xt-v*k*T
    _s)^2))/(R^2.5);
47.                    fy(k)=2*pi*d*f_T/Vc*(-v*(xt-v*k*T_s)*R+3*v*(yt^
    2)*(xt-v*k*T_s))/(R^2.5);
48.                end
49.                C=[fx,fy];
50.                invC=pinv(C);
51.                RCEP(i,j)=0.75*sqrt(trace(invC*Edd*invC'));
52.            end
53.        end
54. end
55. X=zeros(Nobj+1,Nobj+1);
56. Y=zeros(Nobj+1,Nobj+1);
57. for i=1:Nobj+1
58.     for j=1:Nobj+1
59.         X(i,j)=(i-1-Nobj/2)*step;
60.         Y(i,j)=(j-1-Nobj/2)*step;
61.     end
62. end
63. figure(1)
64. contour(X/1000,Y/1000,RCEP/1000,[0.2,1,2,5,10,20,50,80,100,500],
    'ShowText','on','color','k');
65. title_txt={'干涉仪垂直于机身时的圆概率定位误差(km)'};  % 仿真三.2
66. title(title_txt);
67. xlabel('X/km');
68. ylabel('Y/km');
69. %绘制观测器轨迹图
70. hold on
71. xs=v*T_s*(1:N)/1000;ys=0*(1:N);     % 单位为 km
72. plot(xs,ys,'r','LineWidth',1);
```

3. 场景 3 圆概率定位误差分布实现代码

场景 3 圆概率定位误差分布实现代码如下：

```
1.  % -----Scene3.m
2.  % zengfeng 2023.02.15
3.  %相位差变化率定位误差分析
4.  %场景 3：观测器沿 x 轴方向蛇形机动飞行，干涉仪安装于机身方向
5.  %假定观测器载机从原点(0,0)出发，以马赫数为 1(1 马赫=340.3m/s)的速度蛇形机
6.  %动飞行，在载机上装有一个 d=6m 的长基线干涉仪
7.  %
8.  %假定辐射源的频率 f_T=8 GHz
```

9.　%观测器每隔 T_s＝0.01s 测量一次相位差变化率,测量总时间 T＝30s 的相位差变化率数据

10.　%假定相位差变化率的测量误差是零均值高斯白噪声,其标准差为 5(°)/s

11.

12.　clc

13.　clear

14.　close all

15.　%输入

16.　v＝340.3;　　　　　　　　　%观测器飞行速度（m/s）

17.　d＝6;　　　　　　　　　　%基线长度(m)

18.　f_T＝8e9;　　　　　　　　% 辐射源频率(Hz)

19.　T_s＝0.01;　　　　　　　　%信号采样间隔

20.　dPhi＝5;　　　　　　　　　%相位差变化率的测量误差标准差((°)/s)

21.　AllTime＝30;　　　　　　　%信号持续时间

22.　R1＝20 * 1000;　　　　　　%蛇形机动飞行转弯半径(m)

23.　Tp＝30;　　　　　　　　　%蛇形机动飞行时间(s)

24.

25.　dPhaseAccuracy＝dPhi * pi/180;　%转换为弧度

26.　fs＝1/T_s;　　　　　　　　%信号采样频率

27.　N＝AllTime * fs;　　　　　　%信号采样次数

28.　t＝(1：1：N) * T_s;　　　　%规定 0 时刻为观测器出发点

29.

30.　%蛇形机动飞行轨迹建模

31.　theta＝v * Tp/2　/R1/2;　　%单位为弧度

32.　xc1＝R1 * sin(theta);　　　　%第一段的蛇形机动飞行中心点

33.　yc1＝－R1 * cos(theta);

34.　xc2＝3 * xc1;　　　　　　　%第二段的蛇形机动飞行中心点

35.　yc2＝－yc1;

36.　xk＝zeros(1,N);

37.　yk＝zeros(1,N);

38.　gama＝zeros(1,N);

39.　dalphak＝zeros(1,N);

40.　**for** k＝1：N/2

41.　　　tk＝k * T_s;

42.　　　alpha＝v * tk/R1;　　% 单位为弧度

43.　　　%在以(xc1,yc1)为原点,指向 O 方向为 y 轴的坐标系 2 中

44.　　　x2k＝R1 * sin(alpha);

45.　　　y2k＝R1 * cos(alpha);

46.　　　%坐标系 2 转换至坐标系 1（顺时针旋转 theta 角度）

47.　　　kk＝[cos(theta),－sin(theta);sin(theta),cos(theta)] * [x2k,y2k]';

48.　　　xkk＝kk(1);　　ykk＝kk(2);

49.　　　%平移

50.　　　yk(k)＝ykk＋yc1;

```
51.      xk(k)=xkk+xc1;
52.      %机身飞行方向与 z 轴之间的角度 gama
53.      gama(k)=pi/2－theta ＋ alpha；
54. end
55. for k＝N/2+1：N
56.      tk＝(k－N/2)＊T_s；
57.      alpha＝v/R1＊tk；
58.      x2k＝R1＊cos(alpha)；
59.      y2k＝R1＊sin(alpha)；
60.
61.      kk＝[cos(pi/2+theta)，sin(pi/2+theta)；－sin(pi/2+theta)，cos(pi/2+theta)]＊
         [x2k，y2k]'；
62.      xkk＝kk(1)；    ykk＝kk(2)；
63.      yk(k)＝ykk+yc2；
64.      xk(k)＝xkk+xc2；
65.      gama(k)＝gama(N/2) － alpha；
66. end
67. %垂直基线方向的方位角 alphak，角度少 90°
68. alphak＝gama － pi/2；
69. dxk＝zeros(1，N)；
70. dyk＝zeros(1，N)；
71. dxk(1)＝xk(1)/T_s；
72. dyk(1)＝yk(1)/T_s；
73. for k＝2：N
74.      dxk(k)＝(xk(k)－xk(k－1))/T_s；
75.      dyk(k)＝(yk(k)－yk(k－1))/T_s；
76.      dalphak(k)＝(alphak(k)－alphak(k－1))/T_s；
77. end
78. Vc＝3e8；                      %光速(m/s)
79. Edd＝eye(N).＊(dPhaseAccuracy^2)；
80. fx＝zeros(N，1)；fy＝zeros(N，1)；
81. % k 为站点的编号
82. step＝10＊1000；          %步长为 10 km
83. BandX＝800＊1000；        %计算误差经度范围为[－400，400]，单位为 km
84. BandY＝800＊1000；        %计算误差纬度范围为[－400，400]，单位为 km
85. Nobj＝BandX/step；        %目标辐射源的点数
86. RCEP＝zeros(Nobj+1，Nobj+1)；
87. for i＝1：Nobj+1
88.      for j＝1：Nobj+1
89.           xt＝(i－1－Nobj/2)＊step；
90.           yt＝(j－1－Nobj/2)＊step；
91.           for k＝1：N
92.                R＝sqrt((xt－xk(k))^2+(yt－yk(k))^2)；
```

```
93.              g1=((-dxk(k)*(yt-yk(k))+dyk(k)*(xt-xk(k))))/R^2 -dalphak(k);
94.              g2=((yt-yk(k))*cos(alphak(k))+(xt-xk(k))*sin(alphak(k)))/R;
95.              g1x=((dyk(k)*(R^2))+2*(dxk(k)*(yt-yk(k))-dyk(k)*(xt  xk
     (k)))*(xt - xk(k)))/(R^4);
96.              g2x=(sin(alphak(k))*(R^2)-((yt-yk(k))*cos(alphak(k))+(xt-xk
     (k))*sin(alphak(k)))*(xt-xk(k)))/(R^3);
97.              fx(k)=2*pi*d*f_T/Vc*(g1x*g2+g1*g2x);
98.              g1y=(-dxk(k)*(R^2) + 2*(dxk(k)*(yt-yk(k))-dyk(k)*(xt-xk
     (k)))*(yt-yk(k)))/(R^4);
99.              g2y=(cos(alphak(k))*(R^2) - (yt-yk(k))*((yt-yk(k))*cos(alphak
     (k))+(xt-xk(k))*sin(alphak(k))))/(R^3);
100.             fy(k) = 2*pi*d*f_T/Vc*(g1y*g2+g1*g2y);
101.         end
102.         C=[fx, fy];
103.         invC=pinv(C);
104.         RCEP(i, j)=0.75*sqrt(trace(invC*Edd*invC'));
105.     end
106. end
107. X=zeros(Nobj+1, Nobj+1);
108. Y=zeros(Nobj+1, Nobj+1);
109. for i=1: Nobj+1
110.     for j=1: Nobj+1
111.         X(i, j)=(i-1-Nobj/2)*step;
112.         Y(i, j)=(j-1-Nobj/2)*step;
113.     end
114. end
115. figure(1)
116. contour(X/1000, Y/1000, RCEP/1000, [0.01, 0.02, 0.05, 0.1, 0.2, 0.5, 1, 2, 5,
     10, 20, 50, 100, 200], 'ShowText', 'on', 'color', 'k');
117. title('蛇形机动飞行时干涉仪平行于机身的圆概率定位误差(km)');
118. xlabel('X/km');
119. ylabel('Y/km');
120. hold on
121. plot(xk/1000, yk/1000, 'r', 'LineWidth', 1);
122.
123. %绘制观测器轨迹图
124. figure(2)
125. plot(xk/1000, yk/1000, 'LineWidth', 3)
126. title('运动轨迹');
127. xlabel('X/km');
128. ylabel('Y/km');
129. axis([0 12 -0.25 0.25]);%设置坐标轴在指定的区间
```

130. %绘制角度图
131. figure(3)
132. plot(alphak)

4. 场景 4 圆概率定位误差分布实现代码

场景 4 圆概率定位误差分布实现代码如下：

```
1.  % －－－－－Scene4. m
2.  % zengfeng 2023. 02. 15
3.  %相位差变化率定位误差分析
4.  %场景 4：观测器沿 x 轴方向蛇形机动飞行，干涉仪安装于机翼方向
5.  %假定观测器载机从原点(0,0)出发，以马赫数为 1(1 马赫＝340.3m/s)的速度沿 x 轴飞
6.  %行，在载机上装有一个 d＝6m 的长基线干涉仪
7.  %
8.  %假定辐射源的频率 f_T＝8 GHz
9.  %观测器每隔 T_s＝0. 01s 测量一次相位差变化率，测量总时间 T＝30s 的相位差变化率
        数据
10. %假定相位差变化率的测量误差是零均值高斯白噪声，其标准差为 5(°)/s
11.
12. clc
13. clear
14. close all
15.
16. %输入
17. v＝340. 3;                    %观测器飞行速度（m/s）
18. d＝6;                        % 基线长度(m)
19. f_T＝8e9;                    %辐射源频率（Hz）
20. T_s＝0. 01;                  %信号采样间隔
21. dPhi＝5;                     %相位差变化率的测量误差标准差((°)/s)
22. AllTime＝30;                 %信号持续时间
23. R1＝20 * 1000;               %蛇形机动飞行转弯半径(m)
24. Tp＝30;                      %蛇形机动飞行时间(s)
25.
26. dPhaseAccuracy＝dPhi * pi/180;    %转换为弧度
27. fs＝1/T_s;                   %信号采样频率
28. N＝AllTime * fs;             %信号采样次数
29. t＝(1: 1: N) * T_s;          %规定 0 时刻为观测器出发点
30. %蛇形机动飞行轨迹建模
31. theta＝v * Tp/2   /R1/2;     %单位为弧度
32. xc1＝R1 * sin(theta);        %第一段的蛇形机动飞行中心点
33. yc1＝－R1 * cos(theta);
34. xc2＝3 * xc1;                %第二段的蛇形机动飞行中心点
35. yc2＝－yc1;
```

```
36.  xk=zeros(1, N);
37.  yk=zeros(1, N);
38.  gama=zeros(1, N);
39.  dalphak=zeros(1, N);
40.  for k=1: N/2
41.      tk=k * T_s;
42.      alpha=v * tk/R1;      %单位为弧度
43.      %在以(xc1, yc1)为原点，指向 O 方向为 y 轴的坐标系 2 中
44.      x2k=R1 * sin(alpha);
45.      y2k=R1 * cos(alpha);
46.      %坐标系 2 转换至坐标系 1（顺时针旋转 theta 角度）
47.      kk=[cos(theta), −sin(theta); sin(theta), cos(theta)] * [x2k, y2k]';

48.      xkk=kk(1);    ykk=kk(2);
49.      %平移
50.      yk(k)=ykk+yc1;
51.      xk(k)=xkk+xc1;
52.      %机身飞行方向与 z 轴之间的角度 gama
53.      gama(k)=pi/2−theta + alpha ;
54.  end
55.  for k=N/2+1: N
56.      tk=(k−N/2) * T_s;
57.      alpha=v/R1 * tk;
58.      x2k=R1 * cos(alpha);
59.      y2k=R1 * sin(alpha);
60.      kk=[cos(pi/2+theta), sin(pi/2+theta); −sin(pi/2+theta), cos(pi/2+theta)] *
    [x2k, y2k]';
61.      xkk=kk(1);    ykk=kk(2);
62.      yk(k)=ykk+yc2;
63.      xk(k)=xkk+xc2;
64.      gama(k)=gama(N/2) − alpha;
65.  end
66.  %垂直基线方向的方位角 alphak 即为机身飞行方向与 z 轴之间的角度 gama
67.  alphak=gama;
68.  dxk=zeros(1, N);
69.  dyk=zeros(1, N);
70.  dxk(1)=xk(1)/T_s;
71.  dyk(1)=yk(1)/T_s;
72.  for k=2: N
73.      dxk(k)=(xk(k)−xk(k−1))/T_s;
74.      dyk(k)=(yk(k)−yk(k−1))/T_s;
75.      dalphak(k)=(alphak(k)−alphak(k−1))/T_s;
76.  end
```

```
77.  Vc=3e8；                      %光速(m/s)
78.  Edd=eye(N). * (dPhaseAccuracy^2);
79.  fx=zeros(N，1)；fy=zeros(N，1)；
80.  % k 为站点的编号
81.  step=10 * 1000；               %步长为 10 km
82.  BandX=800 * 1000；             %计算误差经度范围为[-400，400]，单位为 km
83.  BandY=800 * 1000；             %计算误差纬度范围为[-400，400]，单位为 km
84.  Nobj=BandX/step；              %目标辐射源的点数
85.  RCEP=zeros(Nobj+1，Nobj+1)；
86.  for i=1：Nobj+1
87.      for j=1：Nobj+1
88.          xt=(i-1-Nobj/2) * step；
89.          yt=(j-1-Nobj/2) * step；
90.          for k=1：N
91.              R=sqrt((xt-xk(k))^2+(yt-yk(k))^2)；
92.              g1=((-dxk(k) * (yt-yk(k))+dyk(k) * (xt-xk(k))))/R^2 -    dalphak
     (k)；
93.              g2=((yt-yk(k)) * cos(alphak(k))+(xt-xk(k)) * sin(alphak(k)))/R；
94.              g1x=(   (dyk(k) * (R^2))+2 * (dxk(k) * (yt-yk(k))-dyk(k) * (xt-xk
     (k))) * (xt - xk(k)))/(R^4)；
95.              g2x=(sin(alphak(k)) * (R^2)-((yt-yk(k)) * cos(alphak(k))+(xt-xk
     (k)) * sin(alphak(k))) * (xt-xk(k)))/(R^3)；
96.              fx(k)=2 * pi * d * f_T/Vc * (g1x * g2+g1 * g2x)；
97.
98.              g1y=(-dxk(k) * (R^2) + 2 * (dxk(k) * (yt-yk(k))-dyk(k) * (xt-xk
     (k))) * (yt-yk(k)))/(R^4)；
99.              g2y=(cos(alphak(k)) * (R^2) - (yt-yk(k)) * ((yt-yk(k)) * cos(alphak
     (k))+(xt-xk(k)) * sin(alphak(k))))/(R^3)；
100.             fy(k)=   2 * pi * d * f_T/Vc * (g1y * g2+g1 * g2y)；
101.         end
102.         C=[fx，fy]；
103.         invC=pinv(C)；
104.         RCEP(i，j)=0. 75 * sqrt(trace(invC * Edd * invC'))；
105.     end
106. end
107. X=zeros(Nobj+1，Nobj+1)；
108. Y=zeros(Nobj+1，Nobj+1)；
109. for i=1：Nobj+1
110.     for j=1：Nobj+1
111.         X(i，j)=(i-1-Nobj/2) * step；
112.         Y(i，j)=(j-1-Nobj/2) * step；
113.     end
114. end
```

```
115. figure(1)
116. contour(X/1000，Y/1000，RCEP/1000，[0.02，0.05，0.1，0.2，0.5，1，2，5，10，
     100]，'ShowText'，'on'，'color'，'k')；
117. title('蛇形机动飞行时干涉仪垂直于机身的圆概率定位误差(km)')；
118. xlabel('X/km')；
119. ylabel('Y/km')；
120. hold on
121. plot(xk/1000，yk/1000，'r'，'LineWidth'，1)；
122.
123. %绘制观测器轨迹图
124. figure(2)
125. plot(xk/1000，yk/1000，'LineWidth'，3)；
126. title('运动轨迹')；
127. xlabel('X/km')；
128. ylabel('Y/km')；
129. axis([0 12 −0.25 0.25])；% 设置坐标轴在指定的区间
130. %绘制角度图
131. figure(3)
132. plot(alphak)
```

5．场景 5 圆概率定位误差分布实现代码

场景 5 圆概率定位误差分布实现代码如下：

```
1.  % −−−−−Scene5. m
2.  % zengfeng 2023.02.15
3.  %相位差变化率定位误差分析
4.  %场景 5：观测器沿 x 轴方向蛇形机动飞行，干涉仪安装方向与机夹角为 45°
5.  %假定观测器载机从原点(0，0)出发，以马赫数为 1(1 马赫＝340.3m/s)的速度沿 x 轴飞
6.  %行，在载机上装有一个 d＝6m 的长基线干涉仪
7.  %
8.  %假定辐射源的频率 f_T＝8 GHz
9.  %观测器每隔 T_s＝0.01s 测量一次相位差变化率，测量总时间 T＝30s 的相位差变化率数据
10. %假定相位差变化率的测量误差是零均值高斯白噪声，其标准差为 5(°)/s
11.
12. clc
13. clear
14. close all
15. %输入
16. v＝340.3；              %观测器飞行速度（m/s）
17. d＝6；                  %基线长度(m)
18. f_T＝8e9；             % 辐射源频率(Hz)
19. T_s＝0.01；            %信号采样间隔
20. dPhi＝5；              %相位差变化率的测量误差标准差((°)/s)
```

```
21. AllTime＝30；                      %信号持续时间
22. R1＝20 * 1000；                     %蛇形机动飞行转弯半径(m)
23. Tp＝30；                            %蛇形机动飞行时间(s)
24.
25. dPhaseAccuracy＝dPhi * pi/180；    %转换为弧度
26. fs＝1/T_s；                         %信号采样频率
27. N＝AllTime * fs；                   %信号采样次数
28. t＝(1：1：N) * T_s；                 %规定 0 时刻为观测器出发点
29. %蛇形机动飞行轨迹建模
30. theta＝v * Tp/2  /R1/2；           %单位为弧度
31. xc1＝R1 * sin(theta)；             %第一段的蛇形机动飞行中心点
32. yc1＝－R1 * cos(theta)；
33. xc2＝3 * xc1；                     %第二段的蛇形机动飞行中心点
34. yc2＝－yc1；
35. xk＝zeros(1，N)；
36. yk＝zeros(1，N)；
37. gama＝zeros(1，N)；
38. dalphak＝zeros(1，N)；
39. for k＝1：N/2
40.     tk＝k * T_s；
41.     alpha＝v * tk/R1；    %单位为弧度
42.     %在以(xc1，yc1)为原点，指向 O 方向为 y 轴的坐标系 2 中
43.     x2k＝R1 * sin(alpha)；
44.     y2k＝R1 * cos(alpha)；
45.     %坐标系 2 转换至坐标系 1 (顺时针旋转 theta 角度)
46.     kk＝[cos(theta)，－sin(theta)；sin(theta)，cos(theta)] * [x2k，y2k]'；

47.     xkk＝kk(1)；   ykk＝kk(2)；
48.     %平移
49.     yk(k)＝ykk+yc1；
50.     xk(k)＝xkk+xc1；
51.     %机身飞行方向与 z 轴之间的角度 gama
52.     gama(k)＝pi/2－theta + alpha ；
53. end
54. for k＝N/2+1：N
55.     tk＝(k－N/2) * T_s；
56.     alpha＝v/R1 * tk；
57.     x2k＝R1 * cos(alpha)；
58.     y2k＝R1 * sin(alpha)；
59.
60.     kk＝[cos(pi/2＋theta)，sin(pi/2＋theta)；－sin(pi/2＋theta)，cos(pi/2＋theta)] *
    [x2k，y2k]'；
61.     xkk＝kk(1)；   ykk＝kk(2)；
```

```
62.        yk(k)＝ykk＋yc2；
63.        xk(k)＝xkk＋xc2；
64.        gama(k)＝gama(N/2) － alpha；
65. end
66. %垂直基线方向的方位角 alphak，角度少 45°
67. alphak＝gama － pi/4；
68. dxk＝zeros(1, N)；
69. dyk＝zeros(1, N)；
70. dxk(1)＝xk(1)/T_s；
71. dyk(1)＝yk(1)/T_s；
72. for k＝2：N
73.        dxk(k)＝(xk(k)－xk(k-1))/T_s；
74.        dyk(k)＝(yk(k)－yk(k-1))/T_s；
75.        dalphak(k)＝(alphak(k)－alphak(k-1))/T_s；
76. end
77. Vc＝3e8；                %光速(m/s)
78. Edd＝eye(N).*(dPhaseAccuracy^2)；
79. fx＝zeros(N, 1)；fy＝zeros(N, 1)；
80. % k 为站点的编号
81. step＝10＊1000；         %步长为 10 km
82. BandX＝800＊1000；       %计算误差经度范围为[－400, 400]，单位为 km
83. BandY＝800＊1000；       %计算误差纬度范围为[－400, 400]，单位为 km
84. Nobj＝BandX/step；       %目标辐射源的点数
85. RCEP＝zeros(Nobj＋1, Nobj＋1)；
86. for i＝1：Nobj＋1
87.        for j＝1：Nobj＋1
88.            xt＝(i－1－Nobj/2)＊step；
89.            yt＝(j－1－Nobj/2)＊step；
90.            for k＝1：N
91.                R＝sqrt((xt－xk(k))^2＋(yt－yk(k))^2)；
92.                g1＝((－dxk(k)＊(yt－yk(k))＋dyk(k)＊(xt－xk(k))))/R^2 － dalphak(k)；
93.                g2＝((yt－yk(k))＊cos(alphak(k))＋(xt－xk(k))＊sin(alphak(k)))/R；
94.                g1x＝( (dyk(k)＊(R^2))＋2＊(dxk(k)＊(yt－yk(k))－dyk(k)＊(xt－xk
    (k)))＊(xt － xk(k)))/(R^4)；
95.                g2x＝(sin(alphak(k))＊(R^2)－((yt－yk(k))＊cos(alphak(k))＋(xt－xk
    (k))＊sin(alphak(k)))＊(xt－xk(k)))/(R^3)；
96.                fx(k)＝2＊pi＊d＊f_T/Vc＊(g1x＊g2＋g1＊g2x)；
97.                g1y＝(－dxk(k)＊(R^2) ＋ 2＊(dxk(k)＊(yt－yk(k))－dyk(k)＊(xt－xk
    (k)))＊(yt－yk(k)))/(R^4)；
98.                g2y＝(cos(alphak(k))＊(R^2) － (yt－yk(k))＊((yt－yk(k))＊cos(alphak
    (k))＋(xt－xk(k))＊sin(alphak(k))))/(R^3)；
99.                fy(k)＝ 2＊pi＊d＊f_T/Vc＊(g1y＊g2＋g1＊g2y)；
100.           end
```

```
101.          C=[fx, fy];
102.          invC=pinv(C);
103.          RCEP(i, j)=sqrt(trace(invC * Edd * invC'));
104.      end
105. end
106. X=zeros(Nobj+1, Nobj+1);
107. Y=zeros(Nobj+1, Nobj+1);
108. for i=1: Nobj+1
109.      for j=1: Nobj+1
110.          X(i, j)=(i-1-Nobj/2) * step;
111.          Y(i, j)=(j-1-Nobj/2) * step;
112.      end
113. end
114. figure(1)
115. contour(X/1000, Y/1000, RCEP/1000, [0. 02, 0. 05, 0. 1, 0. 2, 0. 5, 1, 2, 5, 10,
     20], 'ShowText', 'on', 'color', 'k');
116. title('蛇形机动飞行时干涉仪与机身呈 45°的圆概率定位误差(km)');
117. xlabel('X/km');
118. ylabel('Y/km');
119. hold on
120. plot(xk/1000, yk/1000, 'r', 'LineWidth', 1);
121.
122. %绘制观测器轨迹图
123. figure(2)
124. plot(xk/1000, yk/1000, 'LineWidth', 3)
125. title('运动轨迹');
126. xlabel('X/km');
127. ylabel('Y/km');
128. axis([0 12 -0. 25 0.25]); %设置坐标轴在指定的区间
129. %绘制角度图
130. figure(3)
131. plot(alphak)
```

7.7 多普勒变化率定位体制

相位差变化率定位体制需要采用双天线测出到达相位差,天线间距(基线)越长,相位差测量精度越高,如果监测的频段范围很宽,通常要用多组天线来覆盖。如果仅通过测量频率就能实现辐射源定位,则可以大大减小监测设备体积,降低对平台的安装环境要求。

多普勒变化率定位体制是利用平台和辐射源之间相对运动所产生的多普勒频率变化实现对辐射源的定位的。对于地面上的辐射源,卫星平台对同一辐射源进行 3 次频率测量就

可确定辐射源的位置。由于低轨卫星的运动速度很快,产生的多普勒频率大,因而采用多普勒变化率定位体制可以获得很高的定位精度,还可以通过多次测量来提高定位精度。该体制适用于对信号持续时间长的通信信号和测控信号进行定位,并且信号频率越高,定位精度越高;而且由于该体制只有一个模糊点,因此易解定位模糊,其另一个显著优点是天线体积小、易于安装[31]。

7.7.1　定位模型

在如图 7 - 35 所示的多普勒变化率定位模型中,假设待测辐射源 P 的位置为 $\begin{bmatrix} x & y & z \end{bmatrix}$ (单位:m),连续 n 次频率测量时的卫星的坐标为 $\begin{bmatrix} M_{xi} & M_{yi} & M_{zi} \end{bmatrix}$ (单位:m), $i=1,2,\cdots,n$,卫星速度为 $\begin{bmatrix} V_{xi} & V_{yi} & V_{zi} \end{bmatrix}$ (单位:m/s), $i=1,2,\cdots,n$ 。

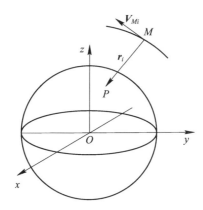

图 7 - 35　多普勒变化率定位模型

地球模型采用 WGS 84 椭球体模型,可建立如下方程组:

$$\begin{cases} f_i = f_c \left(1 + \dfrac{\boldsymbol{V}_{Mi} \boldsymbol{r}_i^{\mathrm{T}}}{c \, \| \boldsymbol{r}_i \|} \right), \ \boldsymbol{r}_i = \overrightarrow{OP} - \overrightarrow{OM_i}, \ i=1,2,\cdots,n \\ \dfrac{x^2}{a^2} + \dfrac{y^2}{a^2} + \dfrac{z^2}{a^2(1-e^2)} = 1 \end{cases}$$

$$(7-219)$$

其中:

(1) f_i 为第 i 次接收地面辐射源发射信号频率的测量值(单位:Hz), $i=1,2,\cdots,n$;

(2) $\boldsymbol{r}_i$ 是卫星到辐射源的距离矢量;

(3) f_c 为地面辐射源发射信号的载频(单位:Hz);

(4) c 为光速(单位:m/s);

(5) $\boldsymbol{V}_{Mi}$ 为卫星的速度;

(6) a 为地球长半轴(单位:m), e^2 为地球第一偏心率的平方。

根据式(7 - 219)可以求解出辐射源的位置,单星测频定位存在模糊解,在卫星轨迹线的两边各有一个解,通过比幅法即可以解定位模糊。

测量 n 次信号频率可以得到 $n+1$ 个方程,对于地球面上的辐射源,卫星平台对同一地面目标进行 3 次频率测量就可确定辐射源的位置。由于定位方程是一个非线性方程组,利用解析法求解较困难,因此可以利用泰勒级数展开将定位方程线性化后进行迭代求解以确定目标位置，也可以利用数值搜索法直接得到定位结果。该定位方程有两个定位结果，并且在卫星轨迹线的两边各有一个解，其中一个是辐射源真实位置的估计值，通过比幅法即可以判定出辐射源在卫星轨迹线的哪一侧。

多普勒变化率定位体制的定位精度主要取决于频率测量精度。信号带宽越窄，频率测量精度越高。因此，这种定位体制特别适用于对通信信号和测控信号等窄带信号进行定位。假设采样频率选为 3 倍信号带宽，做 8192 点 DFT 测信号频率，则频率的均方根测量误差为 $\dfrac{\frac{1}{2}f_s}{\sqrt{3}N}$，$f_s$ 是采样频率，N 是 DFT 点数。

经计算，做 8192 点 DFT 时，不同信号带宽的频率均方根测量误差见表 7-2。

表 7-2　不同信号带宽的频率均方根测量误差

信号带宽/kHz	频率均方根测量误差/Hz
1	0.10572
10	1.0572
100	10.572
200	21.143
500	52.858
1000	105.72
2000	211.43
5000	528.58

从表 7-2 中可见，当信号带宽在 2 MHz 以内时，信号频率测量精度可以达到 200 Hz 左右，带宽越窄，频率测量精度越高，越有利于定位。如果采用更高点数的 DFT，则可以获得更高的频率测量精度。目前，在工程中已经大量采用 FPGA 器件实现 8192、16284 甚至更高点数的 FFT。

由于实际应用中的绝大部分通信信号和测控信号的带宽都在 2 MHz 以内，频率测量精度可以达到 100 Hz 以内，因此利用测频定位方法实现对通信信号和测控信号的高精度定位具有可行性。

7.7.2　定位精度分析

在单星多普勒变化率定位体制中，由定位模型可知，接收到的信号频率与辐射源位置的关系为

$$\begin{cases} f_i = f_c + \dfrac{f_c}{c}v_{ri} = f_i(x, y, z, M_{xi}, M_{yi}, M_{zi}, V_{xi}, V_{yi}, V_{zi}), i = 1, 2, \cdots, n \\ \dfrac{x^2}{a^2} + \dfrac{y^2}{a^2} + \dfrac{z^2}{a^2(1-e^2)} = 1 = f_E(x, y, z) \end{cases}$$

$$(7-220)$$

$$v_{ri} = \frac{\boldsymbol{V}_{Mi} \boldsymbol{r}_i^{\mathrm{T}}}{\| \boldsymbol{r}_i \|} \tag{7-221}$$

其中：

(1) 辐射源的坐标为 $\begin{bmatrix} x & y & z \end{bmatrix}$；

(2) 卫星的坐标为 $\begin{bmatrix} M_{xi} & M_{yi} & M_{zi} \end{bmatrix}$；

(3) 卫星的速度为 $\begin{bmatrix} V_{xi} & V_{yi} & V_{zi} \end{bmatrix}$；

(4) $\boldsymbol{r}_i = \overrightarrow{OP} - \overrightarrow{OM_i}$，$f_i$ 为实测频率，f_c 为地面发射信号的载频，v_{ri} 为径向速度，$i = 1, 2, \cdots, n$。

现在分析卫星位置、速度、频率测量误差对定位精度的影响。

对式(7-220)中的卫星位置、速度、频率作全微分得

$$
\begin{bmatrix} \mathrm{d}f_1 \\ \mathrm{d}f_2 \\ \vdots \\ \mathrm{d}f_n \\ 0 \end{bmatrix} =
\begin{bmatrix} \dfrac{\partial f_1}{\partial x} & \dfrac{\partial f_1}{\partial y} & \dfrac{\partial f_1}{\partial z} \\ \dfrac{\partial f_2}{\partial x} & \dfrac{\partial f_2}{\partial y} & \dfrac{\partial f_2}{\partial z} \\ \vdots & \vdots & \vdots \\ \dfrac{\partial f_n}{\partial x} & \dfrac{\partial f_n}{\partial y} & \dfrac{\partial f_n}{\partial z} \\ \dfrac{\partial f_E}{\partial x} & \dfrac{\partial f_E}{\partial y} & \dfrac{\partial f_E}{\partial z} \end{bmatrix}
\begin{bmatrix} \mathrm{d}x \\ \mathrm{d}y \\ \mathrm{d}z \end{bmatrix} +
\begin{bmatrix} \dfrac{\partial f_1}{M_{x1}} & \dfrac{\partial f_1}{M_{y1}} & \dfrac{\partial f_1}{M_{z1}} \\ \dfrac{\partial f_2}{M_{x2}} & \dfrac{\partial f_2}{M_{y2}} & \dfrac{\partial f_2}{M_{z2}} \\ \vdots & \vdots & \vdots \\ \dfrac{\partial f_n}{M_{xn}} & \dfrac{\partial f_n}{M_{yn}} & \dfrac{\partial f_n}{M_{zn}} \\ \dfrac{\partial f_E}{\partial x} & \dfrac{\partial f_E}{\partial y} & \dfrac{\partial f_E}{\partial z} \end{bmatrix}
\begin{bmatrix} \mathrm{d}M_x \\ \mathrm{d}M_y \\ \mathrm{d}M_z \end{bmatrix} +
\begin{bmatrix} \dfrac{\partial f_1}{V_{x1}} & \dfrac{\partial f_1}{V_{y1}} & \dfrac{\partial f_1}{V_{z1}} \\ \dfrac{\partial f_2}{V_{x2}} & \dfrac{\partial f_2}{V_{y2}} & \dfrac{\partial f_2}{V_{z2}} \\ \vdots & \vdots & \vdots \\ \dfrac{\partial f_n}{V_{xn}} & \dfrac{\partial f_n}{V_{yn}} & \dfrac{\partial f_n}{V_{zn}} \\ \dfrac{\partial f_E}{\partial x} & \dfrac{\partial f_E}{\partial y} & \dfrac{\partial f_E}{\partial z} \end{bmatrix}
\begin{bmatrix} \mathrm{d}V_x \\ \mathrm{d}V_y \\ \mathrm{d}V_z \end{bmatrix}
$$

$$\tag{7-222}$$

令

$$\begin{bmatrix} \mathrm{d}f_1 \\ \mathrm{d}f_2 \\ \vdots \\ \mathrm{d}f_n \\ 0 \end{bmatrix} = \mathrm{d}\boldsymbol{V}$$

$$\begin{bmatrix} \mathrm{d}x \\ \mathrm{d}y \\ \mathrm{d}z \end{bmatrix} = \mathrm{d}\boldsymbol{X}$$

$$\begin{bmatrix} \mathrm{d}M_x \\ \mathrm{d}M_y \\ \mathrm{d}M_z \end{bmatrix} = \mathrm{d}\boldsymbol{S}$$

$$\begin{bmatrix} \mathrm{d}V_x \\ \mathrm{d}V_y \\ \mathrm{d}V_z \end{bmatrix} = \mathrm{d}\boldsymbol{V}_s$$

$$
\begin{bmatrix}
\dfrac{\partial f_1}{\partial x} & \dfrac{\partial f_1}{\partial y} & \dfrac{\partial f_1}{\partial z} \\[2mm]
\dfrac{\partial f_2}{\partial x} & \dfrac{\partial f_2}{\partial y} & \dfrac{\partial f_2}{\partial z} \\[2mm]
\vdots & \vdots & \vdots \\[2mm]
\dfrac{\partial f_n}{\partial x} & \dfrac{\partial f_n}{\partial y} & \dfrac{\partial f_n}{\partial z} \\[2mm]
\dfrac{\partial f_E}{\partial x} & \dfrac{\partial f_E}{\partial y} & \dfrac{\partial f_E}{\partial z}
\end{bmatrix} = \boldsymbol{C}
$$

$$
\begin{bmatrix}
\dfrac{\partial f_1}{M_{x1}} & \dfrac{\partial f_1}{M_{y1}} & \dfrac{\partial f_1}{M_{z1}} \\[2mm]
\dfrac{\partial f_2}{M_{x2}} & \dfrac{\partial f_2}{M_{y2}} & \dfrac{\partial f_2}{M_{z2}} \\[2mm]
\vdots & \vdots & \vdots \\[2mm]
\dfrac{\partial f_n}{M_{xn}} & \dfrac{\partial f_n}{M_{yn}} & \dfrac{\partial f_n}{M_{zn}} \\[2mm]
\dfrac{\partial f_E}{\partial x} & \dfrac{\partial f_E}{\partial y} & \dfrac{\partial f_E}{\partial z}
\end{bmatrix} = \boldsymbol{C}_s
$$

$$
\begin{bmatrix}
\dfrac{\partial f_1}{V_{x1}} & \dfrac{\partial f_1}{V_{y1}} & \dfrac{\partial f_1}{V_{z1}} \\[2mm]
\dfrac{\partial f_2}{V_{x2}} & \dfrac{\partial f_2}{V_{y2}} & \dfrac{\partial f_2}{V_{z2}} \\[2mm]
\vdots & \vdots & \vdots \\[2mm]
\dfrac{\partial f_n}{V_{xn}} & \dfrac{\partial f_n}{V_{yn}} & \dfrac{\partial f_n}{V_{zn}} \\[2mm]
\dfrac{\partial f_E}{\partial x} & \dfrac{\partial f_E}{\partial y} & \dfrac{\partial f_E}{\partial z}
\end{bmatrix} = \boldsymbol{C}_V
$$

则有

$$
\mathrm{d}\boldsymbol{V} = \boldsymbol{C}\,\mathrm{d}\boldsymbol{X} + \boldsymbol{C}_s\,\mathrm{d}\boldsymbol{S} + \boldsymbol{C}_V\,\mathrm{d}\boldsymbol{V}_s \tag{7-223}
$$

根据式（7-223），可推导出

$$
\mathrm{d}\boldsymbol{X} = \boldsymbol{C}^{-1}(\mathrm{d}\boldsymbol{V} - \boldsymbol{C}_s\,\mathrm{d}\boldsymbol{S} - \boldsymbol{C}_V\,\mathrm{d}\boldsymbol{V}_s) \tag{7-224}
$$

所以，定位误差协方差矩阵为

$$
\begin{aligned}
\boldsymbol{P}_{\mathrm{d}\boldsymbol{X}} &= E\left[\mathrm{d}\boldsymbol{X}\,\mathrm{d}\boldsymbol{X}^{\mathrm{T}}\right] \\
&= \boldsymbol{C}^{-1}\left\{E\left[\mathrm{d}\boldsymbol{V}\,\mathrm{d}\boldsymbol{V}^{\mathrm{T}}\right] + E\left[\boldsymbol{C}_s\,\mathrm{d}\boldsymbol{S}\,(\boldsymbol{C}_s\,\mathrm{d}\boldsymbol{S})^{\mathrm{T}}\right] + E\left[\boldsymbol{C}_V\,\mathrm{d}\boldsymbol{V}_s\,(\boldsymbol{C}_V\,\mathrm{d}\boldsymbol{V}_s)^{\mathrm{T}}\right]\right\}(\boldsymbol{C}^{-1})^{\mathrm{T}} \\
&= \boldsymbol{C}^{-1}\left\{E\left[\mathrm{d}\boldsymbol{V}\,\mathrm{d}\boldsymbol{V}^{\mathrm{T}}\right] + \boldsymbol{C}_s E\left[\mathrm{d}\boldsymbol{S}\,\mathrm{d}\boldsymbol{S}^{\mathrm{T}}\right]\boldsymbol{C}_s^{\mathrm{T}} + \boldsymbol{C}_V E\left[\mathrm{d}\boldsymbol{V}_s\,\mathrm{d}\boldsymbol{V}_s^{\mathrm{T}}\right]\boldsymbol{C}_V^{\mathrm{T}}\right\}(\boldsymbol{C}^{-1})^{\mathrm{T}}
\end{aligned}
$$

$$
\tag{7-225}
$$

因此，定位误差几何精度衰减因子为

$$
\mathrm{GDOP} = \sqrt{\mathrm{tr}(\boldsymbol{P}_{\mathrm{d}\boldsymbol{X}})} \tag{7-226}
$$

圆概率定位误差为

$$R_{CEP} = 0.75 \times GDOP \qquad (7-227)$$

若不考虑卫星位置和速度误差，仅考虑频率测量误差对定位精度的影响，则式 (7-220) 可以简化为

$$\begin{cases} f_i = f_0 + \dfrac{f_0}{c} v_{ri} = f_i(x, y, z), \ i = 1, 2, \cdots, n \\[2mm] \dfrac{x^2}{a^2} + \dfrac{y^2}{a^2} + \dfrac{z^2}{a^2(1-e^2)} = 1 = f_E(x, y, z) \end{cases} \qquad (7-228)$$

对式 (7-228) 求全微分可得

$$\begin{bmatrix} \mathrm{d}f_1 \\ \mathrm{d}f_2 \\ \vdots \\ \mathrm{d}f_n \\ 0 \end{bmatrix} = \begin{bmatrix} \dfrac{\partial f_1}{\partial x} & \dfrac{\partial f_1}{\partial y} & \dfrac{\partial f_1}{\partial z} \\[2mm] \dfrac{\partial f_2}{\partial x} & \dfrac{\partial f_2}{\partial y} & \dfrac{\partial f_2}{\partial z} \\[1mm] \vdots & \vdots & \vdots \\[1mm] \dfrac{\partial f_n}{\partial x} & \dfrac{\partial f_n}{\partial y} & \dfrac{\partial f_n}{\partial z} \\[2mm] \dfrac{\partial f_E}{\partial x} & \dfrac{\partial f_E}{\partial y} & \dfrac{\partial f_E}{\partial z} \end{bmatrix} \begin{bmatrix} \mathrm{d}x \\ \mathrm{d}y \\ \mathrm{d}z \end{bmatrix} \qquad (7-229)$$

令

$$\mathrm{d}\boldsymbol{\theta} = \begin{bmatrix} \mathrm{d}f_1 & \mathrm{d}f_2 & \cdots & \mathrm{d}f_n & 0 \end{bmatrix}^T$$

$$\mathrm{d}\boldsymbol{X} = \begin{bmatrix} \mathrm{d}x & \mathrm{d}y & \mathrm{d}z \end{bmatrix}^T$$

$$\boldsymbol{C} = \begin{bmatrix} \dfrac{\partial f_1}{\partial x} & \dfrac{\partial f_1}{\partial y} & \dfrac{\partial f_1}{\partial z} \\[2mm] \dfrac{\partial f_2}{\partial x} & \dfrac{\partial f_2}{\partial y} & \dfrac{\partial f_2}{\partial z} \\[1mm] \vdots & \vdots & \vdots \\[1mm] \dfrac{\partial f_n}{\partial x} & \dfrac{\partial f_n}{\partial y} & \dfrac{\partial f_n}{\partial z} \\[2mm] \dfrac{\partial f_E}{\partial x} & \dfrac{\partial f_E}{\partial y} & \dfrac{\partial f_E}{\partial z} \end{bmatrix}$$

则有

$$\mathrm{d}\boldsymbol{\theta} = \boldsymbol{C}\mathrm{d}\boldsymbol{X}$$

其中：$\mathrm{d}\boldsymbol{X}$ 为定位误差矢量，$\boldsymbol{C}$ 为系数矩阵，$\mathrm{d}\boldsymbol{\theta}$ 为观测误差矢量。

假设频率测量误差都服从零均值的高斯分布，频率测量误差的方差为 σ_f^2，且多次测量数据相互独立，则有

$$E\left[\mathrm{d}\boldsymbol{\theta}\,\mathrm{d}\boldsymbol{\theta}^{\mathrm{T}}\right] = \begin{bmatrix} \sigma_f^2 & \cdots & 0 & 0 \\ \vdots & & \vdots & \vdots \\ 0 & \cdots & \sigma_f^2 & 0 \\ 0 & 0 & 0 & 0 \end{bmatrix}$$

又

$$\mathrm{d}\boldsymbol{X} = \boldsymbol{C}^{-1}\mathrm{d}\boldsymbol{\theta} \tag{7-230}$$

因此，定位误差协方差矩阵为

$$\boldsymbol{P}_{\mathrm{d}\boldsymbol{X}} = E\left[\mathrm{d}\boldsymbol{X}\mathrm{d}\boldsymbol{X}^{\mathrm{T}}\right] = E\left[\boldsymbol{C}^{-1}\mathrm{d}\boldsymbol{\theta}\mathrm{d}\boldsymbol{\theta}^{\mathrm{T}}(\boldsymbol{C}^{-1})^{\mathrm{T}}\right] = \boldsymbol{C}^{-1}E\left[\mathrm{d}\boldsymbol{\theta}\mathrm{d}\boldsymbol{\theta}^{\mathrm{T}}\right](\boldsymbol{C}^{-1})^{\mathrm{T}} \tag{7-231}$$

所以，定位误差几何精度衰减因子为

$$\mathrm{GDOP} = \sqrt{\mathrm{tr}(\boldsymbol{P}_{\mathrm{d}\boldsymbol{X}})} \tag{7-232}$$

圆概率定位误差为

$$R_{\mathrm{CEP}} = 0.75 \times \mathrm{GDOP} \tag{7-233}$$

7.7.3 通信、测控信号高精度定位对信号特征及平台的要求

利用单星多普勒变化率定位体制实现对通信信号和测控信号的高精度定位时，对信号的要求主要体现在信号持续时间、载频、频率测量误差三个方面，对卫星平台的要求体现在轨道高度上，对卫星的姿态没有要求。

下面分析通信信号和测控信号的定位精度若要达到 5 km，对信号特征及平台参数的指标要求。

1. 对信号持续时间的要求

假定卫星轨道高度为 350 km，载频为 1.8 GHz，频率测量误差为 20 Hz，采样间隔为 0.001 s。仿真计算表明，如果要求达到 5 km 的定位精度，则信号持续时间不低于 1 s。信号持续时间为 1 s 时的单星多普勒变化率圆概率定位误差分布图如图 7-36 所示。

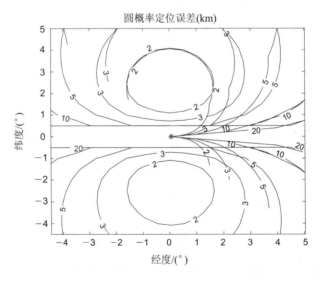

图 7-36 信号持续时间为 1 s 时的单星多普勒变化率圆概率定位误差分布图

2. 对载频的要求

假定卫星轨道高度为 350 km，频率测量误差为 20 Hz，信号持续时间为 1 s，采样间隔为 0.001 s。仿真计算表明，如果要求达到 5～10 km 的定位精度，则载频应在 900 MHz 以上。载频为 900 MHz 时的单星多普勒变化率圆概率定位误差分布图如图 7-37 所示。

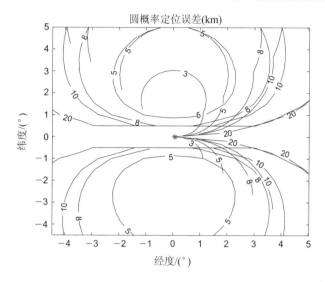

图 7 - 37　载频为 900 MHz 时的单星多普勒变化率圆概率定位误差分布图

3. 对频率测量误差的要求

假定卫星轨道高度为 350 km，载频为 900 MHz，信号持续时间为 1 s，采样间隔为 0.001 s，则频率测量误差分别为 10 Hz 与 30 Hz 时，单星多普勒变化率圆概率定位误差分布图如图 7 - 38 所示。仿真计算表明，如果要求达到 5~10 km 的定位精度，则频率测量误差不高于 30 Hz。

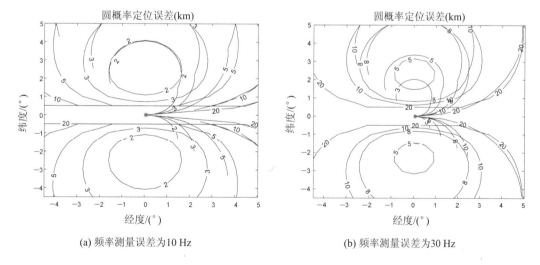

(a) 频率测量误差为 10 Hz

(b) 频率测量误差为 30 Hz

图 7 - 38　频率测量误差不同时的单星多普勒变化率圆概率定位误差分布图

4. 对卫星轨道高度的要求

假定载频为 900 MHz，频率测量误差为 20 Hz，信号持续时间为 1 s，采样间隔为 0.001 s，则卫星轨道高度分别为 300 km 与 500 km 时，单星多普勒变化率圆概率定位误差分布图如图 7 - 39 所示。仿真计算表明，如果要求达到 5~10 km 的定位精度，则卫星轨道高度不高于 500 km。

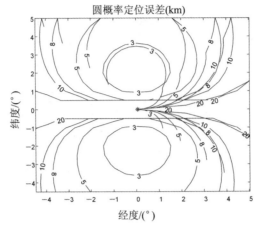

(a) 卫星轨道高度为300 km

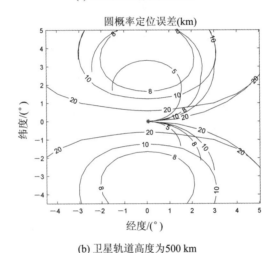

(b) 卫星轨道高度为500 km

图 7 - 39　卫星轨道高度不同时的单星多普勒变化率圆概率定位误差分布图

综上所述，在卫星轨道高度为 350 km 左右，载频为 900 MHz 及以上，频率测量误差小于 20 Hz 时，只需要 1 s 左右的信号持续时间，单星多普勒变化率定位体制就可以达到 5 km 的定位精度。

7.7.4　定位精度仿真的 MATLAB 程序实现示例

本小节提供了 7.7.3 小节中定位精度仿真的 MATLAB 程序实现示例，供读者参考。

1. 根据多普勒变化率求定位误差

根据多普勒变化率求定位误差的代码如下：

```
1.  % ————Doppler. m
2.  % zengfeng 2022. 12. 20
3.  %根据多普勒变化率求定位误差
4.  %输入：
5.  %    1. satM          卫星的位置 [x1, y1, z1]      (m)
```

6.　%　　　2. ws　　　　　　　　　卫星角速度矢量［wx，wy，wz］（rad/s）

7.　%　　　3. radiatorPosition　　　辐射源的位置［xt，yt，zt］　　　（m）

8.　%　　　4. FreqAccuracy　　　　频率测量误差　　　　　　　　（Hz）

9.　%　　　5. N　　　　　　　　　　测频次数

10.　%　　　6. fc　　　　　　　　　　信号载频　　　　　　　　　　（Hz）

11.　%输出：

12.　%　　　1. Rcep　　　　　对目标定位的圆概率误差绝对值，单位为 m

13.　%　　　2. RelatRcep　　　对目标定位的圆概率误差相对值，单位为%

14.　function ［Rcep，RelatRcep］=Doppler（satM，ws，radiatorPosition，FreqAccuracy，N，fc）

15.

16.　　　e_2=0. 00669437999013；　　　%地球椭圆的第一偏心率的平方

17.　　　Vc=3 * 1e8；　　　　　　　　%光速（m/s）

18.　　　dd=eye(N). * ((Vc * FreqAccuracy/fc)^2)；

19.　　　dd_row=zeros(1, N)；

20.　　　dd2=［dd；dd_row］；

21.　　　dd_column=zeros(N+1, 1)；

22.　　　Edd=［dd2 dd_column］；

23.

24.　　　x_satM=satM(1, :)；y_satM=satM(2, :)；z_satM=satM(3, :)；

25.　　　fx=zeros(N, 1)；fy=zeros(N, 1)；fz=zeros(N, 1)；

26.　　　Lm=zeros(N, 1)；

27.　　　Bm=zeros(N, 1)；

28.　　　**for** k=1：N

29.　　　　　%地心大地坐标系下主星星下点

30.　　　　　Lm(k)=atan(y_satM(k)/x_satM(k)) * 180/pi；

31.　　　　　Bm(k)=atan(z_satM(k)/sqrt((x_satM(k)^2+y_satM(k)^2))) * 180/pi；

32.　　　　　x1=x_satM(k)；y1=y_satM(k)；z1=z_satM(k)；%主星的坐标

33.　　　　　S1=［x1, y1, z1］；

34.　　　　　%目标到站点中心的距离，单位为 m

35.　　　　　xt=radiatorPosition(1)；yt=radiatorPosition(2)；zt=radiatorPosition(3)；

　　% 辐射源的坐标

36.　　　　　%以主星为中心

37.　　　　　Rcenter=sqrt(power(xt−x1, 2)+power(yt−y1, 2)+power(zt−z1, 2))；

38.　　　　　r1=sqrt(power(xt−x1, 2)+power(yt−y1, 2)+power(zt−z1, 2))；　　%目标
　　到卫星的距离

39.　　　　　%计算卫星的速度（角速度×距离）

40.　　　　　vm=cross(ws, S1)；

41.　　　　　rm=［x1−xt, y1−yt, z1−zt］；

42.　　　　　vrm=vm * rm'；

43.　　　　　fx(k)=(vm(1) * (r1^2)−vrm * rm(1))/power(r1, 3)；

44.　　　　　fy(k)=(vm(2) * (r1^2)−vrm * rm(2))/power(r1, 3)；

45.　　　　　fz(k)=(vm(3) * (r1^2)−vrm * rm(3))/power(r1, 3)；

46.　　　end

```
47.        C=[fx, fy, fz; 2 * xt, 2 * yt, 2 * zt/(1−e_2)];
48.        invC=pinv(C);
49.        pdx=sqrt(trace(invC * Edd * invC'));
50.        Rcep=abs(0.75 * pdx);      %单位为 m
51.        RelatRcep=Rcep/Rcenter * 100；%单位为%
52. end
```

2. 定位误差分布图绘制

定位误差分布图绘制的代码如下：

```
1.   % −−−−−PlotOptDeploy_v2.m
2.   % zengfeng 2023.10.07
3.   %以(Lm，Bm)为中心、10°经度 * 10°纬度范围内的定位误差分布图绘制
4.   %输入：
5.   %       1. satM           卫星的位置 [x1，y1，z1]        (m)
6.   %       2. ws             卫星角速度矢量 [wx，wy，wz] (rad/s)
7.   %       3. Lm             卫星星下点经度中点           (m)
8.   %       4. Bm             卫星星下点纬度中点           (m)
9.   %       5. FreqAccuracy   频率测量误差               (Hz)
10.  %       6. N              测频次数
11.  %       7. fc             信号载频                   (Hz)
12.  %输出：
13.  %       1. ErrorObjectList_L  每个点的经度值             (°)
14.  %       2. ErrorObjectList_B  每个点的纬度值             (°)
15.  %       3. Rcep               对目标定位的圆概率误差绝对值   (m)
16.  %       4. RelatRcep          对目标定位的圆概率误差相对值   (%)
17.
18.  function [ErrorObjectList_L, ErrorObjectList_B, ErrorObjectList_Rcep, ErrorObjectList
     _RelatRcep]=PlotOptDeploy_v2(satM, ws, Lm, Bm, FreqAccuracy, N, fc)
19.  Rcep=zeros(N, N);
20.  RelatRcep=zeros(N, N);
21.  %k 为站点的编号
22.      step=0.5;      %步长为 0.5°
23.      BandL=10;%计算误差经度范围为 10°
24.      BandH=10;%计算误差纬度范围为 10°
25.      for i=1：BandL/step
26.          for j=1：BandH/step
27.              Rcep(i, j)=0;
28.              RelatRcep(i, j)=0;
29.          end
30.      end
31.
32.      for i=1：BandL/step
33.          for j=1：BandH/step
```

```
34.            L0＝(i－BandL/step/2) * step ＋ Lm；
35.            B0＝(j－BandH/step/2) * step ＋ Bm；
36.            H0＝0；    ％地面目标的高程
37.            [xt, yt, zt]＝LBH2XYZ(L0, B0, H0)；
38.            radiatorPosition＝[xt, yt, zt]；
39.            if B0＝＝0
40.                Rcep(i, j)＝inf；
41.                RelatRcep(i, j)＝inf；
42.            else
43.                [Rcep(i, j), RelatRcep(i, j)]＝Doppler(satM, ws, radiatorPosition,
    FreqAccuracy, N, fc)；
44.            end
45.        end
46.    end
47.    L＝zeros(N, N)；
48.    B＝zeros(N, N)；
49.    for i＝1：BandL/step
50.        for j＝1：BandH/step
51.            L(i, j)＝(i－BandL/step/2) * step ＋ Lm；
52.            B(i, j)＝(j－BandH/step/2) * step ＋ Bm；
53.        end
54.    end
55.
56.    ErrorObjectList_L＝L；
57.    ErrorObjectList_B＝B；
58.    ErrorObjectList_Rcep＝Rcep；
59.    ErrorObjectList_RelatRcep＝RelatRcep；
60. end
```

3. 对信号持续时间的要求仿真代码

对信号持续时间的要求仿真代码如下：

```
1.  ％ －－－－－PlotOptDeploy_tb1_v2. m
2.  ％ zengfeng 2023. 10. 07
3.  ％对信号持续时间的要求
4.  ％假定卫星轨道高度为 350 km，载频为 1.8 GHz，频率测量误差为 20 Hz，采样间隔为
    0.001 s
5.  ％经计算，如果要求达到 5 km 的定位精度，则信号持续时间不低于 1 s
6.
7.  clc
8.  clear
9.  close all
```

10. %将轨道近似为圆形，确定轨道的参数

11. % rs   轨道的半径

12. % es   轨道椭圆的偏心率(es＝0 时，轨道为圆形)

13. % L_up   升交点赤经(考虑 i 系和 e 系重合时)

14. % theta   轨道倾角

15. % ωs   近地点角距(圆形时不需要)

16. % fs   卫星的真近点角

17.

18. %取轨道直角坐标系的原点与地球质心重合，x0 轴指向升交点，z0 轴垂直于轨道平面向上

19. %地球坐标系考虑 i 系和 e 系重合时，即以春分点为 x 轴

20.

21. %卫星运行的轨道参数

22. L_up＝0/180 * pi；   %升交点赤经(单位为弧度)，仿真时取 0°、60°

23. H＝350000；   %卫星轨道高度(单位为 m)

24. theta＝0/180 * pi；   %轨道倾角(单位为弧度)

25. fc＝1. 8e9；   %信号载频(单位为 Hz)，仿真时使用 fc＝1.8e9；%载频为 1. 8 GHz

26. %频率测量误差

27. FreqAccuracy＝20；   %单位为 Hz

28.

29. fs＝1000；   %信号采样频率

30. Ts＝1/fs；   %信号采样间隔

31. AllTime＝1；   %信号持续时间

32. N＝AllTime * fs；   %信号采样次数

33. t＝(0：1：N－1) * Ts；   % 规定 0 时刻为卫星过近地点时刻

34.

35. % R 为轨道直角坐标系到地球坐标系的旋转矩阵

36. R＝AxisRotz(−L_up) * AxisRotx(−theta)；

37. %计算轨道平面法向量

38. n0＝[0 0 1]′；%轨道直角坐标系下轨道平面法向量

39. n＝R * n0；

40. n1＝n(1)；   n2＝n(2)；n3＝n(3)；   %卫星轨道平面法向量

41. %计算卫星轨道高度

42. [x, y, z]＝LBH2XYZ(L_up, 0, 0)； % (x, y, 0)为赤道平面与轨道平面在地表面的交点

43. rs＝H ＋ sqrt(x̂2 ＋ ŷ2 ＋ ẑ2)；   % rs 为卫星轨道(近似为圆轨道)的半径

44.

45. %根据开普勒第三定律计算卫星的角速度 ws

46. miu＝3. 986004418e14；

47. ws_abs＝sqrt(miu/(rŝ3))；   %卫星运动的角速度大小(单位为 rad/s)

48. wx＝ws_abs * n1；wy＝ws_abs * n2；wz＝ws_abs * n3；   % 卫星的角速度矢量(单位为 rad/s)

49. ws＝[wx, wy, wz]；

```
50.
51. %卫星坐标
52. % (1)轨道直角坐标系下卫星坐标
53. x0_satM＝rs * cos(ws_abs * t);      %计算 t 时刻的坐标
54. y0_satM＝rs * sin(ws_abs * t);
55. z0_satM＝0 * t;
56. % (2)地心地固坐标系下卫星坐标
57. satM＝R * [x0_satM; y0_satM; z0_satM];
58. x_satM＝satM(1, :); y_satM＝satM(2, :); z_satM＝satM(3, :);
59. Lm＝zeros(N);
60. Bm＝zeros(N);
61. Hm＝zeros(N);
62. for k=1: N
63.     [Lm(k), Bm(k), Hm(k)]＝XYZ2LBH(x_satM(k), y_satM(k), z_satM(k));
64. end
65. [ErrorObjectList_L, ErrorObjectList_B, ErrorObjectList_Rcep, ErrorObjectList_RelatR-
    cep] ...
66.  ＝PlotOptDeploy_v2(satM, ws, Lm(N/2), Bm(N/2), FreqAccuracy, N, fc);
67.
68. figure(1)
69. contour(ErrorObjectList_L, ErrorObjectList_B, ErrorObjectList_Rcep/1000, [2, 3, 5,
    10, 20], 'ShowText', 'on', 'color', 'k');
70. title('圆概率定位误差(km)');
71. xlabel('经度/(°)');
72. ylabel('纬度/(°)');
73. %绘制星下点位置
74. hold on
75. plot(Lm, Bm, 'r');
76. hold on
77. plot(Lm(N), Bm(N), '* r', 'LineWidth', 1);
```

7.8   现代无线电监测定位系统的工程实现

如前所述，随着半导体技术和大规模集成技术的高度发展，以前需要一个 19 英寸标准机柜才能完成的功能将逐渐可以在一个机箱、一个电路板甚至一个芯片内实现。

本设计方案在一个小型电路板内完成宽频段射频信号的接收、参数测量和定位处理，实现了无线电监测定位系统的微型化，板卡总体原理框图如图 7 - 40 所示。

该硬件平台的主要功能如下：

(1) 具备宽带射频信号多通道同步接收能力；

(2) 提供以 FPGA、DSP 等芯片为核心的算力强大的信号处理平台；

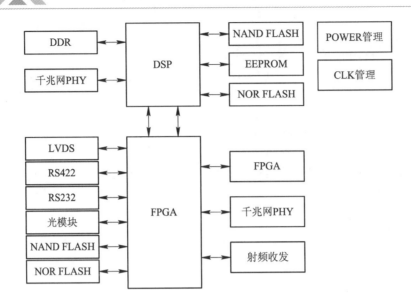

图 7 - 40　板卡总体原理框图

（3）支持内外参考时钟切换；

（4）支持 FPGA 与 DSP 之间内部高速数据通信；

（5）支持千兆网、RS422、LVDS 接口外部数据传输；

（6）支持光通信等外部高速数据传输。

DSP 和 FPGA 通过千兆网口与外部进行通信，FPGA 对外还提供光纤接口以进行高速通信。FPGA 主要实现多通道射频信号的同步接收。

DSP 与 FPGA 之间采用 EMIF 和 SRIO 接口实现高速通信。同时，DSP 还配备独立的大容量 FLASH。FPGA 外挂 NOR FLASH 和 eMMC 程序存储器，并能通过软件切换内外部参考时钟。

整个系统在 FPGA 内完成参数测量功能，在 DSP 内完成定位功能。

微型无线电监测定位系统的实物照片见图 7 - 41。

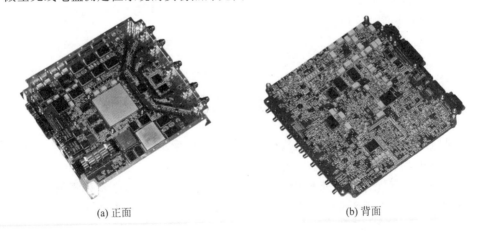

(a) 正面　　　　　　　　　　　(b) 背面

图 7 - 41　微型无线电监测定位系统的实物照片

本 章 小 结

本章重点探讨几种常见的无源定位体制：测向交叉定位体制、时差定位体制、单星测向定位体制、双星时差频差定位体制、三星时差定位体制、相位差变化率定位体制、多普勒变化率定位体制，最后，对一种微型化现代无线电监测定位系统的工程实现方法进行了简单介绍。

定位体制与定位设备的安装平台（载体）紧密相关，定位设备的安装平台通常有地面（陆基）平台、舰载平台、机载平台、星载平台几大类。基于各种平台的典型定位体制如下：

（1）基于地面（陆基）、舰载平台的定位体制有双站测向定位、三站时差定位等；

（2）基于机载平台的定位体制有单机相位差变化率定位、多机联合测向定位等；

（3）基于单星的定位体制有测向定位、多普勒变化率定位、相位差变化率定位；

（4）基于双星的定位体制主要有时差频差定位；

（5）基于三星的定位体制主要有时差定位。

思 考 题

7－1　在平面两站测向定位中，已知两站的测向定位精度均为 $1°$，两站相距 60 km，求在两站中垂线上，距离两站中点位置为 200 km 处的圆概率定位（绝对）误差和圆概率定位相对误差。

7－2　在单星测向定位中，已知卫星的高度为 520 km，卫星星下点经、纬度为 $(L_s, B_s) = (5°, 5°)$，测向精度为 $1°$，卫星的姿态角为（航向角，俯仰角，滚动角）$= (30°, 0.2°, 1.5°)$，地面高程误差为 $dH = 500$ m，目标的高程为 $H = 500$ m，请绘制以星下点为中心的经、纬度 $10° \times 10°$ 范围内的单星测向圆概率定位误差分布图。

7－3　在相位差变化率定位中，假定：观测器载机从原点 $(0, 0)$ 出发，以 1.2 马赫的速度沿 x 轴飞行，在载机上装有一个 $d = 6$ m 的长基线干涉仪；辐射源的频率 $f_T = 6$ GHz，观测器每隔 $T_s = 0.005$ s 测量一次相位差变化率，测量总时间为 $T = 10$ s 的相位差变化率数据；相位差变化率的测量误差服从零均值的高斯分布，且每次测量误差之间相互独立时，相位差变化率的测量误差标准差为 $\sigma_\phi = 5(°)/s$。计算出地面 $[-300, 300]$（单位：km）范围内的辐射源定位误差，并绘制圆概率定位误差等高线图。

附　录

中华人民共和国无线电管理条例

（1993 年 9 月 11 日中华人民共和国国务院、中华人民共和国中央军事委员会令第 128 号发布　2016 年 11 月 11 日中华人民共和国国务院、中华人民共和国中央军事委员会令第 672 号修订）

第一章　总　则

第一条　为了加强无线电管理，维护空中电波秩序，有效开发、利用无线电频谱资源，保证各种无线电业务的正常进行，制定本条例。

第二条　在中华人民共和国境内使用无线电频率，设置、使用无线电台（站），研制、生产、进口、销售和维修无线电发射设备，以及使用辐射无线电波的非无线电设备，应当遵守本条例。

第三条　无线电频谱资源属于国家所有。国家对无线电频谱资源实行统一规划、合理开发、有偿使用的原则。

第四条　无线电管理工作在国务院、中央军事委员会的统一领导下分工管理、分级负责，贯彻科学管理、保护资源、保障安全、促进发展的方针。

第五条　国家鼓励、支持对无线电频谱资源的科学技术研究和先进技术的推广应用，提高无线电频谱资源的利用效率。

第六条　任何单位或者个人不得擅自使用无线电频率，不得对依法开展的无线电业务造成有害干扰，不得利用无线电台（站）进行违法犯罪活动。

第七条　根据维护国家安全、保障国家重大任务、处置重大突发事件等需要，国家可以实施无线电管制。

第二章　管理机构及其职责

第八条　国家无线电管理机构负责全国无线电管理工作，依据职责拟订无线电管理的方针、政策，统一管理无线电频率和无线电台（站），负责无线电监测、干扰查处和涉外无线电管理等工作，协调处理无线电管理相关事宜。

第九条　中国人民解放军电磁频谱管理机构负责军事系统的无线电管理工作，参与拟订国家有关无线电管理的方针、政策。

第十条　省、自治区、直辖市无线电管理机构在国家无线电管理机构和省、自治区、直辖市人民政府领导下，负责本行政区域除军事系统外的无线电管理工作，根据审批权限实施无线电频率使用许可，审查无线电台(站)的建设布局和台址，核发无线电台执照及无线电台识别码(含呼号，下同)，负责本行政区域无线电监测和干扰查处，协调处理本行政区域无线电管理相关事宜。

第十一条　军地建立无线电管理协调机制，共同划分无线电频率，协商处理涉及军事系统与非军事系统间的无线电管理事宜。无线电管理重大问题报国务院、中央军事委员会决定。

第十二条　国务院有关部门的无线电管理机构在国家无线电管理机构的业务指导下，负责本系统(行业)的无线电管理工作，贯彻执行国家无线电管理的方针、政策和法律、行政法规、规章，依照本条例规定和国务院规定的部门职权，管理国家无线电管理机构分配给本系统(行业)使用的航空、水上无线电专用频率，规划本系统(行业)无线电台(站)的建设布局和台址，核发制式无线电台执照及无线电台识别码。

第三章　频率管理

第十三条　国家无线电管理机构负责制定无线电频率划分规定，并向社会公布。

制定无线电频率划分规定应当征求国务院有关部门和军队有关单位的意见，充分考虑国家安全和经济社会、科学技术发展以及频谱资源有效利用的需要。

第十四条　使用无线电频率应当取得许可，但下列频率除外：

(一)业余无线电台、公众对讲机、制式无线电台使用的频率；

(二)国际安全与遇险系统，用于航空、水上移动业务和无线电导航业务的国际固定频率；

(三)国家无线电管理机构规定的微功率短距离无线电发射设备使用的频率。

第十五条　取得无线电频率使用许可，应当符合下列条件：

(一)所申请的无线电频率符合无线电频率划分和使用规定，有明确具体的用途；

(二)使用无线电频率的技术方案可行；

(三)有相应的专业技术人员；

(四)对依法使用的其他无线电频率不会产生有害干扰。

第十六条　无线电管理机构应当自受理无线电频率使用许可申请之日起 20 个工作日内审查完毕，依照本条例第十五条规定的条件，并综合考虑国家安全需要和可用频率的情况，作出许可或者不予许可的决定。予以许可的，颁发无线电频率使用许可证；不予许可的，书面通知申请人并说明理由。

无线电频率使用许可证应当载明无线电频率的用途、使用范围、使用率要求、使用期限等事项。

第十七条　地面公众移动通信使用频率等商用无线电频率的使用许可，可以依照有关法律、行政法规的规定采取招标、拍卖的方式。

无线电管理机构采取招标、拍卖的方式确定中标人、买受人后，应当作出许可的决定，并依法向中标人、买受人颁发无线电频率使用许可证。

第十八条　无线电频率使用许可由国家无线电管理机构实施。国家无线电管理机构确定范围内的无线电频率使用许可，由省、自治区、直辖市无线电管理机构实施。

国家无线电管理机构分配给交通运输、渔业、海洋系统（行业）使用的水上无线电专用频率，由所在地省、自治区、直辖市无线电管理机构分别会同相关主管部门实施许可；国家无线电管理机构分配给民用航空系统使用的航空无线电专用频率，由国务院民用航空主管部门实施许可。

第十九条　无线电频率使用许可的期限不得超过 10 年。

无线电频率使用期限届满后需要继续使用的，应当在期限届满 30 个工作日前向作出许可决定的无线电管理机构提出延续申请。受理申请的无线电管理机构应当依照本条例第十五条、第十六条的规定进行审查并作出决定。

无线电频率使用期限届满前拟终止使用无线电频率的，应当及时向作出许可决定的无线电管理机构办理注销手续。

第二十条　转让无线电频率使用权的，受让人应当符合本条例第十五条规定的条件，并提交双方转让协议，依照本条例第十六条规定的程序报请无线电管理机构批准。

第二十一条　使用无线电频率应当按照国家有关规定缴纳无线电频率占用费。

无线电频率占用费的项目、标准，由国务院财政部门、价格主管部门制定。

第二十二条　国际电信联盟依照国际规则规划给我国使用的卫星无线电频率，由国家无线电管理机构统一分配给使用单位。

申请使用国际电信联盟非规划的卫星无线电频率，应当通过国家无线电管理机构统一提出申请。国家无线电管理机构应当及时组织有关单位进行必要的国内协调，并依照国际规则开展国际申报、协调、登记工作。

第二十三条　组建卫星通信网需要使用卫星无线电频率的，除应当符合本条例第十五条规定的条件外，还应当提供拟使用的空间无线电台、卫星轨道位置和卫星覆盖范围等信息，以及完成国内协调并开展必要国际协调的证明材料等。

第二十四条　使用其他国家、地区的卫星无线电频率开展业务，应当遵守我国卫星无线电频率管理的规定，并完成与我国申报的卫星无线电频率的协调。

第二十五条　建设卫星工程，应当在项目规划阶段对拟使用的卫星无线电频率进行可行性论证；建设须经国务院、中央军事委员会批准的卫星工程，应当在项目规划阶段与国家无线电管理机构协商确定拟使用的卫星无线电频率。

第二十六条　除因不可抗力外，取得无线电频率使用许可后超过 2 年不使用或者使用率达不到许可证规定要求的，作出许可决定的无线电管理机构有权撤销无线电频率使用许可，收回无线电频率。

第四章　无线电台（站）管理

第二十七条　设置、使用无线电台（站）应当向无线电管理机构申请取得无线电台执照，但设置、使用下列无线电台（站）的除外：

（一）地面公众移动通信终端；

（二）单收无线电台（站）；

（三）国家无线电管理机构规定的微功率短距离无线电台（站）。

第二十八条 除本条例第二十九条规定的业余无线电台外，设置、使用无线电台（站），应当符合下列条件：

（一）有可用的无线电频率；

（二）所使用的无线电发射设备依法取得无线电发射设备型号核准证且符合国家规定的产品质量要求；

（三）有熟悉无线电管理规定、具备相关业务技能的人员；

（四）有明确具体的用途，且技术方案可行；

（五）有能够保证无线电台（站）正常使用的电磁环境，拟设置的无线电台（站）对依法使用的其他无线电台（站）不会产生有害干扰。

申请设置、使用空间无线电台，除应当符合前款规定的条件外，还应当有可利用的卫星无线电频率和卫星轨道资源。

第二十九条 申请设置、使用业余无线电台的，应当熟悉无线电管理规定，具有相应的操作技术能力，所使用的无线电发射设备应当符合国家标准和国家无线电管理的有关规定。

第三十条 设置、使用有固定台址的无线电台（站），由无线电台（站）所在地的省、自治区、直辖市无线电管理机构实施许可。设置、使用没有固定台址的无线电台，由申请人住所地的省、自治区、直辖市无线电管理机构实施许可。

设置、使用空间无线电台、卫星测控（导航）站、卫星关口站、卫星国际专线地球站、15瓦以上的短波无线电台（站）以及涉及国家主权、安全的其他重要无线电台（站），由国家无线电管理机构实施许可。

第三十一条 无线电管理机构应当自受理申请之日起 30 个工作日内审查完毕，依照本条例第二十八条、第二十九条规定的条件，作出许可或者不予许可的决定。予以许可的，颁发无线电台执照，需要使用无线电台识别码的，同时核发无线电台识别码；不予许可的，书面通知申请人并说明理由。

无线电台（站）需要变更、增加无线电台识别码的，由无线电管理机构核发。

第三十二条 无线电台执照应当载明无线电台（站）的台址、使用频率、发射功率、有效期、使用要求等事项。

无线电台执照的样式由国家无线电管理机构统一规定。

第三十三条 无线电台（站）使用的无线电频率需要取得无线电频率使用许可的，其无线电台执照有效期不得超过无线电频率使用许可证规定的期限；依照本条例第十四条规定不需要取得无线电频率使用许可的，其无线电台执照有效期不得超过 5 年。

无线电台执照有效期届满后需要继续使用无线电台（站）的，应当在期限届满 30 个工作日前向作出许可决定的无线电管理机构申请更换无线电台执照。受理申请的无线电管理机构应当依照本条例第三十一条的规定作出决定。

第二十四条 国家无线电管理机构向国际电信联盟统一申请无线电台识别码序列，并对无线电台识别码进行编制和分配。

第三十五条 建设固定台址的无线电台(站)的选址,应当符合城乡规划的要求,避开影响其功能发挥的建筑物、设施等。地方人民政府制定、修改城乡规划,安排可能影响大型无线电台(站)功能发挥的建设项目的,应当考虑其功能发挥的需要,并征求所在地无线电管理机构和军队电磁频谱管理机构的意见。

设置大型无线电台(站)、地面公众移动通信基站,其台址布局规划应当符合资源共享和电磁环境保护的要求。

第三十六条 船舶、航空器、铁路机车(含动车组列车,下同)设置、使用制式无线电台应当符合国家有关规定,由国务院有关部门的无线电管理机构颁发无线电台执照;需要使用无线电台识别码的,同时核发无线电台识别码。国务院有关部门应当将制式无线电台执照及无线电台识别码的核发情况定期通报国家无线电管理机构。

船舶、航空器、铁路机车设置、使用非制式无线电台的管理办法,由国家无线电管理机构会同国务院有关部门制定。

第三十七条 遇有危及国家安全、公共安全、生命财产安全的紧急情况或者为了保障重大社会活动的特殊需要,可以不经批准临时设置、使用无线电台(站),但是应当及时向无线电台(站)所在地无线电管理机构报告,并在紧急情况消除或者重大社会活动结束后及时关闭。

第三十八条 无线电台(站)应当按照无线电台执照规定的许可事项和条件设置、使用;变更许可事项的,应当向作出许可决定的无线电管理机构办理变更手续。

无线电台(站)终止使用的,应当及时向作出许可决定的无线电管理机构办理注销手续,交回无线电台执照,拆除无线电台(站)及天线等附属设备。

第三十九条 使用无线电台(站)的单位或者个人应当对无线电台(站)进行定期维护,保证其性能指标符合国家标准和国家无线电管理的有关规定,避免对其他依法设置、使用的无线电台(站)产生有害干扰。

第四十条 使用无线电台(站)的单位或者个人应当遵守国家环境保护的规定,采取必要措施防止无线电波发射产生的电磁辐射污染环境。

第四十一条 使用无线电台(站)的单位或者个人不得故意收发无线电台执照许可事项之外的无线电信号,不得传播、公布或者利用无意接收的信息。

业余无线电台只能用于相互通信、技术研究和自我训练,并在业余业务或者卫星业余业务专用频率范围内收发信号,但是参与重大自然灾害等突发事件应急处置的除外。

第五章 无线电发射设备管理

第四十二条 研制无线电发射设备使用的无线电频率,应当符合国家无线电频率划分规定。

第四十三条 生产或者进口在国内销售、使用的无线电发射设备,应当符合产品质量等法律法规、国家标准和国家无线电管理的有关规定。

第四十四条 除微功率短距离无线电发射设备外,生产或者进口在国内销售、使用的其他无线电发射设备,应当向国家无线电管理机构申请型号核准。无线电发射设备型号核准目录由国家无线电管理机构公布。

生产或者进口应当取得型号核准的无线电发射设备，除应当符合本条例第四十三条的规定外，还应当符合无线电发射设备型号核准证核定的技术指标，并在设备上标注型号核准代码。

第四十五条　取得无线电发射设备型号核准，应当符合下列条件：

（一）申请人有相应的生产能力、技术力量、质量保证体系；

（二）无线电发射设备的工作频率、功率等技术指标符合国家标准和国家无线电管理的有关规定。

第四十六条　国家无线电管理机构应当依法对申请型号核准的无线电发射设备是否符合本条例第四十五条规定的条件进行审查，自受理申请之日起 30 个工作日内作出核准或者不予核准的决定。予以核准的，颁发无线电发射设备型号核准证；不予核准的，书面通知申请人并说明理由。

国家无线电管理机构应当定期将无线电发射设备型号核准的情况向社会公布。

第四十七条　进口依照本条例第四十四条的规定应当取得型号核准的无线电发射设备，进口货物收货人、携带无线电发射设备入境的人员、寄递无线电发射设备的收件人，应当主动向海关申报，凭无线电发射设备型号核准证办理通关手续。

进行体育比赛、科学实验等活动，需要携带、寄递依照本条例第四十四条的规定应当取得型号核准而未取得型号核准的无线电发射设备临时进关的，应当经无线电管理机构批准，凭批准文件办理通关手续。

第四十八条　销售依照本条例第四十四条的规定应当取得型号核准的无线电发射设备，应当向省、自治区、直辖市无线电管理机构办理销售备案。不得销售未依照本条例规定标注型号核准代码的无线电发射设备。

第四十九条　维修无线电发射设备，不得改变无线电发射设备型号核准证核定的技术指标。

第五十条　研制、生产、销售和维修大功率无线电发射设备，应当采取措施有效抑制电波发射，不得对依法设置、使用的无线电台（站）产生有害干扰。进行实效发射试验的，应当依照本条例第三十条的规定向省、自治区、直辖市无线电管理机构申请办理临时设置、使用无线电台（站）手续。

第六章　涉外无线电管理

第五十一条　无线电频率协调的涉外事宜，以及我国境内电台与境外电台的相互有害干扰，由国家无线电管理机构会同有关单位与有关的国际组织或者国家、地区协调处理。

需要向国际电信联盟或者其他国家、地区提供无线电管理相关资料的，由国家无线电管理机构统一办理。

第五十二条　在边境地区设置、使用无线电台（站），应当遵守我国与相关国家、地区签订的无线电频率协调协议。

第五十三条　外国领导人访华、各国驻华使领馆和享有外交特权与豁免的国际组织驻华代表机构需要设置、使用无线电台（站）的，应当通过外交途径经国家无线电管理机构批准。

除使用外交邮袋装运外，外国领导人访华、各国驻华使领馆和享有外交特权与豁免的国际组织驻华代表机构携带、寄递或者以其他方式运输依照本条例第四十四条的规定应当取得型号核准而未取得型号核准的无线电发射设备入境的，应当通过外交途径经国家无线电管理机构批准后办理通关手续。

其他境外组织或者个人在我国境内设置、使用无线电台（站）的，应当按照我国有关规定经相关业务主管部门报请无线电管理机构批准；携带、寄递或者以其他方式运输依照本条例第四十四条的规定应当取得型号核准而未取得型号核准的无线电发射设备入境的，应当按照我国有关规定经相关业务主管部门报无线电管理机构批准后，到海关办理无线电发射设备入境手续，但国家无线电管理机构规定不需要批准的除外。

第五十四条　外国船舶（含海上平台）、航空器、铁路机车、车辆等设置的无线电台在我国境内使用，应当遵守我国的法律、法规和我国缔结或者参加的国际条约。

第五十五条　境外组织或者个人不得在我国境内进行电波参数测试或者电波监测。

任何单位或者个人不得向境外组织或者个人提供涉及国家安全的境内电波参数资料。

第七章　无线电监测和电波秩序维护

第五十六条　无线电管理机构应当定期对无线电频率的使用情况和在用的无线电台（站）进行检查和检测，保障无线电台（站）的正常使用，维护正常的无线电波秩序。

第五十七条　国家无线电监测中心和省、自治区、直辖市无线电监测站作为无线电管理技术机构，分别在国家无线电管理机构和省、自治区、直辖市无线电管理机构领导下，对无线电信号实施监测，查找无线电干扰源和未经许可设置、使用的无线电台（站）。

第五十八条　国务院有关部门的无线电监测站负责对本系统（行业）的无线电信号实施监测。

第五十九条　工业、科学、医疗设备，电气化运输系统、高压电力线和其他电器装置产生的无线电波辐射，应当符合国家标准和国家无线电管理的有关规定。

制定辐射无线电波的非无线电设备的国家标准和技术规范，应当征求国家无线电管理机构的意见。

第六十条　辐射无线电波的非无线电设备对已依法设置、使用的无线电台（站）产生有害干扰的，设备所有者或者使用者应当采取措施予以消除。

第六十一条　经无线电管理机构确定的产生无线电波辐射的工程设施，可能对已依法设置、使用的无线电台（站）造成有害干扰的，其选址定点由地方人民政府城乡规划主管部门和省、自治区、直辖市无线电管理机构协商确定。

第六十二条　建设射电天文台、气象雷达站、卫星测控（导航）站、机场等需要电磁环境特殊保护的项目，项目建设单位应当在确定工程选址前对其选址进行电磁兼容分析和论证，并征求无线电管理机构的意见；未进行电磁兼容分析和论证，或者未征求、采纳无线电管理机构的意见的，不得向无线电管理机构提出排除有害干扰的要求。

第六十三条　在已建射电天文台、气象雷达站、卫星测控（导航）站、机场的周边区域，不得新建阻断无线电信号传输的高大建筑、设施，不得设置、使用干扰其正常使用的设施、设备。无线电管理机构应当会同城乡规划主管部门和其他有关部门制定具体的保护措施并向社会公布。

　　第六十四条　国家对船舶、航天器、航空器、铁路机车专用的无线电导航、遇险救助和安全通信等涉及人身安全的无线电频率予以特别保护。任何无线电发射设备和辐射无线电波的非无线电设备对其产生有害干扰的，应当立即消除有害干扰。

　　第六十五条　依法设置、使用的无线电台（站）受到有害干扰的，可以向无线电管理机构投诉。受理投诉的无线电管理机构应当及时处理，并将处理情况告知投诉人。

　　处理无线电频率相互有害干扰，应当遵循频带外让频带内、次要业务让主要业务、后用让先用、无规划让有规划的原则。

　　第六十六条　无线电管理机构可以要求产生有害干扰的无线电台（站）采取维修无线电发射设备、校准发射频率或者降低功率等措施消除有害干扰；无法消除有害干扰的，可以责令产生有害干扰的无线电台（站）暂停发射。

　　第六十七条　对非法的无线电发射活动，无线电管理机构可以暂扣无线电发射设备或者查封无线电台（站），必要时可以采取技术性阻断措施；无线电管理机构在无线电监测、检查工作中发现涉嫌违法犯罪活动的，应当及时通报公安机关并配合调查处理。

　　第六十八条　省、自治区、直辖市无线电管理机构应当加强对生产、销售无线电发射设备的监督检查，依法查处违法行为。县级以上地方人民政府产品质量监督部门、工商行政管理部门应当配合监督检查，并及时向无线电管理机构通报其在产品质量监督、市场监管执法过程中发现的违法生产、销售无线电发射设备的行为。

　　第六十九条　无线电管理机构和无线电监测中心（站）的工作人员应当对履行职责过程中知悉的通信秘密和无线电信号保密。

第八章　法律责任

　　第七十条　违反本条例规定，未经许可擅自使用无线电频率，或者擅自设置、使用无线电台（站）的，由无线电管理机构责令改正，没收从事违法活动的设备和违法所得，可以并处 5 万元以下的罚款；拒不改正的，并处 5 万元以上 20 万元以下的罚款；擅自设置、使用无线电台（站）从事诈骗等违法活动，尚不构成犯罪的，并处 20 万元以上 50 万元以下的罚款。

　　第七十一条　违反本条例规定，擅自转让无线电频率的，由无线电管理机构责令改正，没收违法所得；拒不改正的，并处违法所得 1 倍以上 3 倍以下的罚款；没有违法所得或者违法所得不足 10 万元的，处 1 万元以上 10 万元以下的罚款；造成严重后果的，吊销无线电频率使用许可证。

　　第七十二条　违反本条例规定，有下列行为之一的，由无线电管理机构责令改正，没收违法所得，可以并处 3 万元以下的罚款；造成严重后果的，吊销无线电台执照，并处 3 万元以上 10 万元以下的罚款：

（一）不按照无线电台执照规定的许可事项和要求设置、使用无线电台（站）；

（二）故意收发无线电台执照许可事项之外的无线电信号，传播、公布或者利用无意接收的信息；

（三）擅自编制、使用无线电台识别码。

第七十三条 违反本条例规定，使用无线电发射设备、辐射无线电波的非无线电设备干扰无线电业务正常进行的，由无线电管理机构责令改正，拒不改正的，没收产生有害干扰的设备，并处 5 万元以上 20 万元以下的罚款，吊销无线电台执照；对船舶、航天器、航空器、铁路机车专用无线电导航、遇险救助和安全通信等涉及人身安全的无线电频率产生有害干扰的，并处 20 万元以上 50 万元以下的罚款。

第七十四条 未按照国家有关规定缴纳无线电频率占用费的，由无线电管理机构责令限期缴纳；逾期不缴纳的，自滞纳之日起按日加收 0.05％的滞纳金。

第七十五条 违反本条例规定，有下列行为之一的，由无线电管理机构责令改正；拒不改正的，没收从事违法活动的设备，并处 3 万元以上 10 万元以下的罚款；造成严重后果的，并处 10 万元以上 30 万元以下的罚款：

（一）研制、生产、销售和维修大功率无线电发射设备，未采取有效措施抑制电波发射；

（二）境外组织或者个人在我国境内进行电波参数测试或者电波监测；

（三）向境外组织或者个人提供涉及国家安全的境内电波参数资料。

第七十六条 违反本条例规定，生产或者进口在国内销售、使用的无线电发射设备未取得型号核准的，由无线电管理机构责令改正，处 5 万元以上 20 万元以下的罚款；拒不改正的，没收未取得型号核准的无线电发射设备，并处 20 万元以上 100 万元以下的罚款。

第七十七条 销售依照本条例第四十四条的规定应当取得型号核准的无线电发射设备未向无线电管理机构办理销售备案的，由无线电管理机构责令改正；拒不改正的，处 1 万元以上 3 万元以下的罚款。

第七十八条 销售依照本条例第四十四条的规定应当取得型号核准而未取得型号核准的无线电发射设备的，由无线电管理机构责令改正，没收违法销售的无线电发射设备和违法所得，可以并处违法销售的设备货值 10％以下的罚款；拒不改正的，并处违法销售的设备货值 10％以上 30％以下的罚款。

第七十九条 维修无线电发射设备改变无线电发射设备型号核准证核定的技术指标的，由无线电管理机构责令改正；拒不改正的，处 1 万元以上 3 万元以下的罚款。

第八十条 生产、销售无线电发射设备违反产品质量管理法律法规的，由产品质量监督部门依法处罚。

进口无线电发射设备，携带、寄递或者以其他方式运输无线电发射设备入境，违反海关监管法律法规的，由海关依法处罚。

第八十一条 违反本条例规定，构成违反治安管理行为的，依法给予治安管理处罚；构成犯罪的，依法追究刑事责任。

第八十二条 无线电管理机构及其工作人员不依照本条例规定履行职责的，对负有责任的领导人员和其他直接责任人员依法给予处分。

第九章　附则

第八十三条　实施本条例规定的许可需要完成有关国内、国际协调或者履行国际规则规定程序的，进行协调以及履行程序的时间不计算在许可审查期限内。

第八十四条　军事系统无线电管理，按照军队有关规定执行。

涉及广播电视的无线电管理，法律、行政法规另有规定的，依照其规定执行。

第八十五条　本条例自 2016 年 12 月 1 日起施行。

参 考 文 献

[1] 翁木云. 频谱管理与监测[M]. 2 版. 北京：电子工业出版社，2017.

[2] 龙宁. 无源定位中的弱信号检测与提取技术研究[D]. 成都：电子科技大学，2005.

[3] ZHANG M, ZENG Y, HAN Z D, et al. Automatic modulation recognition using deep learning architectures［C］. IEEE 19th International Workshop on Signal Processing Advances in Wireless Communications (SPAWC)，2018.

[4] O'SHEA T J, CORGAN J, CLANCY T C. Convolutional radio modulation recognition networks［C］. International Conference on Engineering Applications of Neutral Networks，2016.

[5] WEST N E, O'SHEA T J. Deep architectures for modulation recognition［C］. IEEE International Symposium on Dynamic Spectrum Access Networks，2017.

[6] SONG L H, QIAN X H, CHEN Y R, et al. A pipelined ReRAM-based accelerator for deep learning［C］. IEEE International Symposium on High Performance Computer Architecture，2017.

[7] MA L, YANG Y, WANG H. DBN based automatic modulation recognition for ultra-low SNR RFID signals［C］. Proceedings of 2036 35th Chinese Control Conference. Chengdu：IEEE，2016.

[8] KIM B, KIM J, CHAE H, et al. Deep neural network-based automatic modulation classification technique[C]. Proceedings of International Conference on Information and Communication Technology Convergence. Jeju，South Korea：IEEE，2016.

[9] ZHU X, FUJII T. Modulation classification for cognitive radios using stacked denoising autoencoders［J］. International Journal of Satellite Communications & Networking，2016，35(5)：517 – 531.

[10] ZHANG Z, HUA Z, LIU Y. Modulation classification in multipath fading channels using sixth-order cumulantsand stacked convolutional auto-encoders［J］. IET Communications，2017，11(6)：910 – 915.

[11] 陈蕙心. 通信信号调制识别技术研究[D]. 西安：西安电子科技大学，2017.

[12] 袁冰清，王岩松，郑柳刚. 深度学习在无线电信号调制识别中的应用综述[J]. 电子技术应用，2019，45(5)：1 – 4.

[13] 郭有为，蒋鸿宇，周摇劼，等. 分离通道联合卷积神经网络的自动调制识别[J]. 电讯技术，2018，58(6)：702 – 707.

[14] 史雨璇. 基于改进 VGG-13 卷积神经网络的单脉冲信号分选[J]. 哈尔滨商业大学学报(自然科学版)，2019，35(4)：419 – 425.

[15] 申慧芳. 复杂环境下的雷达信号分选技术研究［D］. 西安：西安电子科技大学，2022.

［16］　张清清. 基于相关干涉的测向技术研究［D］. 成都：电子科技大学，2013.

［17］　ROY R，KAILATH T. ESPRIT-estimation of signal parameters via rotational invariance techniques［J］. IEEE Transactions on Acoustics Speech and Signal Processing，1989，37(7)：984 - 995.

［18］　孔祥元，郭际明，刘宗泉. 大地测量学基础［M］. 2 版. 武汉：武汉大学出版社，2010.

［19］　范录宏，皮亦鸣，李晋. 北斗卫星导航原理与系统［M］. 北京：电子工业出版社，2021.

［20］　郭福成. 基于 WGS-84 地球模型的单星测向定位方法［J］. 宇航学报，2011，32(5)：1179 - 1183.

［21］　STEIN S. Algorithms for ambiguity function processing［J］. IEEE Transactions on Acoustics，Speech，and Signal Processing，1981，29(3)：588 - 599.

［22］　HO K C，CHAN Y T. Geolocation of a known altitude object from TDOA and FDOA measurements［J］. IEEE Transactions on Aerospace and Electronic Systems，1997，33(3)：770 - 783.

［23］　HAWORTH D P，SMITH N G，BARDELLI R，et al. Interference localization for EUTELSAT satellites-the first European transmitter location system［J］. International Journal of Satellite Communications，1997，15(4)：155 - 183.

［24］　吴世龙，赵永胜，罗景青. 双星时差频差联合定位系统性能分析［J］. 上海航天，2007，24(2)：47 - 50.

［25］　朱伟强，黄培康，张朝. 利用互模糊函数联合估计的双星高精度定位技术［J］. 系统工程与电子技术，2006，28(9)：1294 - 1298.

［26］　郭贤生，万群，刘霞，等. 数字地图辅助的双星时差频差联合定位方法［J］. 计算机工程与应用，2006，23(3)：11 - 13.

［27］　郭福成，樊昀. 双星时差频差联合定位方法及其误差分析［J］. 宇航学报，2008，29(4)：1381 - 1386.

［28］　王勤果，龙宁. 双星时差频差无源定位系统定位算法工程指标分析［J］. 电讯技术，2011，51(7)：34 - 37.

［29］　龙宁，曹广平，王勤果. 双星时差频差定位系统中的多信号定位技术［J］. 电讯技术，2011，51(2)：16 - 21.

［30］　郭福成，贾兴江，皇甫堪. 仅用相位差变化率的机载单站无源定位方法及其误差分析［J］. 航空学报，2009，30(6)：6.

［31］　龙宁. 单星无源定位原理及精度分析［J］. 电讯技术，2011，51(6)：17 - 20.